O PONTO CEGO

ADAM FRANK
MARCELO GLEISER
EVAN THOMPSON

O PONTO CEGO

Tradução
GEORGE SCHLESINGER

1ª edição

EDITORA RECORD
RIO DE JANEIRO • SÃO PAULO
2025

CIP-BRASIL. CATALOGAÇÃO NA PUBLICAÇÃO
SINDICATO NACIONAL DOS EDITORES DE LIVROS, RJ

F91p Frank, Adam
O ponto cego : por que a ciência não pode ignorar a experiência humana / Adam Frank, Marcelo Gleiser, Evan Thompson ; tradução George Schlesinger. - 1. ed. - Rio de Janeiro : Record, 2025.

Tradução de: The blind spot: why science cannot ignore human experience
ISBN 978-85-01-92383-7

1. Ciência - Filosofia. 2. Metafísica. 3. Cosmologia - Filosofia. I. Gleiser, Marcelo. II. Thompson, Evan. III. Schlesinger, George. IV. Título.

24-95627 CDD: 501
CDU: 113

Gabriela Faray Ferreira Lopes - Bibliotecária - CRB-7/6643

Título original em inglês: The Blind Spot: Why Science Cannot Ignore Human Experience

Texto revisado segundo o Acordo Ortográfico da Língua Portuguesa de 1990.

Direitos exclusivos de publicação em língua portuguesa para o Brasil
adquiridos pela
EDITORA RECORD LTDA.
Rua Argentina, 171 – 20921-380 – Rio de Janeiro, RJ – Tel.: (21) 2585-2000,
que se reserva a propriedade literária desta tradução.

Impresso no Brasil

ISBN 978-85-01-92383-7

SUMÁRIO

UMA INTRODUÇÃO AO PONTO CEGO

O incêndio da vez

Escrevemos este livro com um senso de urgência porque acreditamos que nosso futuro coletivo e o projeto humano de civilização estão em risco. O sucesso da ciência moderna em adquirir conhecimento da natureza e controle sobre ela tem sido espetacular. Pensemos, por exemplo, no recente desenvolvimento de vacinas de RNA mensageiro, um tipo inteiramente novo de imunizante com enormes implicações para o tratamento de muitas doenças. Ao mesmo tempo, a negação da ciência está em ascensão, e a sociedade civil está em frangalhos. O mais ameaçador de tudo é que nossa civilização científica confronta uma inescapável calamidade que ela mesma criou: a crise climática planetária. Se não pudermos achar um novo caminho para seguir adiante, nossa civilização global e todos aqueles que dependem dela poderão ser incapazes de lidar com esses imensos desafios.

Acreditamos que é necessária uma nova visão de mundo científica. Desde a aurora do Iluminismo, temos esperado cada vez mais que a ciência nos diga quem somos, de onde viemos e para onde estamos indo. No século XVII, uma nova visão de mundo intimamente conectada com a ascensão da ciência moderna, mas não idêntica a ela, começou a se espalhar. No século XIX, já havia se tornado um rolo compressor, transformando a cultura e sua base material mais depressa que em qualquer outra época da história humana. De acordo com essa perspectiva, a natureza nada mais é que arranjos espaçotemporais mutáveis de entidades físicas fundamentais. Nessa perspectiva, a mente é ou uma montagem física derivada, ou algo total e radicalmente diferente da natureza. O mais importante é que a ciência nos dá uma explicação literalmente verdadeira da realidade física objetiva, ou pelo menos da totalidade dos fatos observáveis. Essa visão de mundo da natureza, da mente e da ciência acabou por servir de base para nossos sistemas políticos, nossas estruturas econômicas e nossa organização social. Contudo, é precisamente essa perspectiva filosófica, inclusive sua presença dentro das próprias teorias científicas, que agora está em crise, conforme evidenciado por sua inabilidade de explicar a mente, o significado e a consciência, que são a própria fonte da ciência em si. Na esteira de uma extensa série de quebra-cabeças e paradoxos, que mapearemos nos capítulos deste livro e que envolvem tempo e cosmo, matéria e o observador, vida e senciência, mente e significado, e a natureza da consciência, acabamos ficando inseguros sobre como entender a nós mesmos e nosso lugar no mundo. Pior ainda: a crise em nossa compreensão ocorre num momento crucial na história, quando nos defrontamos com múltiplos desafios existenciais, tais como mudança climática, destruição do hábitat, novas pandemias globais, vigilância digital e a crescente prevalência da inteligência artificial — tudo isso conduzido pelo sucesso da ciência e da tecnologia. A pandemia de covid-19 trouxe a urgência dessas preocupações para o primeiro plano, na medida em que vivenciamos a fragilidade de nossa espécie num mundo natural com o qual não podemos e não devemos nos relacionar como mero recurso natural a controlar.

Nossa visão de mundo científica acabou ficando encalhada numa contradição impossível, fazendo de nossa crise atual fundamentalmente uma crise de significado. De um lado, a ciência parece tornar a vida humana, em última instância, insignificante. As narrativas grandiosas da cosmologia e da evolução nos apresentam como se fôssemos apenas um minúsculo acidente casual em um vasto e indiferente universo. De outro lado, a ciência nos mostra repetidas vezes que a situação humana é inescapável quando buscamos uma verdade objetiva, pois não podemos sair de nossa forma humana e enxergar a realidade com os olhos de Deus. A cosmologia nos diz que podemos conhecer o universo e sua origem apenas a partir de nossa posição dentro dele, não de fora. Vivemos numa bolha causal de informação — a distância percorrida pela luz desde o Big Bang — e não conseguimos saber o que se encontra do lado externo. A física quântica sugere que a natureza da matéria subatômica não pode ser separada de nossos métodos de indagar sobre ela e investigá-la. Em biologia, a origem e a natureza da vida e da senciência permanecem um mistério, a despeito de todos os avanços em genética, evolução molecular e biologia evolutiva. Em última análise, quando procuramos compreender o fenômeno da vida, não conseguimos não nos basear em nossa própria experiência de estar vivos. A neurociência cognitiva é enfática ao indicar que não podemos conceber plenamente a consciência sem vivenciá-la de dentro. Cada um desses campos, em última instância, emperra em seus próprios paradoxos de interior *versus* exterior e de observador *versus* observado, que acionam de forma coletiva o enigma de como entender consciência e subjetividade em um universo que deveria ser totalmente descritível em termos científicos objetivos sem referência à mente. O paradoxo surpreendente é que a ciência nos diz que somos ao mesmo tempo periféricos no esquema cósmico das coisas e centrais para a realidade que revelamos. A menos que compreendamos como surge esse paradoxo, e seu significado, jamais seremos capazes de compreender a ciência como atividade humana, e continuaremos a nos desviar para uma visão da natureza como algo a ser dominado e controlado.

Cada um desses casos que acabamos de mencionar — cosmologia e a origem do universo, física quântica e a natureza da matéria, biologia e a natureza da vida, neurociência cognitiva e a natureza da consciência — representa mais que um campo científico individual. Coletivamente, representam as grandiosas narrativas científicas de nossa cultura acerca da origem e da estrutura do universo, e da natureza da vida e da mente. Sustentam o projeto em andamento de uma civilização científica global. Constituem uma forma moderna de mito: são as histórias que nos orientam e estruturam nossa compreensão do mundo. Por esses motivos, os paradoxos com que esses campos se defrontam são mais que meras charadas intelectuais ou teóricas — eles sinalizam as perspectivas maiores não conciliadas do conhecedor e do conhecido, mente e natureza, subjetividade e objetividade, cuja fratura ameaça totalmente nosso projeto de civilização. Nossas tecnologias atuais, que nos conduzem cada vez mais para ameaças existenciais, concretizam essa cisão tratando tudo — inclusive, paradoxalmente, consciência e conhecimento de si mesmas — como uma grandeza ou um recurso informacional, objetificável. É precisamente essa cisão — o divórcio entre conhecedor e conhecido e a supressão do conhecedor em favor do conhecido — que constitui nossa crise de significado. A emergência climática, que surge a partir de nosso tratamento da natureza como somente um recurso do qual usufruir, é a manifestação mais pronunciada e catastrófica dessa crise.

Em suma, embora tenhamos criado a forma de conhecimento mais poderosa e bem-sucedida de todos os tempos, carecemos de uma compreensão comparável de nós mesmos como conhecedores. Temos os melhores mapas já criados, mas nos esquecemos de levar em conta os cartógrafos. A não ser que modifiquemos nossa forma de navegar, estamos sujeitos a penetrar cada vez mais fundo no perigo e na confusão.

Lamentavelmente, as três respostas mais conhecidas para a crise de significado em nossa visão de mundo científica são um beco sem saída.

Primeiro, o triunfalismo científico, que se apoia na supremacia absoluta da ciência, sustenta que nenhuma questão ou problema está além do alcance do discurso científico e se autopromove como herdeiro direto do Iluminismo. No entanto, simplifica e distorce pensadores iluministas que muitas vezes eram céticos em relação ao progresso e que tinham opiniões sutis e sofisticadas sobre os limites da ciência. A deformação triunfalista da ciência permanece estreita e obsoleta. Apoia-se pesadamente em versões problemáticas de reducionismo — a ideia de que fenômenos complexos podem sempre ser exaustivamente explicados com base em fenômenos mais simples — e formas cruas de realismo — a ideia de que a ciência provê um relato literalmente verdadeiro de como é a realidade em si, à parte de nossas interações cognitivas com ela. Sua visão de objetividade repousa numa metafísica frequentemente não reconhecida de uma realidade definida, conhecível, existindo "lá fora", independente de nossas mentes e ações. Com frequência, nega o valor da filosofia e sustenta que mais do mesmo pensamento estreito e obsoleto nos mostrará o caminho a seguir. Como resultado, modelos teóricos tornam-se cada vez mais artificiais e distantes dos dados empíricos, enquanto os recursos experimentais são aplicados a projetos de pesquisa de baixo risco que evitam questões mais fundamentais. Como o espiritualismo da era vitoriana, acompanhado de seu anseio por fantasmas, o triunfalismo científico olha para trás, para o espírito em fantasia de uma era morta há muito tempo, e não pode esperar fornecer um caminho adiante a partir dos desafios monumentais que ciência e civilização confrontam no século XXI.

A negação da ciência pela direita e o chamado pós-modernismo na esquerda representam uma segunda resposta. Esses movimentos rejeitam a ciência — rejeitam particularmente sua capacidade de estabelecer verdades a respeito do mundo que podem ser usadas para conhecimento adicional, capaz de gerar políticas e ações sensatas. Pior ainda, oferecem a certos grupos uma oportunidade de manipular o modo como fatos são interpretados para seus próprios fins ideológicos e egoístas, espalhando intencionalmente desinformação por meio dos chamados fatos alternativos e verdades alternativas. Embora a motivação desses dois movimentos seja inegavelmente diferente, ambos solapam os valores da sociedade moderna da qual eles próprios dependem, oferecendo em troca nada mais que ceticismo e negativismo ou desinformação proposital.

Finalmente, há o movimento da nova era, que utiliza ciência periférica ou pseudociência para justificar a expectativa de que uma ideia se cumpra pela força do pensamento (*wishful thinking*). Embora tenha tido menos impacto que os outros, esse movimento tem dificultado as coisas para aqueles de nós que buscam novas perspectivas para a empreitada científica. Sua forma acrítica de abraçar as várias interpretações errôneas de visões de mundo asiáticas e indígenas assume a ciência reducionista como norma para toda a ciência, falhando em compreender as ideias e práticas científicas dessas outras culturas.[1] Como resultado, o diálogo construtivo com outras tradições culturais acerca de suas práticas epistêmicas torna-se raro, se não impossível.

Dado que essas três respostas fracassam em abordar a crise de significado em nossa visão de mundo científica, como podemos seguir em frente? Primeiro, e mais importante, precisamos saber de onde vem a crise. A meta é identificar a fonte dela, oferecer pistas para um novo caminho e apresentar uma perspectiva nova sobre algumas das maiores questões com as quais a ciência se defronta nos dias de hoje. Essas questões incluem tempo e cosmologia, física quântica e o problema da medição, a natureza da vida e da senciência, como a mente funciona e qual é a sua relação com a inteligência artificial, a natureza da consciência e, finalmente, a mudança climática e a entrada da Terra em uma nova época moldada pelo ser humano, chamada Antropoceno. A gama de tópicos atingidos por essa nova perspectiva é de fato ampla, e o panorama é igualmente expansivo. Acreditamos que nossa perspectiva pode ajudar a transformar e reviver a estimada cultura científica, uma vez que encara seus maiores desafios ao mesmo tempo que remodela nossa visão de mundo em prol de um projeto sustentável de civilização.

Chamamos a fonte dessa crise de significado de Ponto Cego. No cerne da ciência reside algo que não vemos e que a torna possível, exatamente como o ponto cego reside no cerne de nosso campo visual e possibilita a visão. No ponto cego visual encontra-se o nervo óptico; no ponto cego científico encontra-se a experiência direta — por meio da qual qualquer coisa aparece, se revela ou se torna acessível a nós. É uma precondição de observação, investigação, exploração, medição e justificação. As coisas aparecem e se tornam acessíveis graças a nossos corpos e sua capacidade de sentir e perceber. A experiência direta é uma experiência corporal. "O corpo é o veículo de estar no mundo", diz o filósofo francês Maurice Merleau-Ponty; mas, como ainda veremos, a experiência corporal em primeira mão jaz oculta no Ponto Cego.[2]

A parábola da temperatura

Para uma ilustração tangível do que entendemos por "Ponto Cego", vamos considerar uma ideia familiar: a temperatura. Temos como ponto pacífico que a temperatura é uma propriedade objetiva do mundo: ela está "lá fora", independente de nós. Na escola, quando ainda somos crianças, aprendemos que a água congela a 0 grau e ferve a 100 graus Celsius. Traduzimos com naturalidade as informações diárias de temperatura em Fahrenheit ou Celsius para expectativas de quanto calor ou frio sentiremos, e que roupas vamos ter que vestir para sair de casa. Contudo, para destilar nossa agora familiar ideia de temperatura de nossas sensações corporais de quente e frio, foi necessário um enorme e difícil esforço científico que durou vários séculos. Hoje enxergamos a temperatura como uma propriedade objetiva do mundo, mas esquecemos como o conceito de temperatura como grandeza física — o grau ou intensidade de calor presente num objeto — deriva da experiência direta do mundo por meio de nossos corpos. Perdemos de vista a experiência vivida que sustenta o conceito científico e pensamos que o conceito se refere a algo mais fundamental que nossas sensações corporais. Essa forma de pensar é um exemplo do Ponto Cego.

Aqui cabe um pouquinho de história da ciência. O ponto de partida para criar a termometria (a medição da temperatura) foi a sensação corporal de quente e frio. Os cientistas tiveram que assumir que nossa experiência corporal é válida e pode ser comunicada aos outros; de outra maneira, não teriam tido base para construir um conhecimento científico. Eles notaram que sensações de quente e frio estão correlacionadas com mudanças no volume dos fluidos (líquidos se expandem com o calor) e usaram tubos de vidro lacrados, parcialmente cheios de líquidos, como instrumentos de medida para ordenar experiências ("fenômenos") como mais quentes ou mais frias. Essas ferramentas possibilitaram determinar que certos fenômenos, como o ponto de fervura da água, eram suficientemente constantes para serem usados como pontos fixos na construção de termômetros com escalas numéricas.[3]

Contudo, uma vez inventados os termômetros, e, portanto, o conceito de temperatura, os cientistas descobriram que os pontos de fervura e congelamento da água não eram tão precisamente fixos no mundo natural quanto inicialmente pensaram. Por exemplo, no alto de uma montanha, a água ferve a uma temperatura mais baixa que no nível do mar. Essa descoberta significou que os cientistas precisavam intervir e controlar o contexto de suas medições o máximo possível, manufaturando pontos fixos de verdade em condições altamente artificiais e controladas. Esse esforço exigiu a construção de lugares especiais para isolar os fenômenos que estavam investigando. Os aspirantes a práticos de termometria precisaram construir o que o filósofo da ciência Robert Crease chama de "a oficina", a infraestrutura científica comunitária necessária para criar experiências novas e precisas, junto com os instrumentos para manipular, investigar e comunicá-las.[4]

Uma vez criada a oficina, os cientistas usaram seus instrumentos para redefinir fenômenos de maneiras cada vez mais afastadas da experiência direta. A invenção da termometria ocorreu na ausência de qualquer teoria estabelecida da temperatura. No entanto, uma vez desenvolvida a capacidade de medir a temperatura, os cientistas do século XIX deram o próximo passo e começaram a formular a teoria abstrata conhecida como termodinâmica clássica. Então, usando o conceito a ser confirmado como ponto de partida, usaram a termodinâmica para definir a temperatura de forma ainda mais abstrata. Agora, temperatura podia ser definida sem referência às propriedades de qualquer substância particular. A termodinâmica chegava a permitir a definição de algo fisicamente impossível — o zero absoluto, o limite ideal de temperatura no qual um sistema termodinâmico não tem energia. Mais tarde, no século XIX, quando os físicos conceberam a mecânica estatística, houve outro passo na abstração quando a temperatura termodinâmica foi definida em termos microfísicos como o movimento médio de moléculas ou átomos.

O Ponto Cego aparece quando pensamos que a temperatura termodinâmica é mais fundamental que a experiência corporal de quente e frio. Isso acontece quando ficamos tão presos na espiral ascendente de abstração e idealização que perdemos de vista as experiências corporais, concretas, que ancoram as abstrações e permanecem necessárias para que sejam significativas. O avanço e o sucesso da ciência nos convenceram a minimizar a experiência e dar o lugar de honra à física matemática. Da perspectiva de visão de mundo científica, os conceitos abstratos, expressos matematicamente, de espaço, tempo e movimento na física são verdadeiramente fundamentais, enquanto nossas experiências corporais são derivadas e, de fato, muitas vezes relegadas ao status de ilusão, uma fantasia das computações que ocorrem dentro de nossos cérebros.

Essa maneira de olhar as coisas dá origem a todo um novo problema que expande o Ponto Cego: uma vez que eliminamos o caráter qualitativo da experiência corporal do inventário da realidade objetiva, como devemos explicar as sensações de qualidades sentidas como quente e frio? Esse é o típico problema mente-corpo, que atualmente atende pelo nome de "problema difícil da consciência" ou "lacuna explanatória" entre fenômenos mentais e físicos.

Desconsiderar nossa experiência direta do mundo perceptivo enquanto elevamos abstrações matemáticas como verdadeiramente reais é um erro fundamental. Quando focalizamos apenas a temperatura termodinâmica como grandeza microfísica objetiva e a encaramos como mais fundamental que nosso mundo perceptivo, fracassamos em ver a riqueza inescapável da experiência por trás e subjacente ao conceito científico de temperatura. A experiência concreta sempre supera representações abstratas e idealizadas de fenômenos. Sempre há mais na experiência do que descrições científicas podem abranger. Até mesmo os "observadores objetivos" privilegiados pela visão científica do mundo em relação aos seres humanos reais são, eles próprios, abstrações. O fracasso em ver a experiência direta como a fonte irredutível do conhecimento é precisamente o Ponto Cego.

A tragédia que o Ponto Cego nos impõe é a perda do que é essencial ao conhecimento humano — a experiência vivida. O universo e o cientista que procura conhecê-lo tornam-se abstrações sem vida. A ciência triunfalista, na verdade, carece de humanidade, mesmo que brote da experiência humana do mundo. Como veremos, essa desconexão entre ciência e experiência, a essência do Ponto Cego, reside no cerne de muitos desafios e becos sem saída que a ciência atualmente enfrenta quando reflete sobre matéria, tempo, vida e mente.

Nosso propósito neste livro é expor o Ponto Cego e oferecer alguma orientação que possa servir como alternativa para sua visão limitada e incompleta da ciência. O conhecimento científico não é uma janela para uma perspectiva incorpórea, do olho de Deus. Ele não nos garante acesso a uma realidade perfeitamente cognoscível, atemporal e objetiva, uma "visão a partir de lugar nenhum", na famosa expressão do filósofo Thomas Nagel.[5] Em vez disso, toda ciência é sempre a nossa ciência, profunda e irredutivelmente humana, uma manifestação de como vivenciamos e interagimos com o mundo. Contudo, nossa ciência é sempre também a ciência do mundo, uma manifestação de como o mundo interage conosco. A ciência se empenha em ser uma narrativa autocorretora. Uma narrativa científica bem-sucedida é feita em conjunto a partir do mundo e da experiência que temos dele.

Sondando as profundezas da experiência direta

Não é coincidência que, enquanto a ciência ascendia a espiral de idealização e abstração matemática nos séculos XIX e XX, um movimento para sondar as profundezas ocultas da experiência direta estivesse ocorrendo na literatura e na filosofia. Escritores como Emily Dickinson, William Faulkner, James Joyce, Marcel Proust e Virginia Woolf retratavam o fluxo subjetivo de pensamento e sentimento, enquanto filósofos como Henri Bergson, William James, Edmund Husserl, Susanne Langer, Maurice Merleau-Ponty, Kitarō Nishida e Alfred North Whitehead trabalhavam para revelar a primazia da experiência direta no conhecimento.

Um momento crítico em que esses dois movimentos culturais se cruzaram foi o famoso encontro entre Henri Bergson e Albert Einstein em Paris, em 6 de abril de 1922. Como discutiremos adiante, eles debateram a natureza do tempo e Einstein insistiu na ideia de que existe apenas o tempo físico mensurável, enquanto Bergson argumentou que o tempo do relógio carece de significado separado da experiência direta de duração. A historiadora da ciência Jimena Canales, em *The physicist and the philosopher* [O físico e o filósofo], considera o confronto algo emblemático de uma crescente fenda cultural entre ciência e filosofia no século XX.[6] Essa fenda continua existindo ainda hoje, apesar de muitas colaborações amigáveis entre físicos e filósofos (tais como este livro).

A revelação do Ponto Cego pode ajudar a reparar essa fenda, bem como a ruptura mais ampla entre a ciência e a experiência vivida.

Contudo, além de revelar o Ponto Cego, também precisamos sondar as profundezas da experiência que ele esconde.

Recorrendo a alguns dos filósofos que acabamos de mencionar, argumentaremos que a experiência direta reside no coração do Ponto Cego. A experiência direta precede a separação entre conhecedor e conhecido, observador e observado. Em seu núcleo está a consciência pura, a sensação de ser, que está conosco quando acordamos toda manhã e vamos dormir toda noite. É fácil não reparar nela porque é muito próxima e familiar. Costumamos prestar atenção a coisas em vez de notar a consciência em si. Assim sendo, perdemos uma precondição crucial de conhecer, pois sem consciência nada pode aparecer e se tornar objeto de conhecimento.[7]

Filósofos têm oferecido várias concepções da experiência direta. William James, pai da psicologia norte-americana e um dos filósofos norte-americanos mais influentes do século XIX, enfatizou a "experiência pura", que descreveu como "o fluxo original de vida antes de a reflexão tê-lo categorizado".[8] Pouco antes, Bergson escreveu sobre a experiência de "duração", a intuição consciente imediata da passagem do fluxo. Kitarō Nishida, filósofo japonês do século XX, baseou-se em Bergson e James, mas revisou suas ideias sob a luz da filosofia budista e de sua vivência na prática da meditação Zen.[9] Nishida descreveu a experiência pura como a experiência direta não mediada pela divisão entre sujeito e objeto. Outros filósofos têm usado palavras como "intuição", "sensação" e "campo fenomenal" para chegar a esse tipo de modo de presença ou vivência imediata. Nishida, em seus escritos posteriores, usou o termo "ação-intuição" para enfatizar que a experiência direta não é passiva ou incorpórea; estar consciente já é um ato com nosso corpo.[10] Por exemplo, quando movemos os olhos, o foco de nossa atenção muda. Como escreve Nishida, "quando pensamos ter percebido de relance a inteireza de uma coisa, a investigação cuidadosa revelará que a atenção mudou automaticamente por meio do movimento ocular, possibilitando-nos conhecer o todo".[11] A experiência direta não é simples e instantânea; é complexa e tem ritmos de duração. Essencialmente, é anterior ao conhecimento explícito. Conhecer pressupõe experienciar, e não se pode derivar experiência apenas a partir de episódios de conhecimento. Nosso ser sempre é mais do que aquilo que conhecemos.

Neste livro, travaremos contato com alguns desses filósofos que se empenharam em articular a experiência direta e recuperar sua primazia e que trabalharam para manter nossa compreensão da natureza afastada da bifurcação entre sujeito e objeto, mente e corpo. A preocupação central será sempre a dependência da ciência em relação à experiência, algo muito mais rico e complexo que a dependência óbvia da ciência em relação a observadores e experimentos. O problema, e a fonte da crise de significado em nossa visão de mundo, é que acabamos por ficar tão cativados pelo sucesso espetacular da ciência que esquecemos que a experiência direta é a fonte essencial e o suporte constante dela.

Ao sondar as profundezas da experiência, não temos intenção de menosprezar o sucesso e o valor da ciência. Rejeitamos a negação da ciência, mas rejeitamos também o triunfalismo científico. Nossa briga é com uma concepção particular, equivocada, da ciência; uma concepção que veio a estar embutida em nossa presente visão de mundo científica, mas não é parte essencial da ciência. Essa concepção errônea, que delineamos no capítulo 1, é basicamente uma filosofia da ciência baseada em certas premissas metafísicas acerca da natureza e do conhecimento humano. Argumentamos que a ciência não requer essa filosofia e que, dados os seus fracassos, devemos abandoná-la e seguir em frente.

Dessa maneira, clamamos por uma perspectiva equilibrada, segundo a qual reconheçamos tanto o sucesso da ciência quanto os problemas que ela nos ajudou a criar. Esse sucesso espetacular rapidamente nos deu novas vacinas para a pandemia mundial do coronavírus, mas também nos deu a possibilidade de realizar viagens internacionais rápidas e disseminou a destruição ambiental que tornou a pandemia possível, com maior probabilidade de futuras pandemias piores. A ciência ajudou a criar a crise climática. "O próximo incêndio" já está aqui. Precisamos de outra maneira para compreender e praticar ciência, uma maneira que não leve nosso mundo a ser incendiado e ajude a apagar o fogo a que já demos início. Em suma, necessitamos de um novo tipo de visão de mundo científica. Nosso ponto de partida é recuperar a conexão profunda entre a ciência e a experiência humana, que foi perdida no Ponto Cego.

Começamos dizendo que escrevemos este livro com um senso de urgência. O Ponto Cego nos limitou a uma visão de mundo que entende erroneamente a ciência e que empobrece o mundo vivo e nossa experiência. Revelar o Ponto Cego e descobrir o que ele esconde é despertar do delírio do conhecimento científico. É abraçar a esperança de que podemos criar uma nova visão de mundo científica, uma visão na qual nos vejamos igualmente como expressão da natureza e fonte de autocompreensão da natureza. Conforme descrevemos adiante, estamos presos num loop estranho no qual é impossível nos separarmos, como conhecedores, da realidade que buscamos conhecer. Precisamos de nada menos que uma ciência alimentada por essa sensibilidade para que a humanidade floresça no novo milênio.[12]

I

COMO CHEGAMOS ATÉ AQUI? UM GUIA PARA OS PERPLEXOS

1

A substituição sub-reptícia: origens filosóficas do Ponto Cego

Humanidade em crise

"Nós nos encontramos no maior perigo de nos afogar no dilúvio cético e desse modo perder o controle de nossa própria verdade."[1] Edmund Husserl, matemático e filósofo alemão do século XX, escreveu essas palavras um pouco antes da eclosão da Segunda Guerra Mundial. São de seu último livro, *A crise das ciências europeias e a fenomenologia transcendental*, apresentado pela primeira vez na forma de palestras em Praga, em 1935. Husserl fundou o influente movimento da fenomenologia, que toma a experiência como foco central. Nascido numa família judia, foi removido de sua posição universitária por ser "não ariano" quando Hitler chegou ao poder em 1933. Isolado e discriminado, Husserl morreu em 1938, poucos meses antes do início da Segunda Guerra Mundial.

Husserl acreditava que a civilização "ocidental", particularmente a europeia, havia perdido o rumo. Atribuía as raízes profundas da "crise de humanidade europeia" a um fracasso da razão e a uma compreensão errônea fundamental do significado da ciência moderna. A confusão vinha sendo feita há séculos. A ciência em si, a prática real dos cientistas, não estava em crise — era, na verdade, tremendamente bem-sucedida. Em vez disso, a crise surgia do significado que fora atribuído à ciência, que havia sido enxertada com uma visão de mundo particular, a visão de mundo que estamos chamando de Ponto Cego. A concepção filosófica dominante na ciência acabou por elevar abstrações matemáticas a uma condição do que é verdadeiramente real e a desvalorizar o mundo da experiência imediata, que Husserl chamava de "mundo da vida". A humanidade moderna perdera de vista o fato de que realidade e significado são muito mais ricos do que demonstra sua representação na filosofia materialista dominante anexada à ciência. Essa filosofia conduziu a um "desencantamento do mundo", para empregar o termo do sociólogo alemão Max Weber (contemporâneo de Husserl). Por sua vez, a absorção do mundo desencantado na cultura, na economia e na política provocou um revide de esforços irracionais e fanáticos para reencantar o mundo, simbolizados pela promoção nazista genocida de uma pátria alemã racialmente definida.

A retórica de Husserl em *A crise das ciências europeias e a fenomenologia transcendental* foi desprezada como pomposa, mas na época atual de fake news, desinformação, negação da ciência, racismo, insurreição, invasão e ascensão do autoritarismo, podemos repensá-la. Não precisamos aceitar sua narrativa etnocêntrica sobre o "télos da humanidade europeia", nem concordar com sua versão de que a fenomenologia é a solução para a crise, para achar que ele pôs o dedo num profundo problema endêmico da cultura científica. A polarização entre triunfalismo da ciência e negação da ciência, combinada com a ameaça existencial do mundo da vida pela mudança climática causada pelo homem, indica que exacerbamos o problema neste século. A crise de Husserl ainda é a nossa crise.

Seria, portanto, conveniente considerar o diagnóstico de Husserl, particularmente sua análise de como entendemos de forma equivocada a ciência e o mundo da vida quando promovemos entidades matemáticas abstratas ao posto do que é verdadeiramente real, enquanto degradamos nossa experiência perceptiva concreta. Alfred North Whitehead, outro matemático e filósofo do século XX, também criticou incisivamente o que estamos chamando de Ponto Cego. Seus escritos, combinados com ideias recentes da filosofia da ciência, nos possibilitarão identificar os elementos-chave da visão de mundo do Ponto Cego e entender por que eles são insanos. Nosso primeiro passo é descrever os contornos filosóficos gerais dessa visão de mundo.

O ar que respiramos

A visão de mundo do Ponto Cego é como o ar — é invisível, mas nos cerca por todos os lados. Recebemos versões simplificadas dessa visão nas aulas de ciências do ensino médio, e a encontramos como premissa subjacente não declarada em documentários de divulgação científica. Se você busca uma carreira em ciência, essa visão se faz presente como um mapa invisível, orientando sua jornada através das aulas introdutórias a física, química e biologia. Embora tenha havido articulações filosóficas sofisticadas das ideias que compõem o que chamamos de visão de mundo do Ponto Cego, para a maioria das pessoas, inclusive a maioria dos cientistas, ela é tão difundida que nem chega a parecer filosofia. Em vez disso, as pessoas pensam que é simplesmente "o que a ciência diz".

Porém não é o que a ciência diz. É uma metafísica adicional anexada à prática real da ciência, mas apartada dela. Há outras formas melhores de entender a relação entre a ciência e o mundo, como argumentamos aqui.

Embora surja a partir de um ponto de vista filosófico particular e expresse esse ponto de vista, o Ponto Cego não é uma teoria. É, na verdade, uma perspectiva ampla que abrange muitas teorias e ideias, que incluem posições opostas em várias questões científicas e filosóficas, de modo que as ideias e teorias abarcadas não precisam ser consistentes entre si. Por exemplo, em relação ao problema de como a mente se relaciona com o corpo (o problema mente-corpo), o Ponto Cego inclui materialismo ou fisicalismo, segundo o qual estados de consciência são estritamente idênticos a (e são a mesma coisa que) estados cerebrais, bem como dualismo, segundo o qual a consciência é uma propriedade mental especial irredutível ao cérebro. Além disso, na filosofia da ciência, o Ponto Cego pode incluir realismo, a posição de que teorias científicas têm por objetivo dar uma explicação verdadeira de uma realidade independente da mente, ou instrumentalismo, a visão de que teorias científicas são principalmente ferramentas para fazer predições bem-sucedidas acerca de observações. Ainda assim, apesar dessas diferenças, é possível resumir o que o Ponto Cego abarca em termos filosóficos gerais. Listamos a seguir as ideias principais.

1. **A bifurcação da natureza.** *A cor é uma ilusão, não faz parte do mundo real.* Essa ideia não se baseia na prática real dos físicos quando medem a luz ou constroem modelos de luz compostos de partículas ou ondas, e sim em reflexões teóricas dos físicos — o que equivale a dizer que se trata de seus pensamentos filosóficos. Tais pensamentos dividem a natureza entre aquilo que existe externa e objetivamente e o que é mera aparência subjetiva ou existe apenas na mente do observador. Ondas de luz, com propriedades matemáticas tais como amplitude, frequência e comprimento, realmente existem na natureza fora do observador, ao passo que a cor é somente uma aparência subjetiva ou ilusão perceptiva. A ilusão de cor é, em última análise, explicada (ou descartada) em termos do que realmente existe, de modo que o vermelho, por exemplo, é apenas uma sensação subjetiva ou ilusão perceptiva causada pela radiação eletromagnética de comprimentos de onda

específicos. De forma similar, a temperatura, definida como a energia cinética média de átomos ou moléculas, realmente existe, enquanto quente e frio são meras aparências sensoriais. Ou, se levarmos essa ideia até o limite, partículas e forças são fundamentalmente reais; objetos visíveis e tangíveis são constructos perceptuais ilusórios. Whitehead chama essa maneira de pensar de "bifurcação da natureza", porque divide a natureza em realidade externa e aparência subjetiva. Discutiremos extensivamente a bifurcação da natureza.

2. **Reducionismo.** *Partículas elementares são os blocos construtivos fundamentais da matéria e tudo no universo se reduz a elas.* Reducionismo é uma constelação complexa de ideias. Uma delas é o *pequenismo*, a ideia de que coisas pequenas e suas propriedades são mais fundamentais que as coisas grandes por elas constituídas. Pessoas são mais fundamentais que os grupos sociais que elas compõem, células são mais fundamentais que as pessoas que elas compõem, moléculas são mais fundamentais que as células que compõem, átomos são mais fundamentais que as moléculas que compõem e, finalmente, partículas elementares são mais fundamentais que qualquer outra coisa. O pequenismo implica que a ação real da natureza acontece na menor escala microfísica, porque é aí que se acredita que ocorrem os processos causais mais básicos. O pequenismo pertence à área do que os filósofos chamam de ontologia, a teoria dos tipos de coisas que existem e quais são suas relações mútuas. Outra parte do reducionismo pertence à área da epistemologia, a teoria do conhecimento e da explicação. É a ideia de que o principal método para explicar um sistema é a *microrredução*, que consiste em fragmentar um sistema em seus elementos e explicar as propriedades do todo com base nas propriedades de suas partes. Pequenismo e microrredução implicam que a física de partículas elementares é a ciência

proeminente, pois é a única ciência que permanece se reduzirmos progressivamente afirmações sobre coisas ou sistemas grandes em sociologia, psicologia, biologia e química a afirmações sobre as coisas menores em física fundamental. O reducionismo é sintetizado nesta anedota bem-humorada: "Os biólogos se submetem aos químicos, que se submetem aos físicos, que se submetem aos matemáticos, que se submetem a Deus."

3. **Objetivismo.** *A ciência se empenha em conseguir uma visão de Deus da realidade como um todo.* Essa é a ideia de que a ciência, particularmente a física fundamental, busca prover acesso à realidade desvinculada de qualquer perspectiva humana. A ciência descobre verdades sobre aspectos observáveis e inobserváveis da realidade independentes da mente. Entidades físicas fundamentais independem da mente, são objetos reais e têm as propriedades essenciais independentes de qualquer observação.

4. **Fisicalismo.** *Tudo que existe é físico.* Se fizermos uma lista de tudo que existe no universo, tudo nessa lista será completamente físico em sua natureza e constituição. Se fizermos uma lista de todos os fatos físicos no universo, teremos determinado *ipso facto* todo o estado de coisas no universo, inclusive o estado de coisas químico, biológico, psicológico, social e cultural. Assim, os fatos físicos exaurem a realidade. "Materialismo" é o termo mais antigo para essa ideia; porém atualmente os filósofos preferem "fisicalismo", porque a física mostrou que nem tudo é material no sentido clássico de ser uma substância inerte com a propriedade de extensão. Por exemplo, campos e forças são físicos, mas não materiais. O fisicalismo é, antes de tudo, uma tese metafísica geral, não uma tese científica. Não é uma tese que pertence a qualquer teoria física. É uma interpretação filosófica da física e da ciência em geral. Considera-se, hoje, o modo de explicar a

mente como o maior obstáculo ao fisicalismo, particularmente a consciência, dentro de um arcabouço fisicalista.

5. **Reificação de entidades matemáticas.** *A matemática é a linguagem da natureza*. Essa é a ideia de que as reais propriedades estruturais do universo são suas propriedades matematizáveis. As entidades matemáticas em modelos, leis e teorias científicas existem "lá fora", independentes de nós. Somente elas constituem a verdadeira estrutura do universo. Como escreveu Galileu, fazendo eco a uma ideia mais antiga que remonta a Platão e Pitágoras, "o universo [...] está escrito na linguagem da matemática".[2]

6. **A experiência é epifenomenal.** *Consciência é a ilusão do usuário do cérebro*. A ilusão de quem usa o cérebro é uma imagem visual, assim como a imagem de um computador na sua tela, criada para conveniência da pessoa que usa o computador. De forma semelhante, as experiências conscientes são consideradas representações geradas pelo cérebro para conveniência da sua operação de controlar as interações do corpo com o mundo. Experiências conscientes não são mais reais do que os ícones na tela de seu computador. Experiências resultam de computações ocorrendo dentro do cérebro, mas não desempenham papel significativo nessas computações. Subjetividade, a experiência de ser, é um efeito derivado de eventos físicos no cérebro e tem uma influência basicamente insignificante nesses eventos. A impressão de que a consciência é eficaz é em grande parte uma ilusão.

Essa lista não pretende ser exaustiva ou definitiva. Não estamos dizendo que essas ideias sejam, individualmente ou em conjunto, necessárias ou suficientes para o Ponto Cego. Ao longo dos séculos, cientistas e filósofos têm combinado de diversas maneiras vários aspectos ou subconjuntos dessas ideias. Nosso objetivo, mais uma vez, é identificar um agrupamento de ideias que moldam nossa atual visão de mundo científica e que muita gente, inclusive muitos cientistas, atualmente consideram como certas.

Embora tenhamos apresentado essas ideias em termos filosóficos, o Ponto Cego é muito mais que uma perspectiva a ser debatida entre filósofos acadêmicos. Dado o longo alcance da autoridade e do poder da ciência, qualquer posição que tenha êxito em reivindicar que fala pela ciência terá tremenda influência social e ambiental. A visão de mundo de um ponto cego tem grande impacto como força social que restringe as pessoas a pensar de certas maneiras sobre como a ciência funciona, como a vida humana se encaixa na biosfera de nosso planeta Terra e como a mente humana se relaciona com o cosmo. Mais ainda, o desenvolvimento e a implantação da ciência e tecnologias que dela descenderam nos últimos quatro séculos têm sido indissociáveis do aumento de poder econômico e militar, tanto em países capitalistas como socialistas. Como discutiremos adiante, as concepções de um ponto cego da natureza, da energia e da informação têm enquadrado nossa forma de pensar sobre recursos naturais, produção de energia, tecnologias de informação e inteligência artificial. Por esses motivos, é importante lembrar que o Ponto Cego é como o ar que respiramos: é uma mentalidade culturalmente onipresente, não uma constelação de ideias filosóficas obscuras.

A substituição sub-reptícia

Voltamo-nos agora para a crítica de Husserl daquilo que estamos chamando de Ponto Cego. O treinamento de Husserl como matemático deu-lhe a percepção de como implantar abstrações nas ciências, particularmente na física matemática. Ele chamou a elevação de constructos matemáticos (como o da temperatura) ao status de realidade fundamental de "substituição sub-reptícia". Para Husserl, essa substituição é um erro fundamental.

No desenvolvimento da moderna visão de mundo científica, que Husserl encara como tendo se iniciado com Galileu, a representação abstrata e idealizada da natureza na física matemática substitui disfarçadamente o mundo concreto real, o mundo que percebemos. O mundo perceptivo é rebaixado ao status de mera aparência subjetiva, enquanto o universo da física matemática é promovido ao status de realidade objetiva. Assim, de acordo com essa forma de pensar, a temperatura ou a energia cinética média de átomos ou moléculas é que é objetivamente real, enquanto as sensações de quente e frio são meras aparências subjetivas.

Husserl argumenta que a substituição sub-reptícia é injustificada porque se baseia num mal-entendido fundamental da física matemática. As leis físicas especificam, em termos matemáticos, como as coisas se comportam em situações idealizadas. Por exemplo, a lei de Galileu sobre corpos em queda livre afirma que no caso idealizado da ausência de resistência do ar, todos os corpos caem com a mesma aceleração, que independe de sua massa. Galileu demonstrou de modo matemático e experimental que a distância que um corpo em queda livre percorre é diretamente proporcional ao quadrado do tempo que leva para cair. Similarmente, a lei dos gases perfeitos, também conhecida como equação geral dos gases, enuncia a relação entre pressão, volume e temperatura de um gás perfeito. Nessa equação, as moléculas não se atraem nem se repelem mutuamente, tampouco assumem qualquer volume. Em vez disso, as moléculas são representadas como pontos geométricos chamados "partículas ideais sem estrutura".

A partir desses exemplos, podemos entender que as leis da física matemática se referem a objetos idealizados e suas propriedades — corpos em queda livre, planos sem atrito, gases perfeitos hipotéticos, colisões perfeitamente elásticas e assim por diante. Esses objetos e propriedades idealizadas não são fisicamente reais; não existem no espaço e no tempo, nem participam em interações causais. Assim sendo, não constituem, e não podem constituir, o mundo real da natureza. São entidades fictícias que usamos como ferramentas. São instrumentos conceituais necessários para que possamos formular enunciados matemáticos exatos a serem aplicados ao mundo real mediante uma série de aproximações cada vez mais precisas. É assim que obtemos um conhecimento preditivo das coisas e o controle sobre elas.

Idealização e aproximação matemáticas constituem um método para saber como as coisas vão se comportar em condições variadas. O método, porém, não nos conta o que as coisas são e por que se comportam de determinada forma. Assim, pensar que as leis idealizadas da física matemática descrevem o ser inerente da natureza é algo fundamentalmente equivocado. Pensar dessa maneira é confundir mapa — uma representação idealizada e limitada do terreno — com território. Como diz Husserl, pensar dessa maneira é "assumir como *ser real* o que é na verdade um *método*".[3] Essa é a substituição sub-reptícia — a substituição da natureza em si por uma ferramenta para descrever fenômenos, ou a confusão entre um instrumento de predição e as coisas pelo que realmente são. É uma espécie de erro de categoria.

No que se refere à filosofia da ciência, Husserl pode ser descrito como um *instrumentalista*, ou mais genericamente um antirrealista, em relação a leis científicas (mas não necessariamente em relação a entidades científicas, tais como elétrons, conforme discutimos a seguir).[4] Segundo seu ponto de vista, leis são instrumentos precisos de predição, e os objetos idealizados das leis têm um status matemático, ideal, não uma existência física, real.

Nancy Cartwright, uma filósofa da ciência norte-americana e britânica, defende uma similar concepção antirrealista das leis científicas em seu clássico livro *How the laws of physics lie* [Como as leis da física mentem].[5] Segundo Cartwright, as leis da física matemática não descrevem a realidade, e sim objetos idealizados em modelos. Necessitamos desses modelos para poder aplicar as teorias abstratas da física matemática ao mundo real. Na mecânica clássica, por exemplo, o conceito de força é abstrato e precisa ser substituído por uma força específica, tal como a gravidade, para descrever a atração entre corpos massivos. Essa substituição é feita utilizando modelos mais simplificados e idealizados — por exemplo, o de dois corpos esféricos (representados numa aproximação por dois objetos puntiformes com massa) num espaço que, de outro modo, estaria vazio. Essa simplificação torna as equações do movimento manipuláveis. A descrição científica consiste em passar de conceitos teóricos, abstratos, para aplicações concretas, no mundo real, por meio de modelos idealizados. Cartwright os chama de "modelos interpretativos".[6]

O modelo de Galileu de um plano sem atrito, o modelo de Bohr do átomo com um núcleo denso cercado de elétrons em órbitas quantizadas, os modelos biológico-evolucionários de populações totalmente isoladas são todos representações idealizadas que existem na mente dos cientistas; não são realidades concretas na natureza. Não devemos substituir sub-repticiamente a realidade concreta por representações mentais abstratas, o território pelo mapa. Como discutiremos a seguir, Husserl também achava que não devemos substituir sub-repticiamente o mundo pela "oficina científica", os laboratórios e o imaginário conceitual onde a ciência é produzida.

A oficina científica

Hoje temos como certo que a ciência requer laboratórios especializados sediados em universidades e institutos de pesquisa, apoiados por governos e agências de financiamento privado. Esses laboratórios colaboram internacionalmente para fomentar inovação tecnológica e treinar a próxima geração de cientistas. No entanto, essa infraestrutura científica global, a oficina científica, na terminologia de Robert Crease, tem pouco mais que alguns séculos de existência.[7] É uma conquista muito recente na história da civilização humana, e mais ainda na história geral da humanidade.

A ideia de oficina remonta ao século XVI. Francis Bacon, o filósofo e estadista inglês que viveu de 1561 a 1626, foi a primeira pessoa a vislumbrar a oficina científica.[8] Ele teve a ideia de criar instalações reservadas nas quais fosse possível investigar e controlar sistematicamente a natureza usando métodos experimentais e instrumentos especializados. Bacon nos legou a ideia da ciência experimental como um empreendimento coletivo, abrigado em institutos de pesquisa funcionando em benefício da humanidade.

Bacon é uma figura ambígua e difícil. A historiadora Carolyn Merchant, em sua obra clássica *The death of nature: women, ecology, and the scientific revolution* [A morte da natureza: as mulheres, a ecologia e a revolução científica], argumenta que, embora Bacon tenha contribuído para o avanço do igualitarismo ao estabelecer o método indutivo, pelo qual qualquer um, em princípio, pode verificar sozinho a verdade da ciência, também ajudou a solapar a sociedade agrária comunal em favor de "uma emergente economia de mercado que tendia a ampliar o vão entre classes sociais superiores e inferiores, concentrando mais riqueza nas mãos de comerciantes, fabricantes de roupas, empreendedores aventureiros e pequenos fazendeiros por meio da exploração e alteração da natureza em nome do progresso".[9] Em outras palavras, a concepção de Bacon de um empreendimento científico com base indutiva conduzido na oficina estava meticulosamente a serviço do emergente sistema capitalista mundial, e sua concepção da natureza era, em essência, um recurso para a humanidade. Bacon também usava imagens femininas para descrever a natureza e sua subjugação pela ciência. Como explica Merchant:

> A natureza lançada no gênero feminino, quando despida de atividade e tornada passiva, podia ser dominada pela ciência, tecnologia e produção capitalista [...] Francis Bacon advogava extrair os segredos da natureza de seu "seio" por intermédio da ciência e da tecnologia. A

subjugação da natureza como feminina [...] era, portanto, parte integral do método científico como poder sobre a natureza.[10]

Foi precisamente essa concepção moderna da natureza como algo a ser subjugado pela ciência e pela tecnologia que conduziu ao aquecimento global e à crise climática causada pelo homem.

Em Bacon, vemos o início de uma tendência no pensamento científico moderno à qual Husserl se oporia arduamente. Estamos nos referindo não ao uso opressivo de imagens de gênero — é improvável que Husserl tivesse sido sensível a isso —, mas à tendência de ver a natureza fora da oficina inteiramente com base em conceitos e procedimentos aplicados à natureza dentro da oficina. No interior da oficina, isolamos fenômenos, protegendo-os de influências externas, e os sujeitamos a nossos dispositivos especializados, fabricando dessa maneira fenômenos novos. O resto do mundo da vida, do qual a oficina depende para seu propósito e significado, reside fora da oficina. Husserl afirma que, quando manipulamos fenômenos na oficina, ampliamos nossa compreensão da realidade e adquirimos novos meios de controle sobre as coisas. Contudo, ele se opõe a tornar as ferramentas conceituais e experimentais da oficina os árbitros finais daquilo que é real. Nas palavras de Crease, Husserl rejeita a ideia de que "a realidade é o que aparece na oficina científica" — que a realidade pode ser equiparada com ou definida com medições objetivas na oficina.[11] A ideia é uma versão da substituição sub-reptícia: substituir o mundo pela oficina.

Você pode estar cético acerca dessa linha de pensamento. Afinal, a ciência básica, especialmente a física fundamental, não abarca tudo? Por que não podemos simplesmente transferir teorias científicas da oficina para o mundo?

O mundo na oficina e a oficina no mundo

Conforme discute Cartwright, os modelos preditivos da física funcionam basicamente dentro de paredes — as paredes do laboratório, do detector de partículas, de um enorme ambiente térmico, de um invólucro de bateria e assim por diante.[12] Em outras palavras, os modelos funcionam em lugares que possamos controlar e proteger de influências externas e onde possamos arranjar com precisão as condições de modo que se encaixem nos modelos. Às vezes, os modelos também funcionam fora de paredes, em casos em que os fragmentos de natureza locais se assemelhem suficientemente a um dos nossos modelos de oficina. Com frequência, esses casos envolvem coisas que construímos para encaixar os modelos, tais como aviões e foguetes, que fabricamos de modo a se conformar aos modelos da mecânica clássica, ou computadores, onde usamos mecânica quântica para projetar elementos semicondutores que implementem precisamente os cálculos da lógica digital.

Fazemos uma substituição sub-reptícia quando supomos que tais modelos físicos ou computacionais se aplicam ao resto da natureza, incluindo o mundo da vida humana, além do que somos capazes de moldar e prever com êxito. Por exemplo, vamos supor que deve haver, em princípio, um modelo mecânico preditivo para a ação do vento e da água em uma pena de gaivota perdida, varrida pela brisa e pelas ondas até a praia. Ou que deve haver, em princípio, um modelo computacional preditivo para as atividades cerebrais interativas de um quinteto de jazz que toca improvisando. É claro que reconhecemos que provavelmente jamais seremos capazes de formular esses modelos por conta de sua complexidade. Mesmo assim, supomos que, em princípio, eles sejam formuláveis.

Devemos ter cautela em relação a esse modo de pensar, e criticaremos vários casos neste livro. Tal pensamento se baseia em uma premissa metafísica carregada e desnecessária acerca de como é o mundo fora do alcance de nossa capacidade de construir e testar modelos preditivos.

A premissa é que a forma como as coisas se comportam em ambientes controlados e fabricados deve ser nosso guia para como as coisas se comportam em situações não controladas e não fabricadas. Em outras palavras, a premissa é que fatos regimentados dentro da oficina são exemplos do mundo fora da oficina. Como Cartwright discute, esse modo de pensar redunda num tipo de fundamentalismo, porque requer adesão estrita aos modelos da oficina como verdades literais sobre como fundamentalmente é o mundo fora da oficina.[13]

Essa atitude fundamentalista geralmente anda de mãos dadas com a ideia de que medidas objetivas na oficina são mais válidas do que a experiência direta do mundo baseada em nossa percepção corporal. No entanto, essa ideia objetivista é enganosa, conforme Crease nos mostra ao usar o exemplo de surfistas (extraído das memórias de William Finnegan, *Barbarian days* [Dias de bárbaros].[14] Medidas objetivas da altura de uma onda são irrelevantes para os praticantes do surfe; o que importa para eles é como avaliam o tamanho e a ferocidade de uma onda em relação a seu corpo e sua habilidade de surfar, isto é, em relação a sua experiência direta. A forma como surfistas, marinheiros e nadadores interagem com as ondas por meio da experiência direta é o que mais importa para eles, não medidas de ondas objetivas e separadas de como são experimentadas.

A combinação de fundamentalismo e objetivismo acerca de modelos científicos exemplifica o Ponto Cego, que obstrui nossa experiência direta do mundo fora da oficina científica e se anuncia como "o que a ciência diz" — quando, na verdade, é uma estrutura mental filosófica, não algo estabelecido pela prática científica. Baseia-se, ainda, numa generalização a partir de um pequeno número de casos, em que temos modelos preditivos bem-sucedidos, para uma quantidade de casos imensamente maior, onde não temos, nem podemos ter, esse tipo de conhecimento, porque o mundo fora da oficina é complexo e intrincado demais. Conforme a ciência das redes cada vez mais sugere, a forma como tudo se comporta, especialmente no mundo fora da oficina, muitas vezes depende mais da estrutura global e interligada de eventos do que do arranjo local das partes que às vezes podemos isolar e proteger. O que ocorre é que continuaremos errando terrivelmente, não só em teoria, mas também na prática e na política social, se tratarmos o mundo como se fosse apenas uma versão maior do que acontece dentro da oficina.

A amnésia da experiência

Por trás da substituição sub-reptícia, há um tipo de amnésia da experiência. Pegamos essa ideia do francês Michel Bitbol, um filósofo da ciência que se baseia em Husserl.[15] Bitbol ressalta que produzimos conhecimento objetivo em dois passos principais. Primeiro, deixamos progressivamente de lado qualquer elemento de nossa experiência com que não conseguimos ter concordância absoluta, tais como a sensação ou aparência das coisas, ou nossos gostos, preferências e valores individuais. Em outras palavras, abstraímos progressivamente, nos distanciando da experiência concreta. Então, retemos um "resíduo estrutural" da experiência que pode ser transformada em objeto de consenso, especialmente quando a refinamos na oficina. Resíduos estruturais incluem esquemas de classificação (taxonomias), modelos, proposições gerais e sistemas lógicos. Os tipos mais abstratos de resíduos estruturais são matemáticos, tais como grandezas. A amnésia ocorre quando esquecemos que a experiência direta é o ponto de partida implícito e exigência constante desse procedimento de criar conhecimento objetivo.

Nossa parábola da temperatura (citada na introdução) fornece um exemplo. O ponto de partida é a experiência de quente e frio. Primeiro, removemos qualquer coisa sobre a qual não podemos definitivamente concordar — por exemplo, se uma bacia de água está quente ou fria, dado que uma das mãos pode ter determinada sensação, e a outra, uma sensação diferente (usando o exemplo de Locke).[16] Dessa maneira, a abstração ocorre ao excluir qualidades particulares sentidas. Então, destilamos progressivamente fenômenos, tais como experiências dignas de nota sobre as quais podemos concordar, como correlações observadas entre sensações de quente e frio e mudanças no volume dos fluidos (líquidos se expandem com o calor), e pontos observados nos quais a água começa a congelar ou ferver. Usamos esses pontos relativamente estáveis para construir termômetros com escalas numéricas de modo a descrever os fenômenos por meio de grandezas objetivas consensuais. Refinar esse procedimento em uníssono com o desenvolvimento de teorias físicas (termodinâmica clássica e mecânica estatística) acaba por levar ao conceito abstrato de temperatura termodinâmica (a energia cinética média das partículas). Tal conceito abstrato é um exemplo de resíduo estrutural de experiência altamente refinado. Bitbol chama o objeto abstrato correspondente (energia cinética devido ao movimento das partículas) de "foco estrutural invariante" para a experiência.

Até aqui, tudo bem. O problema é quando a experiência sai da história. Ficamos tão seduzidos pelo sucesso do método que esquecemos sua necessária dimensão experimental. Isso é a amnésia da experiência. Esse é o Ponto Cego.

A amnésia da experiência conduz a uma ideia estranha e sem sentido, predominante em certos redutos da ciência e da filosofia, de que a experiência pode ser reduzida a um ou outro de seus resíduos estruturais. Um caso surpreendente é a ideia de que a percepção consciente pode ser reduzida ao resíduo estrutural de processos informacionais ou computacionais no cérebro. Essa forma de pensar inverte todo o procedimento de produção de conhecimento objetivo, uma vez que supõe que um resíduo estrutural abstrato da experiência (tal como "informação") pode explicar ou fundamentar o ser concreto da percepção consciente. Aqui encontramos o Ponto Cego em sua manifestação mais extrema.

Husserl (e Whitehead, como veremos) reconheceram claramente que essa forma de pensar é absurda *em princípio*. Conceitos científicos abstratos (temperatura termodinâmica, informação, computação) brotam da experiência concreta e, portanto, não podem explicar ou fundamentar a experiência. Como questão de princípio geral, o abstrato nunca pode explicar ou fundamentar o concreto. Em vez disso, o inverso deve ser sempre o caso. Parte da crise de nossa cultura científica é que nos permitimos esquecer essa verdade fundamental.

Objetos não observáveis são reais?

Até aqui, a nossa discussão tem focado em leis e modelos científicos. Argumentamos que os objetos ideais e as propriedades de modelos científicos, bem como as regularidades idealizadas das leis científicas, não são fisicamente reais. Dessa forma, ocorre uma substituição sub-reptícia quando as tratamos como se fossem verdadeiramente reais e o mundo perceptivo fosse meramente aparente. Também enfatizamos que a maioria dos fenômenos da física moderna é fabricada na oficina, de maneira que ocorre outra substituição sub-reptícia quando substituímos o mundo pela oficina.

Modelos e leis, no entanto, dificilmente constituem o todo da ciência; há também teorias científicas. Segundo a concepção padrão de ciência encontrada nos livros, enquanto modelos e leis descrevem o que acontece, teorias fornecem um arcabouço explicativo abrangente. Por exemplo, a teoria da relatividade especial de Einstein postula que as leis da física (os enunciados que descrevem ou predizem fenômenos físicos) são invariáveis em todos os referenciais inerciais (referenciais sem aceleração) e que a velocidade da luz é uma constante universal. Em biologia, a teoria de Darwin explica a evolução como resultado do processo de seleção natural. Também tomemos como exemplo a teoria cinética dos gases, que explica como o comportamento de átomos e moléculas dá origem à regularidade macroscópica conhecida como lei de Boyle, a qual afirma que a pressão de um gás varia inversamente a seu volume em uma temperatura constante. As teorias científicas crucialmente postulam entidades, tais como átomos e elétrons, ou genes que interagem de modo causal para produzir um comportamento observável, mas não podemos observar tais entidades diretamente. Alguns modelos as usam para descrever dados observados.

Postular entidades não observáveis como átomos gera a questão sobre qual realidade deve ser atribuída a elas. Acreditamos que postular certos tipos de entidades não observáveis e pensar que elas são fisicamente reais pode ser algo perfeitamente legítimo. O problema é quando perdemos de vista a experiência direta por trás desse tipo de procedimento científico. Eis outro exemplo do Ponto Cego.

Precisamos, antes de tudo, reconhecer que, embora as leis e teorias científicas possam se referir a objetos não observáveis, os tipos de objeto e as razões que os tornam inobserváveis diferem nos dois casos.[17] Objetos abstratos e ideais, tais como partículas puntiformes ou gases perfeitos, não são objetos passíveis de percepção. Assim, não há possibilidade de qualquer observador, não somente o ser humano, perceber os objetos ideais aos quais as leis da física matemática se referem.

No entanto, as entidades não observáveis às quais as teorias físicas se referem, tais como tipos particulares de moléculas, átomos e partículas subatômicas, não são ideais, mas sim supostamente reais. São espaçotemporais e participam de interações causais. Embora não possamos ver moléculas e átomos a olho nu, é possível imaginá-los graças aos avanços em microscopia. No século XX, câmaras de nuvens e câmaras de bolhas foram usadas para detectar partículas subatômicas eletricamente carregadas. A teoria física foi usada para interpretar o que vemos com nossos olhos — trilhas de condensação de gotículas de água — como indicativos da presença de novos tipos de entidades, como tipos específicos de partículas subatômicas, tais como os múons. Em outras palavras, usando a teoria física fomos capazes de aprender a ver as trilhas de condensação como sinais ou rastros dessas partículas. Finalmente, embora moléculas, átomos e partículas subatômicas sejam imperceptíveis para os seres humanos, não significa que sejam imperceptíveis para qualquer observador lógica ou conceitualmente possível. Nada existe de contraditório do ponto de vista lógico ou conceitual na suposição de que poderia haver algum tipo de observador, tal como um alienígena com órgãos sensoriais especiais, capaz de percebê-los. Em contraste, é lógica ou conceitualmente impossível que objetos ideais, como uma carga esférica perfeita, sejam percebidos, pois não são reais; não são espaçotemporais nem participam de interações causais, de modo que não há como serem passíveis de percepção sensorial.

O passo seguinte é reconhecer que as teorias e os experimentos científicos que nos levam a postular entidades não observáveis não nos conduzem para fora da experiência; eles a ampliam e enriquecem. Por exemplo, os físicos do século XX utilizaram câmaras de nuvens para descobrir as partículas pósitron, múon e káon. Embora não possamos ver diretamente essas partículas elementares, os físicos foram capazes de perceber sinais de sua presença na forma da curvatura e na direção das trilhas de pequenas gotículas. Dada a teoria da física de partículas e as observações precisas feitas em condições altamente engendradas e controladas na câmara de nuvens — uma importante ferramenta da oficina científica dos físicos de partículas da década de 1920 até os anos 1950 —, postular a existência dessas partículas foi a melhor explicação dos dados, incluindo em especial o que era diretamente observável na câmara de nuvens.

Essa forma de inferência é chamada habitualmente de "inferência para a melhor explicação", mas nós preferimos o termo de Cartwright, "inferência para a causa mais provável".[18] Na vida cotidiana, é nesse tipo de inferência que nos baseamos o tempo todo. Por exemplo, ao entrar na cozinha de manhã e ver pratos sujos sobre a pia e perceber que a maioria dos mantimentos comprados no dia anterior sumiu da geladeira, você imediatamente conclui que seus filhos adolescentes fizeram uma refeição à meia-noite e tiveram preguiça de limpar tudo. Essa é a causa mais provável, tendo em vista muitas outras coisas que você já observou; é com certeza mais provável do que a alternativa de sua casa ter sido arrombada por pessoas famintas que prepararam um jantar no meio da noite e foram embora sem lavar a louça.

Embora a inferência para a causa mais provável na oficina científica seja mais rigorosa e restrita do que esse exemplo, o procedimento tem essencialmente o mesmo raciocínio. Esse tipo de inferência é determinante para a maneira como vivenciamos o mundo e achamos nosso caminho através dele. Assim, mesmo que os físicos na oficina usem a "inferência para a causa mais provável" para deduzir a presença de entidades não observáveis além do alcance da percepção humana, ainda estão operando inteiramente dentro da esfera da experiência humana.

Igualmente importante, o conteúdo das observações na oficina é enriquecido quando a existência dessas partículas é estabelecida usando a inferência para a causa mais provável. As observações agora contam com aquilo que podemos chamar de "observações de sinais perceptuais", como quando vemos os rastros de algum animal na neve. De fato, os físicos chamam os vários tipos de trilhas formadas por minúsculas gotículas numa câmara de nuvens de "rastros" de partículas eletricamente carregadas. Esses rastros pertencem ao mundo real da percepção humana. Nossa percepção deles é um tipo de "ver como": vemos as trilhas de gotículas *como* rastros. Temos bons motivos para vê-los dessa maneira e inferir que são causados por partículas. Assim como podemos dizer se uma corça subiu o morro vendo seus rastros na neve, os físicos podem ver que a partícula é um pósitron a partir da forma e da orientação de sua trilha de condensação. A forma da trilha funciona como um "sinal indicativo" da partícula, para usar o termo de Husserl. Esse tipo de percepção — perceber algo como sinal de alguma outra coisa ("consciência de sinal indicativo") — é fundamental para a maneira como percebemos o mundo.[19]

Obviamente, há uma diferença entre ver os rastros de uma corça e ver os rastros de uma partícula. Podemos seguir a corça e eventualmente vê-la; mas seguir os rastros da partícula jamais nos levará a vê-la a olho nu. Isso, porém, não nos permite dizer que a partícula não existe ou que é apenas um postulado ficcional, da mesma forma que os objetos matemáticos de leis físicas idealizadas são postulados ficcionais. Embora não seja possível visualizar as partículas, é possível manipulá-las, como quando os físicos bombardeiam elétrons com um canhão de elétrons. Conforme escreveu há quarenta anos o filósofo da ciência canadense Ian Hacking, "se podemos bombardeá-los, eles são reais".[20] Ou, na emenda mais cautelosa de Cartwright, "*quando* se pode bombardeá-los, eles são reais", uma vez que são bombardeados apenas sob condições precisamente controladas na oficina.[21] Isso marca outra diferença entre as entidades não observáveis da teoria física e os objetos não observáveis da lei física: estes últimos não são apenas imperceptíveis em princípio; são também, em princípio, impossíveis de manipular, precisamente porque não são espaçotemporais nem participam de interações causais. Não se pode bombardear um gás ideal.

Temos argumentado que podemos ter boas razões para postular a existência de entidades não observáveis, mas que essas razões dependem essencialmente da experiência direta — nossa experiência de percepção (ver os rastros de partículas) e nossa experiência de ação (bombardear elétrons). No entanto, pensar que partículas elementares e campos de força são reais não implica que o mundo que percebemos seja de algum modo menos real que essas entidades; não é uma consequência lógica. Dar um passo além, rebaixando a realidade do mundo perceptivo e substituindo-a pelas entidades da física de partículas, seria um caso de substituição sub-reptícia.

O problema com a substituição sub-reptícia é que ela mina o terreno sobre o qual a ciência deve se assentar. A ciência precisa pressupor a realidade concreta do mundo perceptivo, especialmente as coisas macroscópicas que percebemos e manipulamos na oficina científica. Essa oficina funciona somente no contexto mais amplo do mundo da vida, o mundo garantido das coisas e situações concretas, bem como das comunidades humanas com seus valores e projetos. A ciência é essencialmente um projeto dentro do mundo da vida; pode ampliar e enriquecer nossa concepção da realidade, mas não pode pisar fora do mundo da vida.

Além disso, questionar a validade do nosso modo humano de percepção faria a ciência perder sua base epistêmica. Como exemplo, a inferência para a causa mais provável requer que o estado de coisas sobre o qual ela se baseia seja perceptível. A cozinha está realmente uma bagunça, então concluímos que a molecada não limpou nada depois de usá-la; existe realmente uma trilha observável de gotículas com um formato particular, então concluímos que o pósitron existe. De maneira similar, para que uma coisa seja um sinal indicativo da presença de alguma outra coisa, ela precisa ser perceptível, como rastros na neve ou rastros numa câmara de nuvens. Mais genericamente, nossa experiência corporal concreta fornece o ponto de partida e a fonte final de evidência para a ciência. Por isso, impugnar totalmente sua validade, torná-la um espetáculo epifenomenal secundário, é abandonar a verdadeira base da ciência.

A bifurcação da natureza

É hora de trazer Alfred North Whitehead para nossa discussão. Whitehead reconheceu claramente o que estamos chamando de Ponto Cego, mas também mapeou uma nova filosofia da ciência e da natureza além dele. Defendia a ciência e a importância da abstração, porém se recusava a permitir que o abstrato usurpasse o concreto e insistia em não bifurcar a natureza em realidade objetiva *versus* aparência subjetiva. Whitehead reconhecia que a ciência tinha sua fonte na experiência direta; que a percepção já abstrai a partir do que é acessível a ela através do meio que é o nosso corpo vivo; e que a ciência estende rigorosamente essa abstração sem jamais deixar a experiência viva para trás.

Em seu livro de 1920, *O conceito da natureza*, Whitehead parte da observação de que a natureza é aquilo do que estamos conscientes na percepção dos sentidos.[22] Os físicos, porém, precisam abstrair, afastando-se da percepção para focar aspectos matematizáveis da natureza, tais como tempo, espaço, movimento, forças e partículas. Até aqui, tudo bem. A "bifurcação da natureza" ocorre sempre que esse procedimento de abstração é interpretado como se significasse que a natureza consiste em dois tipos diferentes de coisas, as constituintes fundamentais e não percebidas da realidade e as que aparecem subjetivamente na percepção. Nós bifurcamos a natureza quando a dividimos em "dois sistemas de realidade": "A natureza apreendida na consciência e a natureza que é a causa da consciência."[23]

A bifurcação científica da natureza surgiu no século XVII na forma da distinção feita por Galileu, Descartes e Locke entre "qualidades primárias" (tamanho, forma, solidez, movimento e quantidade), que se acredita que pertençam a entidades materiais em si, e "qualidades secundárias" (cor, sabor, cheiro, som, quente e frio), que se acredita que existam apenas na mente e são causadas pelas qualidades primárias que incidem sobre os órgãos dos sentidos e criam sensações ou impressões mentais.

Embora nossa compreensão da matéria tenha mudado drasticamente nos séculos XIX e XX, a bifurcação da natureza permaneceu intacta. Um exemplo moderno são as "duas mesas", do físico Arthur Eddington, no século XX: a "mesa substancial" e a "mesa científica". A mesa substancial tem forma, cor e solidez, e pertence ao mundo comum da percepção. A mesa científica é, em sua maior parte, espaço vazio permeado por campos de força. A física moderna nos assegura, segundo Eddington, que a mesa científica é a única que está realmente lá.[24] Aqui reside o problema característico do Ponto Cego: o rebaixamento da experiência concreta e a elevação das abstrações.

Whitehead se recusa terminantemente a aceitar a bifurcação da natureza porque ela viola a premissa da filosofia natural (o nome mais antigo para ciência) e tem consequências inaceitáveis. A premissa da filosofia natural é que "tudo que é percebido está na natureza; não podemos escolher".[25] A natureza, pela tradição empiricista a partir da qual Whitehead trabalha, é "aquilo que observamos na percepção por meio dos sentidos".[26] Melhor ainda: a percepção sensorial é a pedra de toque da natureza, porque a natureza também inclui aquilo que podemos abstrair rigorosamente a partir da percepção usando lógica, matemática e experimentação controlada. Assim, inferimos a existência de átomos, elétrons e outras partículas subatômicas mediante experimentos detalhados. Porém, como Whitehead diz, o vermelho do pôr do sol é tão parte da natureza quanto as moléculas e as ondas luminosas pelas quais os cientistas o explicam.[27] A tarefa da filosofia natural é analisar como esses elementos — vermelho, moléculas, ondas luminosas — estão conectados em um sistema de relações. "Há apenas uma única natureza diante de nós: a natureza que está diante de nós mediante o conhecimento perceptivo."[28] A teoria da bifurcação, no entanto, constituindo um aspecto fundamental do Ponto Cego, corta a natureza em duas, tornando uma parte real e a outra aparente, com a parte real sendo a causa da parte aparente. Desse modo, temperatura (a energia cinética média das partículas) e luz (parte do espectro eletromagnético) realmente existem, enquanto quente, frio e cor são meras aparências. Ou a "mesa científica" (partículas, espaço permeado de campos de força) realmente existe, mas a mesa substancial, comum, é apenas uma imagem perceptiva. Esse corte separa o mundo da percepção do resto da natureza e não deixa caminho para voltar a juntá-los. Uma realidade física oculta causa o mundo perceptivo, que está alojado na mente: "Assim, haveria duas naturezas; uma é a conjectura, a outra, o sonho."[29] O sonho (quente e frio, cor, objetos comuns, perceptuais) supostamente é explicável em termos de conjectura (partículas, radiação eletromagnética), mas isso acaba se revelando impossível porque a conjectura pressupõe o sonho. A realidade física oculta postulada é uma abstração dos elementos concretos da natureza, presentes para nós na percepção sensorial, e não pode existir sozinha, separada desses elementos concretos.

Whitehead dificilmente se opõe à abstração (afinal, ele é matemático), mas se opõe a colocar abstrações acima da experiência concreta numa hierarquia do conhecimento e confundir abstrações com realidades concretas. Nossa parábola da temperatura ilustra este ponto: a energia cinética em virtude do movimento dos átomos e a temperatura termodinâmica como medida do movimento atômico são abstrações a partir da realidade concreta de quente e frio. A questão de Whitehead é que a temperatura termodinâmica é abstrata, enquanto quente e frio são concretos, e que abstrações pressupõem uma base concreta, de modo que não devemos pensar que a temperatura termodinâmica é mais real que as sensações de quente e frio. Como escreve a filósofa da ciência Isabelle Stengers em *Thinking with Whitehead* [Pensando com Whitehead]: "Entre a experiência mais concreta e as várias abstrações, para Whitehead não há hierarquia [...] A questão que o preocupa, como sempre, é a da abstração e, mais precisamente, a falta de resistência, característica da época moderna, à intolerante regra de abstrações, declarando que tudo que lhes escapa é frívolo, insignificante ou sentimental."[30]

Em *A ciência e o mundo moderno*, publicado em 1925, Whitehead chama a substituição sub-reptícia de realidades concretas por abstrações de "a falácia da concretude deslocada".[31] Esse é "o erro acidental de confundir o abstrato com o concreto" — acidental porque é desnecessário para a prática efetiva da ciência.[32] A bifurcação da natureza exemplifica a falácia da concretude deslocada, pois surge do fato de confundir as abstrações matemáticas da física (energia cinética média de átomos ou moléculas) com a realidade concreta (quente e frio) e propor a redução do concreto ao abstrato. Essa redução inverte, sem nenhum sentido, a relação de dependência (o abstrato sempre pressupõe o concreto).

Uma vez bifurcada a natureza, não temos alternativa a não ser colocar a mente fora da natureza, ao mesmo tempo que, não obstante, nos vemos forçados a invocá-la de maneira misteriosa para explicar o que aparece na percepção. Vamos supor que as ondas luminosas e a atividade cerebral façam com que vejamos vermelho. Dada a bifurcação da natureza, as ondas luminosas e a atividade cerebral são fisicamente reais, enquanto vermelho é uma aparência subjetiva. Entretanto, aparências subjetivas são fenômenos mentais. Então, ao dizer que a luz e o cérebro causam o vermelho, invocamos um tipo ilícito de causalidade, que salta misteriosamente de entidades materiais para entidades mentais externas. Postulamos uma relação causal que não opera mais dentro do domínio único da natureza. Em vez disso, ela atravessa a natureza e o domínio externo da mente. Em outras palavras, uma vez que a mente é empurrada para fora da natureza, o que acontece inexoravelmente com a bifurcação, uma transação entre o físico e o mental não pode contar como uma interação dentro da natureza. Pressupõe-se, porém, que a ciência natural não se refere a nada fora da natureza em suas explicações. Portanto, apelar para a mente, ainda que apenas como suposto ponto final de uma cadeia causal, é inaceitável.

Conforme observa Whitehead, de uma perspectiva da ciência natural, na verdade não estamos explicando o vermelho quando mencionamos a luz penetrando nossos olhos e a subsequente atividade cerebral.[33] Em vez disso, pressupomos a presença perceptiva do vermelho e determinamos que ela é acompanhada pela resposta do cérebro à recepção da luz pelo olho. Portanto, deveríamos dizer que a presença perceptiva do vermelho na natureza ocorre de modo interdependente — com a luz entrando por nossos olhos e com a subsequente atividade cerebral —, e não que a luz e a atividade cerebral causam a ocorrência mental do vermelho. Enquanto a segunda maneira de falar bifurca a natureza (em real *versus* aparente, físico *versus* mental), a primeira maneira não o faz (existe apenas um sistema de eventos interdependentes).

Invocar a mente ou as "adições psíquicas", nas palavras de Whitehead, para explicar como a realidade física causa o mundo aparente da percepção, deixa a mente sozinha, sem estar relacionada a nada. Quando tentamos incorporar a mente de volta à natureza, enfrentamos uma questão intratável: o problema mente-corpo. A questão atual — como a consciência é possível num universo puramente físico? — é um artefato da bifurcação da natureza e do Ponto Cego.

Avanços em neurociência expandem o problema, mas não o resolvem. Agora, muito mais do que no tempo de Whitehead, somos capazes de delinear muitos dos eventos físicos e neurais que ocorrem de maneira interdependente com a percepção consciente. No entanto, somos bloqueados pela chamada lacuna explanatória entre natureza física e experiência consciente. Whitehead nos diria que a lacuna explanatória resulta da bifurcação da natureza, e não há caminho além da lacuna enquanto essa cisão for mantida. A neurociência cognitiva não consegue estabelecer uma ponte sobre essa lacuna porque pressupõe a experiência de percepção do cientista em primeira pessoa. Stengers coloca o dedo na ferida:

> De explicação em explicação, de situação experimental à situação experimental, a "mente" continua assim mesmo, entre aspas, no sentido de que a caracterização da relação experimental não inclui a pessoa para quem ela constitui uma explicação. Pretender explanar o "vermelho percebido" é pretender que surja subitamente, como um coelho tirado da cartola de um mágico, um termo que designe não o que os cientistas tiveram sucesso em perceber, mas tudo aquilo que suas descobertas pressupõem.[34]

Em outras palavras, embora os cientistas estejam estabelecendo correlações cada vez mais precisas entre atividades neurais e relatos de percepção consciente em seus participantes experimentais, esse sucesso pressupõe a consciência dos próprios cientistas como precondição de toda a empreitada científica. Pensar que os mesmos métodos que usamos para estudar correlações entre atividades cerebrais e relatos de experiência consciente podem ser revertidos em consciência como precondição da presença de qualquer coisa, particularmente para a ciência, é como pensar que se pode tirar um coelho da cartola vazia de um mágico.

O problema de como incorporar a experiência consciente à natureza física da qual ela foi deliberadamente expurgada é um problema pessimamente formulado. E é sintomático do Ponto Cego. Mesmo assim, isso não significa que a compreensão da relação interdependente entre atividade cerebral e o que estamos conscientes na experiência não constitua um problema, como Whitehead reconhece: "Existe realmente uma dificuldade a ser enfrentada ao relacionar, dentro do mesmo sistema de entidades, o vermelho do fogo com a agitação das moléculas."[35] O que ele se recusa a fazer ao enfrentar essa dificuldade é permitir que a natureza se bifurque: "No que se refere à realidade, todas as nossas percepções sensoriais estão no mesmo barco e devem ser tratadas segundo o mesmo princípio."[36]

De nossa perspectiva, a dificuldade de integrar experiência consciente e natureza física dentro de um sistema é um desafio a ser reconhecido e aceito em vez de varrido para baixo do tapete, ignorando a primazia da experiência direta e recorrendo à substituição sub-reptícia ou à falácia da concretude deslocada. Um dos custos do Ponto Cego tem sido séculos de praticamente nenhum progresso real do problema mente-corpo. Embora reconhecer a irredutibilidade da experiência não seja a resposta para o desafio, abre-se a porta para novas abordagens que permanecem conectadas com a fonte da ciência na experiência direta, como discutiremos adiante.

O que aprendemos até aqui

Começamos este capítulo identificando um conjunto de elementos-chave da metafísica do Ponto Cego. Podemos agora resumir como eles levam à oclusão da experiência mediante os seguintes equívocos interligados:

1. **Substituição sub-reptícia.** É a substituição da coisa concreta, tangível e observável por constructos matemáticos abstratos e idealizados. Além da parábola da temperatura, outros exemplos que discutiremos são a substituição da duração pelo tempo do relógio, da natureza como processo pela natureza num instante, do significado pela computação e da consciência pela informação. A substituição sub-reptícia é essencialmente a substituição do ser por produtos de um método para obter um tipo particular de conhecimento. É também a substituição do mundo da vida e da natureza fora da oficina científica por aquilo que fabricamos dentro da oficina.

2. **A falácia da concretude deslocada.** É o equívoco de tomar o abstrato como se fosse o concreto. É subjacente à substituição sub-reptícia.

3. **Reificação de invariantes estruturais.** A ciência produz invariantes estruturais por meio da abstração da experiência na oficina científica. Tais invariantes incluem esquemas de classificação, modelos, proposições gerais, sistemas lógicos, leis e modelos matemáticos. Compreendem resíduos altamente destilados da experiência. A reificação ocorre quando são encaradas como coisas ou entidades essencialmente não experimentais que constituem o tecido objetivo da realidade.

4. **A amnésia da experiência.** Ocorre quando ficamos tão presos na substituição sub-reptícia, na falácia da concretude deslocada e na reificação das invariantes estruturais que a experiência por fim se perde completamente de vista. Ela reside agora no Ponto Cego que criamos por meio da compreensão equivocada do método científico.

Essa lista detalha em termos abstratos o nosso diagnóstico das causas subjacentes da crise global de significado em nossa visão de mundo científica. Acreditamos que esses equívocos fundamentais também são refletidos na crise existencial que nossa cultura científica enfrenta atualmente.

Voltemos à parábola da temperatura para uma ilustração. Se dissermos que a sensação de quente ou frio que algo nos oferece é subjetiva e aparente, enquanto a temperatura termodinâmica (a energia cinética média do movimento atômico) é algo objetivo e real, estaremos pensando com base na bifurcação da natureza. Estaremos sub-repticiamente colocando uma abstração — uma média matemática, um único número tomado como representante de uma lista de muitos números — no lugar de algo concreto; um objeto de percepção sensorial. Estaremos cometendo a falácia da concretude deslocada ao tratar uma abstração como se fosse concreta. Dessa maneira, também estaremos reificando uma invariante estrutural da experiência. Como resultado, perdemos de vista a experiência direta como fonte e sustentação da ciência. Esquecemos todo o processo pelo qual invariantes estruturais, como a temperatura termodinâmica, são extraídos, mas permanecem como resíduos da experiência direta na oficina científica. Sucumbimos à amnésia da experiência. Ficamos totalmente confortáveis no Ponto Cego.

A ironia é que, como resultado do aquecimento global causado pelo ser humano, a realidade concreta de quente e frio nunca foi mais tangível. Ao mesmo tempo, é impossível entender a mudança climática e o sistema terrestre sem termodinâmica e mecânica estatística. Precisamos afirmar a validade de ambas, a experiência corporal e a ciência, sem criar uma divisão em nossas ideias sobre o que é real ou uma hierarquia do conhecimento baseada nessa divisão. Sentimos o calor antes de sabermos como mensurá-lo quantitativamente. Contudo, necessitamos tanto da sensação quanto da medição para enfrentar os desafios do aquecimento global.

Se nos recusamos a permitir que a natureza se bifurque em nosso pensamento, a nossa visão de mundo se modifica. Quente e frio são reais, não menos que a energia cinética média das partículas. Quando quente e frio são encontrados na natureza, o mesmo ocorre com partículas contendo uma gama de energias cinéticas, com a maioria delas apresentando energias próximas ao ponto médio dessa gama. Quente e frio são concretos; temperatura é abstrato. Melhor ainda: quente e frio são relativamente mais concretos; temperatura é relativamente mais abstrato — escolher quente e frio em meio à variedade de sensações e percepções já é abstrair a partir do fluxo de eventos. É por isso que dizemos coloquialmente que quanto mais focamos no calor, mais calor sentimos. Eis a beleza e o poder da ciência: ela nos possibilita intensificar, prolongar e refinar a abstração já iniciada pela percepção sensorial, usando as ferramentas da lógica matemática e da experimentação controlada na oficina científica. Não permitir que a natureza se bifurque em nosso pensamento é o primeiro passo além do Ponto Cego para uma visão renovada da ciência.

A ciência não perde sua autoridade nessa nova visão; ao contrário, sua autoridade adquire uma base apropriada. A ciência tem autoridade precisamente porque é uma forma de experiência altamente refinada. Sua objetividade deriva de nossa habilidade de abstrair a partir da experiência direta e tornar nossas abstrações objetos de conhecimento público. Os poderosos métodos da ciência, visíveis na parábola da temperatura, demonstram o quanto ciclos ascendentes de abstração, idealização, experimentação e teorização criam conhecimento público estável sobre o qual comunidades de pesquisadores podem elaborar. Esse tipo de conhecimento enriquece e amplia a experiência humana. O conhecimento científico é absolutamente necessário para alimentar uma civilização global vibrante e ecologicamente viável. A ciência, porém, deve ser adequadamente compreendida para que a natureza não seja bifurcada e o mundo da vida não seja degradado. A ciência deve estar apropriadamente incorporada a um mundo fora da oficina, focado no respeito pela natureza, em vez de tratá-la como algo a ser subjugado. Precisamos manter essa perspectiva em mente agora que vamos mergulhar mais fundo no aparecimento do Ponto Cego na história da ciência e na encarnação moderna da ciência.

2

A espiral ascendente da abstração: origens científicas do Ponto Cego

Fazia sentido na época

O Ponto Cego emergiu historicamente ao lado da ciência por uma boa razão. Foi a resposta natural ao extraordinário sucesso que os novos métodos científicos estavam fornecendo às sociedades europeias no começo do século XVII. Foi então que as comunidades de pesquisadores por toda a Europa começaram a estabelecer diferentes configurações da oficina científica, na forma de laboratórios, observatórios e sociedades cultas que criaram normas para coleta e análise de dados, modos de raciocínio e argumentação matemática. Como resultado, no intervalo de apenas poucos séculos, foi conquistada uma série notável de avanços na compreensão de questões-chave como a natureza do movimento, força, calor, luz e até mesmo o básico do desenvolvimento biológico. Esse conhecimento era empírico e teórico, permitindo que a ciência fosse rapidamente colocada em uso para remodelar atividades como agricultura, mineração, comércio, guerra e até os arcabouços conceituais e matemáticos usados para financiar essas atividades. Foi uma época de triunfo inigualável para a ciência. Na esteira desse sucesso, a constelação de elementos que formavam o Ponto Cego pareceu emergir naturalmente e passou a ser associada com as causas que foram as raízes desse triunfo.

O período entre o fim do século XVI e o fim do século XIX é a era da física clássica. Neste capítulo, nosso foco será a física, porque, mais do que em qualquer outra área, seu progresso veio a definir a forma ideal daquilo que a ciência era capaz de oferecer. O triunfo da física clássica dos séculos XVII a XIX permitiu que a estrutura incorpórea do Ponto Cego se formasse e se firmasse, tornando-se dominante, de modo a se encaixar no pano de fundo como simplesmente "o que a ciência diz".

Para compreender como o Ponto Cego limita a cultura científica atualmente, precisamos antes entender como ele veio a parecer natural para a cultura daquela época. Começamos com as raízes da ciência na Grécia Antiga. Foi durante esse extraordinário período que debates fundamentais, e suas polaridades essenciais, foram estabelecidos. Como a forma atual da ciência surgiu da sociedade europeia (embora deva muito às circulações globais do conhecimento criado por outras sociedades) e a recuperação das fontes gregas foi a base para o redespertar intelectual da escolástica, e, mais tarde, a Renascença, as estruturas conceituais da ciência remontam aos gregos.[1] É a partir daí que vamos rastrear a evolução da física clássica e suas importantíssimas concepções de movimento e força, dos escolásticos nos séculos XIII e XIV às conquistas sem paralelo de Newton. Foi Isaac Newton quem codificou qual deveria ser o aspecto de uma descrição bem-sucedida da realidade no intuito de estabelecer a existência de "leis da natureza". Concluímos a evolução com uma exploração do refinamento e da extensão da obra de Newton por Joseph-Louis Lagrange e William Hamilton. A "mecânica analítica" que eles e outros desenvolveram representou a maior conquista da física clássica e implantou um nível de abstração que parecia oferecer prova convincente de que o universo era de fato escrito em linguagem da matemática.

O objetivo desse passeio histórico é ver como os elementos filosóficos do Ponto Cego — bifurcação da natureza, reducionismo, objetivismo, fisicalismo, reificação de entidades matemáticas e uma concepção da experiência como um espetáculo colateral à parte — surgiram das conquistas da física clássica e ao mesmo tempo usufruíram do seu sucesso. Também precisamos ficar atentos a como a amnésia da experiência veio como parte integrante do Ponto Cego e de sua assunção da metafísica como ciência. Os capítulos a seguir exploram como a metafísica do Ponto Cego hoje limita e distorce o pensamento e a prática científica em uma variedade de áreas, inclusive a física. Neste capítulo, porém, focamos nas raízes científicas do Ponto Cego no intuito de discernir como a substituição sub-reptícia, a falácia da concretude deslocada, a reificação de invariantes estruturais da experiência e a amnésia da experiência se firmaram à medida que a física clássica passou a estar relacionada com a metafísica do Ponto Cego.

Ideias da natureza na Grécia Antiga

"Toda filosofia é tingida com a coloração de algum pano de fundo imaginativo que nunca emerge explicitamente na linha de raciocínio."[2] Quando escreveu essas palavras, Alfred North Whitehead estava se referindo especificamente aos gregos e ao papel que desempenharam em estabelecer as raízes da ciência moderna. O pano de fundo imaginativo do Ponto Cego e de suas concepções metafísicas não explicitadas pode remontar aos gregos e às culturas monoteístas das tradições originadas com Abraão. Foi a combinação da crença grega em modelos racionais de mundo e da visão monoteísta de um Deus racional como referencial objetivo máximo que forneceria o solo do qual brotaria e se desenvolveria o universo mecanicista da física clássica.[3] Portanto, para rastrear as raízes da visão de mundo clássica de matéria e movimento, a visão de mundo que serviria de fundação para o Ponto Cego, começamos com os filósofos gregos pré-socráticos e então avançamos através de quinze séculos de história intelectual para considerar as raízes medievais da ciência.[4]

Ao esboçar o legado grego, tanto para a ciência quanto para a metafísica do Ponto Cego, enfatizamos três perguntas-chave da filosofia grega:

1. De que é feito o mundo?
2. Como ele muda (ou não muda, se a mudança for irreal)?
3. Que papel desempenha a matemática na estrutura do mundo?

Damos alguns exemplos de como os gregos abordavam essas questões de maneiras que se tornariam cruciais para a ascensão da física.

A ideia de que o mundo é construído a partir de uma substância original, imutável, define os primórdios da filosofia grega. Essa ideia andava de mãos dadas com o pensamento de que coisas naturais (em contraste com coisas artificiais) constituem um único "mundo da natureza" e que aquilo que é comum a todas as coisas naturais é que todas são feitas de um único material subjacente.[5] Essas ideias eram centrais para os pensadores jônicos do século VI AEC.

Tales de Mileto, o primeiro dos filósofos jônicos, argumentava que a água constituía a substância fundamental a partir da qual tudo era feito. No entanto, Anaximandro, discípulo de Tales, encarava o material primordial não como a água, que é apenas uma das muitas substâncias naturais, e sim como algo indiferenciado, indeterminado em qualidade e infinito em termos espacial e temporal; ele o chamou *ápeiron* — "o ilimitado". No fim do século VI AEC, Anaxímenes combinou aspectos dessas duas teorias. Como Anaximandro, considerava o material primordial com extensão infinita em três dimensões, mas não o enxergava como indeterminado em qualidade. Em vez disso, corroborou a posição de Tales de que se tratava de uma substância natural específica, ainda que sustentasse que essa substância é o ar ou o vapor. Não muito depois, Heráclito alegaria que o fogo é a substância que subjaz a todas as coisas.

Com sua ênfase em uma substância única que constitui tudo que existe, esses filósofos gregos abriram as portas para uma linha de investigação que continuaria até nossos tempos. Sua alegação era de natureza ontológica, postulando a existência de um substrato fundacional subjacente a todos os aspectos da natureza.

Cerca de um século depois de Tales, Empédocles, que vivia em Agrigento, uma cidade grega na Sicília, compôs o poema "Da natureza", que contém não só uma ontologia da natureza, mas também uma cosmogonia (teoria da origem do universo) e uma teoria da geração e da destruição.[6] Em vez de ser composto por uma única substância, tudo é composto por quatro elementos básicos (Empédocles os chamou de "raízes" de todas as coisas) — fogo, terra, ar e água — e resultado de duas forças, Amor e Ódio, que respectivamente misturam e separam os elementos.

Em sua *Metafísica*, Aristóteles credita Empédocles como o primeiro filósofo a identificar esses quatro elementos.[7] A concepção mais influente deles, porém, vem do próprio Aristóteles.[8] Ele os incluiu num grande esquema cosmológico que não só esclarecia sua combinação nas várias formas materiais do mundo, mas também explicava suas mudanças, incluindo o movimento.

Aristóteles defendia um universo geocêntrico no qual a Terra é cercada por esferas cristalinas aninhadas, cada uma em movimento e carregando consigo um objeto celeste (sol, lua, planetas e estrelas). Para explicar os movimentos celestes observados, inclusive a rotação diária e anual dos céus (na realidade, da Terra diariamente em torno de si mesma e anualmente em volta do Sol), ele propôs a existência de não menos que cinquenta e seis esferas aninhadas, imaginando um sistema verdadeiramente complexo. Não era, no entanto, um sistema mecânico, e sim orgânico, porque o mundo da natureza para Aristóteles é um mundo de seres automoventes, da mesma forma que era para os pensadores jônicos que o precederam.[9] Os quatro elementos — fogo, terra, ar e água — pertencem ao reino sublunar, onde geração, mudança e decadência são possíveis. O reino além da Lua é perfeito e imutável, com todos os objetos celestes consistindo em um quinto elemento incorruptível (chamado quintessência). Os quatro elementos terrestres, no entanto, não são em si o todo da natureza. "Qualidades sensíveis" (quente, frio, molhado, seco) são adicionadas aos blocos construtivos finais do mundo. Quando combinadas em pares, sustentam o comportamento dos quatro elementos. A água, por exemplo, era molhada e fria, enquanto o fogo era quente e seco. O que Aristóteles propunha era um modelo cosmológico, uma lista ontológica do que existia na natureza independentemente da percepção humana, bem como uma descrição de como os itens dessa lista interagiam.

Todo sistema filosófico necessita de um contraste. Para a visão da matéria de Aristóteles, essa oposição vinha na forma do atomismo. Um século depois de Tales, Leucipo de Mileto e Demócrito de Abdera argumentaram que o universo é composto de um número infinito de corpúsculos minúsculos e indivisíveis de matéria — átomos — movendo-se ao acaso no vazio. Enquanto os átomos em si são imutáveis, seus movimentos e colisões dão origem às configurações transientes que percebemos como mundo macroscópico. Esses primeiros atomistas forneciam explicações engenhosas de como o mundo da experiência podia ser construído a partir dos movimentos atômicos. Para nós, o que mais importa é que sua visão era reducionista, materialista e mecanicista no sentido moderno.[10] Todas as diferenças qualitativas entre coisas são atribuídas a diferenças em forma, tamanho, arranjo e movimento dos hipotéticos átomos; e todas as mudanças substanciais e qualitativas percebidas nos corpos físicos são reduzidas aos movimentos e diferentes combinações de átomos. Além disso, a única maneira de átomos poderem se afetar mutuamente é por meio dos efeitos que têm quando entram em contato entre si. Não há forças de atração ou repulsão que possam atuar a distância. O universo é um sistema mecânico sem vida construído a partir dos movimentos de átomos inertes que se movem segundo regras que nada têm a ver com vida, mente ou propósitos. Acaso e movimento mecânico, não deuses, são o que regem o mundo.

Mais de um século depois, o atomismo receberia uma nova cara na filosofia de Epicuro, para quem o universo também era um vazio eterno e infinito habitado por enxames de átomos em persistente movimento. Como Epicuro estava principalmente interessado em questões éticas relacionadas com a forma de viver uma boa vida, seu atomismo tinha a pretensão de libertar as pessoas de seus temores supersticiosos mostrando-lhes que o mundo e suas características podiam ser entendidos com base em propriedades intrínsecas destituídas de intenção ou autoagenciamento. Isso significava que o que agora chamamos de "qualidades secundárias", como sabor e cor, não tinham existência subjacente. Apenas átomos e o vazio eram, em última instância, reais, com suas propriedades de forma, tamanho e peso. Como escreve David Lindberg em seu relato das raízes gregas da ciência, para os atomistas não podia haver "nenhuma mente governante, nenhuma providência divina, nenhum destino e nenhuma vida após a morte".[11]

No entanto, Epicuro queria salvar o autoagenciamento humano (livre-arbítrio) de uma concepção puramente determinista do universo. Para fazer isso, introduziu o "desvio" (*clinâmen*) na sua versão do atomismo.[12] Quando cada átomo se move, há um desvio pela "mínima quantidade possível", adicionando um elemento de acaso ao movimento atômico. Nenhuma força de alguma causa imposta determina o desvio. Nenhuma predição pode ser feita da sua direção. Embora essa adição do acaso fosse assombrar a versão de Epicuro da filosofia atomista, à sua maneira serviu para antecipar a aleatoriedade que viria a fundamentar os fenômenos quânticos.

Paralelamente a essas questões ontológicas sobre os elementos constituintes da natureza, a concepção grega do papel da matemática em descrever o mundo foi igualmente importante a longo prazo para a física clássica. O triunfo da abstração na mecânica clássica também teve suas raízes na Grécia pré-socrática.

Em 530 AEC, Pitágoras fundou sua escola em Crotona, Sicília, uma comunidade de místicos matemáticos devotada a encontrar o projeto numérico e geométrico subjacente à realidade. Aristóteles descreveu os pontos de vista pitagóricos (com os quais não concordava) da seguinte maneira: "[Os pitagóricos] tomam os elementos dos números como sendo elementos de todos os seres, e o todo do céu como sendo harmonia e número."[13]

R. G. Collingwood escreve em *The idea of nature* [A ideia da natureza]: "Pitágoras abriu novos caminhos, com portentosas consequências."[14] Propôs que as diferenças qualitativas na natureza estivessem baseadas em diferenças de estrutura ou padrão geométrico em vez de diferenças de material. Matéria é aquilo que pode ser moldado geometricamente. Para explicar a natureza das coisas, devemos apelar para suas propriedades matematizáveis, especificamente suas respectivas estruturas geométricas.

A acústica e a teoria da música forneceram a demonstração para esse novo ponto de vista. As diferenças qualitativas entre uma nota musical e outra não dependem do material do qual são feitas as cordas que produzem as notas, e sim das taxas de vibração das cordas. Pitágoras também descobriu que notas musicais com um tom "harmônico" (uma palavra inventada pelos pitagóricos) ou agradável aos ouvidos têm frações inteiras do comprimento das cordas de uma lira. Essas relações, formando uma escala musical constituída de quintas (3:2) e oitavas (2:1), são um exemplo precoce da descoberta de como relações numéricas podem ser discernidas na e através da experiência sensorial.

A grande descoberta pitagórica foi ver a forma nas coisas como algo que as faz ser o que são. A forma é essencial, não a matéria — aquilo que é capaz de assumir forma. Nas palavras de Collingwood: "Relativamente ao comportamento das coisas na qual ela existe, a forma é essência ou natureza. Relativamente à mente humana que a estuda, a forma não é perceptível, como as coisas que vão compor o mundo natural — ela é inteligível."[15]

Platão (que Aristóteles via como pitagórico) elevou esse conceito de forma inteligível a um princípio de ser verdadeiro. Um círculo matemático é perfeitamente circular, mas um prato redondo é circular apenas de forma aproximada e imperfeita. Qualquer coisa corporal ou material só pode ser aproximada em relação à sua forma perfeita. Uma coisa material também é inerentemente transitória, sempre perdendo ou se distanciando da sua forma, morrendo ou se tornando alguma outra coisa. No entanto, a forma inteligível é plena, e somente ela própria jamais muda ou morre; seu ser é absoluto. Além disso, Platão concebia a forma como transcendente. Seu ser não pertence ao mundo perceptível da natureza, e sim a um mundo independente, inteligível de formas puras.[16]

Na cosmologia de Platão, a forma matemática é proeminente. Matéria é aquilo capaz de receber forma geométrica e o mundo material é uma imitação imperfeita do mundo inteligível das formas. Os elementos (fogo, terra, ar e água) são relacionados com estruturas matematicamente distintas, especialmente com quatro dos cinco sólidos geométricos regulares (polígonos regulares encontrando-se nos mesmos ângulos tridimensionais e cujas faces são todas idênticas): o tetraedro para o fogo, o cubo para a terra, o octaedro para o ar e o icosaedro para a água. O quinto sólido chamado platônico, o dodecaedro, é usado para o universo como um todo porque é o que mais se aproxima da forma de uma esfera. Além disso, o espaço é simplesmente o receptáculo de formas; assim sendo, não é diferente da matéria nem corresponde a qualquer coisa no mundo inteligível das formas. O tempo, porém, é uma cópia de algo no mundo inteligível: a eternidade. Conforme Platão afirma em seu diálogo *Timeu*, o tempo é uma imagem em movimento da eternidade.[17] A eternidade não significa tempo infinito que nunca acaba, mas a ausência de tempo ou estar fora do tempo. Significa a ausência total de mudança e passagem (coisas circulares vêm e vão, mas o círculo matemático não reside no tempo e não passa por mudanças). O tempo (mudança e passagem) pertence ao mundo natural, não ao mundo inteligível das formas. O tempo passa a existir com a criação da natureza. Criação é o ato de um artesão divino ou "demiurgo", e a natureza é a obra de seu ofício. Portanto, não há tempo antes da criação, e a criação não é um evento no tempo. É um ato eterno.[18]

Essas ideias platônicas e pitagóricas — de que a matéria é um mero receptáculo para as formas matemáticas inteligíveis; a matemática é o esqueleto invisível da realidade; o tempo é uma imagem enganosa e em movimento de um reino no qual não há mudança nem passagem; a natureza é, no todo, uma imitação de uma ordem inteligível, superior e perfeita; e a natureza é um sistema que pode ser compreendido inteiramente a partir de uma perspectiva exterior, divina — teria profundas influências no desenvolvimento do que agora chamamos de física teórica. A capacidade de instituir abstrações filigranadas na descrição do mundo com a mais elevada precisão tornou-se o alicerce do triunfo da física clássica. Serviria para empurrar a experiência perceptiva concreta para o plano de fundo, uma postura que Platão já tinha defendido. Como escreve Lindberg: "Platão equiparou suas formas com uma realidade subjacente, ao mesmo tempo atribuindo existência derivada ou secundária para o mundo corpóreo da existência sensível."[19]

É importante notar que os filósofos gregos estavam confrontando particularidades de sua própria cultura e seu próprio momento histórico em seus esforços para se mover além das narrativas politeístas dominantes sobre o mundo e a sua ordem. Estavam tentando compreender o mundo valendo-se de razão, observação e experimentação. No entanto, as técnicas que desenvolveram, tais como a redução atomística e a elevação da matemática, haveriam de sobreviver a essas urgências contingentes e servir como fundação para estabelecer a poderosa linguagem compartilhada de investigação que agora chamamos de ciência. É, portanto, com bons motivos que celebramos suas inovações. Porém os hábitos de pensamento que associamos ao Ponto Cego também eram incipientes nas filosofias gregas, apesar de terem sido invocados por razões particulares à sua própria época. Essas ideias seriam convocadas para servir a novos propósitos na ascensão da física clássica.

Rumo à mecânica: a busca medieval pelo movimento matemático

Após a queda do Império Romano do Ocidente, a tradição da "filosofia natural" estabelecida pelos gregos (embora não fosse chamada assim na época) foi assumida pelas civilizações arábicas islâmicas. Ali, continuaram as discussões vibrantes de questões levantadas por Aristóteles. Também foram feitos progressos em matemática e astronomia com base no trabalho de Ptolomeu e seu modelo geocêntrico do universo. Embora os debates sobre o mundo natural de fato continuassem em algum grau na Europa medieval, foi somente no século XII, quando apareceram traduções latinas de textos seminais em árabe e grego, que estudos significativos recomeçaram seriamente. Uma vez que estamos interessados principalmente no desenvolvimento da mecânica clássica a partir do século XVII até o século XIX, focaremos primeiro no que se seguiu na luta de eruditos medievais tardios para formular uma compreensão do movimento, a base de toda a física. Seu trabalho ajudou a preparar o terreno para os subsequentes avanços revolucionários de Galileu, Newton e outros.

O trabalho feito entre os séculos XII e XVI, no entanto, não deve ser encarado apenas sob as lentes do que veio posteriormente. Nas palavras de Lindberg: "Ao identificarmos as peças da física medieval utilizadas em tempos futuros, não devemos jamais sucumbir à tentação de supor que entendemos o que os próprios físicos medievais enxergavam como características essenciais de sua disciplina." [20] Os escolásticos trabalhavam sob uma visão de mundo que ainda não havia se bifurcado em qualidades primárias do mundo externo "lá fora" *versus* qualidades perceptuais secundárias, uma visão que se tornaria tão familiar para os cientistas modernos. O desenvolvimento revolucionário da mecânica clássica ajudaria a provocar essa futura bifurcação da natureza.

De Aristóteles, os estudiosos medievais herdaram a ideia de "movimento natural". Nos reinos que incluíam a Lua e acima, o movimento natural era a passagem incessante dos corpos ao longo de trajetórias perfeitamente circulares. No reino sublunar, porém, o movimento podia parar, e parava, quando um objeto chegasse ao seu lugar natural (fosse para baixo em direção à Terra, como uma pedra caindo, ou para cima em direção ao céu, como o fogo). Segundo os aristotélicos, objetos podiam ser postos em "movimento violento" quando uma força atuasse sobre eles (como uma pedra atirada), mas o movimento cessaria logo que a força parasse de agir.

Para Aristóteles e seus seguidores, os tipos de movimento que viriam a dominar as preocupações da física após Galileu e Newton eram apenas uma das muitas variedades de mudança. Eram do tipo menos importante. As outras três categorias aristotélicas de mudança eram "geração e corrupção", "alteração e aumento" e "diminuição". Cada uma era colocada junto a "movimento local" como um foco filosófico associado com a questão da mudança que os escolásticos medievais se empenhavam em compreender. Para a nossa história, é particularmente interessante como apenas alguns poucos estudiosos viam a possibilidade de expressar o movimento local por meio da matemática. No decorrer de dois séculos, esses estudiosos se debateriam para traduzir noções intuitivas de "rapidez", "força", "resistência" e assim por diante, em quantidades matemáticas que pudessem ser manipuladas e analisadas.

Gerard de Bruxelas tentou a primeira de tais análises em seu breve *Liber de motu* [Livro do movimento] (escrito entre o fim do século XII e a metade do século XIII).[21] Ele reconheceu a divisão apropriada entre cinemática e dinâmica. Enquanto a dinâmica é o estudo do que causa o movimento (o que agora chamamos de forças), a cinemática era a pura descrição do movimento em si. Colocar entre parênteses (como diria Husserl) as relações cinemáticas de distância, tempo, velocidade e aceleração de modo a separá-las do aparato conceitual necessário para compreender as causas do movimento acabou provando ser um solo fértil. Mesmo assim, enquanto Gerard enxergava uma distinção a ser feita, não foi ele quem desenvolveu os refinamentos necessários para fazer progresso em cinemática. Esse feito foi realizado por um grupo de estudiosos de Merton College da Universidade de Oxford em meados dos anos 1300.

Os mertonianos, um grupo que incluía Thomas Bradwardine, William de Heytesbury, Richard Swineshead e outros, desenvolveram o importantíssimo vocabulário técnico que permitiu que os personagens principais da cinemática fossem identificados, conceitualizados e analisados. Isso incluía distinguir entre movimento uniforme e movimento não uniforme. O primeiro era o movimento com velocidade constante. Velocidade era em si um conceito difícil, e a inovação dos mertonianos foi reconhecê-la como a distância percorrida em determinada duração de tempo. Eles viram que o movimento não uniforme significava aceleração, cuja velocidade se modificava com o tempo. Os mertonianos foram até mesmo capazes de descrever o movimento uniformemente acelerado, cuja velocidade mudava em quantidades iguais em unidades de tempo iguais. Articulando cuidadosamente o significado e a relação entre cada um desses conceitos, eles criaram uma linguagem que dissecava o movimento em suas partes componentes e casos.

À medida que as realizações técnicas dos mertonianos chegavam às universidades de toda a Europa, sua capacidade de expressar mudança em termos quantitativos foi ampliada por outros eruditos. Na França, Nicolau de Oresme desenvolveu um método de representação geométrica que viria a prefigurar os desenvolvimentos de Descartes e sua geometria analítica de duzentos anos depois.

Oresme descobriu que podia representar a "intensidade" de alguma propriedade de um objeto, como calor, usando um desenho bidimensional semelhante a um gráfico moderno. A "linha de assunto" ou "extensão" podia ser desenhada para representar a distância ao longo do objeto (o que hoje chamaríamos de eixo *x* num gráfico moderno). A "intensidade" da propriedade em cada ponto ao longo do comprimento do objeto era representada por uma linha perpendicular à extensão (o que hoje chamaríamos de eixo *y*). Assim, Oresme podia representar uma haste de ferro que estava fria em uma ponta e quente em outra por meio do seu método protográfico, mostrando uma linha horizontal para a haste e uma linha diagonal subindo de uma ponta marcando a intensidade do calor (o que agora chamaríamos de temperatura).

Depois de ler o trabalho sobre cinemática dos mertonianos, Oresme descobriu que podia representar o movimento da mesma maneira. Fazendo com que a linha de assunto representasse o tempo e a linha de intensidade representasse a distância, Oresme descobriu uma representação geométrica do movimento que estava madura para a aplicação da análise matemática. Usando essa representação, ele e outros estudiosos que o seguiram foram capazes de derivar sofisticados resultados cinemáticos. Atualmente esses resultados são abordados na primeira aula de um curso moderno introdutório de física. Na era medieval, porém, representavam uma compreensão extremamente avançada e duramente conquistada dos elementos básicos do movimento. A física clássica não teria sido possível sem esses desenvolvimentos.

Embora também estivessem interessados em dinâmica — as causas dos movimentos —, os mertonianos e outros eruditos reconheceram que, para esse problema, o terreno ainda era árido. O legado do movimento natural de Aristóteles e sua insistência em que as forças devem agir continuamente em um objeto, caso contrário ele pararia, constituíam uma barreira difícil. A dificuldade surgia em desemaranhar exatamente qual mistura de grandezas cinemáticas estava relacionada com a imposição de uma força. Eruditos medievais caminharam aos tropeços rumo a diferentes versões de uma resposta. Em Paris, Jean Buridan cunhou o termo "*impetus*" para descrever uma qualidade "cuja natureza é mover o corpo que está impulsionando".[22] Primeiro, Buridan definiu uma expressão quantitativa para o *impetus*, determinando que sua força dependia tanto da velocidade (*v*) de um corpo quanto da quantidade de matéria (*m*) que ele continha. Então tentou aplicar essa teoria ao movimento de projéteis (um tema que afligia muitos eruditos medievais), bem como às órbitas planetárias. É digno de nota que o *impetus* de Buridan tem a mesma definição que a grandeza que agora chamamos quantidade de movimento ou momento linear* (massa multiplicada por velocidade, ou *mv*), que mais tarde reapareceria na obra de Descartes e desempenharia um papel central na dinâmica de Newton. É também digno de nota que Buridan conjecturou o que mais tarde veio a ser conhecida como lei da inércia, geralmente atribuída a Galileu: "Esse *impetus* duraria por um tempo infinito, se não fosse reduzido e corrompido por uma resistência oposta ou algo tendendo a se opor ao movimento."[23] Embora o papel do *impetus* de Buridan fosse totalmente diferente do *momentum* na explicação newtoniana de força e movimento, sua forma matemática idêntica ilustra uma transformação que estava ocorrendo no fim do período medieval, ecoando o trabalho dos pitagóricos dois mil anos antes: número e grandeza matematizável estavam se tornando a linguagem básica para representar o mundo e suas mudanças.

Matéria, movimento e o nascimento da física clássica

Dos gregos aos escolásticos medievais, o Ocidente levou quase dois milênios para chegar a uma descrição quantitativa primitiva do movimento. Houve diversos motivos para esse atraso, mas dois se sobres-

---

* Esse termo muitas vezes é erroneamente traduzido simplesmente por "momento". Em geral, quando o utilizamos dessa forma, estamos nos referindo a "*momento de uma* força", cuja definição é conceitualmente distinta. Alguns tradutores mantêm o termo inglês de base latina, *momentum*. Porém o produto da massa pela velocidade é definido já no ensino médio como sendo a "quantidade de movimento". Em textos não técnicos, *momentum* pode ser traduzido como "impulso" ou até mesmo "ímpeto". Essa é uma tradução coerente inclusive tecnicamente, pois em dinâmica um "impulso" mede uma "variação de quantidade de movimento". Em obras de física avançada, com o objetivo de universalizar as nomenclaturas, tem sido usado o termo "momento linear", que aqui será empregado. [*N. do T.*]

saem. Primeiro, Aristóteles e seus seguidores dividiam o cosmo em dois reinos, cada um satisfazendo regras muito diferentes. Enquanto os objetos celestes se moviam em movimentos circulares perpétuos por toda a eternidade, a divisão do movimento terrestre feita por Aristóteles em "natural" e "forçado" obscureceu a noção de inércia. Segundo, embora os mertonianos e alguns outros escolásticos medievais tivessem dado os primeiros passos rumo a identificar a anatomia do movimento mediante seus estudos cinemáticos, uma descrição das causas do movimento com base numa força ainda lhes escapava.

Tudo isso começaria a mudar nos anos 1600 com Galileu, Descartes e Newton. A partir daí, o progresso aumentou em ritmo rápido por meio do trabalho de Leonhard Euler, Joseph-Louis Lagrange, William Rowan Hamilton e outros, alcançando um nível impressionante de sofisticação e abstração matemática já no final do século XIX com o trabalho de Henri Poincaré. A mecânica clássica unificou a física dos reinos celeste e terrestre num único corpo de conhecimento coerente, firmemente enraizado na matemática e com sólida validação empírica.

Em *A ciência e o mundo moderno*, Whitehead nos lembra que a coisa mais radical na era que deu à luz a mecânica clássica não foi um abraço direto da razão, e sim um recuo excepcional em relação à razão e um apelo ao fato bruto.[24] Essa alegação pode parecer estranha, dada a enorme sofisticação das invenções matemáticas que tornaram a física clássica possível. O argumento de Whitehead, no entanto, é que aqueles que fizeram a física clássica, particularmente Galileu, estavam abandonando a metafísica que visualizava o mundo como um todo ordenado que a mente do Criador infundia com propósito. Esses filósofos naturais apegaram-se aos "irredutíveis e obstinados fatos" em vez de curvar suas invenções às exigências racionais da ordem aristotélica e teológica medieval. Estavam determinados a desenvolver uma explicação da matéria e do movimento que funcionasse, que explicasse como as coisas acontecem, não o porquê, e conseguir uma explicação que se encaixasse nas observações e nos experimentos. Não era necessário um arcabouço filosófico abrangente que explicasse por que as coisas acontecem. Na ausência de tal arcabouço, a metafísica do Ponto Cego — uma assumida ontologia objetiva de matéria matematizável movendo-se cegamente no vazio — acabou por esbarrar no seu lugar como metafísica da natureza e filosofia da ciência *de facto*.

Como veremos, a manifestação do Ponto Cego na física clássica foi construída sobre temas gregos. Em particular, o papel essencial da matemática como andaime invisível por trás da forma e da mudança do mundo físico foi determinante para o progresso da física clássica. A crescente sofisticação e aplicabilidade da abstração matemática parecia ecoar a doutrina de Platão de formas inteligíveis. Do cálculo geométrico de Newton ao espaço de fase hiperdimensional da dinâmica de Hamilton, a física clássica é uma história de construções matemáticas que tiveram êxito ao se apoiar no papel da experiência de vida, ultrapassá-lo e depois esquecê-lo. A física clássica é também a história da substituição sub-reptícia, já que as leis matemáticas recém-formuladas eram consideradas mais fundamentais do que o mundo vivido na qual elas supostamente operavam.

Galileu deu o tom para essa nova era ao exigir que toda "filosofia natural" prestasse atenção diretamente à natureza mediante os métodos específicos de experimentação. Empregando um instrumento novo, o telescópio, e usando montagens experimentais cuidadosamente elaboradas de blocos deslizando por planos inclinados ou o exame meticuloso do movimento pendular, Galileu desenvolveu um novo padrão tanto para questionar a natureza quanto para extrair suas respostas. Por intermédio de seus estudos experimentais, alguns iniciados quando ainda era jovem, outros realizados durante os últimos anos de vida em prisão domiciliar, Galileu colocou a mecânica num novo rumo. Foi capaz de ver o que todos os outros haviam deixado de perceber, embora possa ter tido ciência das descobertas de Buridan, inclusive a sua lei da inércia. O movimento uniforme — um corpo viajando em velocidade constante — era um movimento que não requeria qualquer tipo de força. Deixado sem empecilhos, um objeto que se move com velocidade constante continuaria se movendo nessa velocidade para sempre. Apenas a aplicação de uma força poderia interromper o movimento uniforme e provocar mudança. Galileu tinha (re)descoberto a lei da inércia, dando-lhe um contexto cinemático apropriado.

O trabalho experimental de Galileu exemplificava a criação de uma oficina científica.[25] Suas percepções não provinham somente de observar cavalos puxando carroças no mercado nem martelos sofrendo rebotes na bigorna de um ferreiro. Embora essas situações comuns pudessem ter sido a fonte de suas percepções, eram "ruidosas" demais como contextos para extrair invariantes estruturais da experiência. Em vez disso, as percepções de Galileu ocorriam num novo tipo de local, específico e artificial. Ele criou um laboratório de física onde a natureza podia ser "dominada e atormentada" (na problemática expressão de Francis Bacon).[26] Mediante o uso de blocos de madeira e planos inclinados, Galileu isolava a experiência que pretendia observar. Ao fazê-lo, forjou os primeiros elos de um novo e quantitativo estudo da dinâmica. Como nossa parábola da invenção da temperatura, que em última instância levou à termodinâmica e à física estatística, o trabalho experimental de Galileu em cinemática marca os passos iniciais que conduziram à física clássica.

Newton daria o próximo passo definitivo da época com suas três leis da mecânica. Contudo, entre Galileu e Newton, René Descartes forneceu uma chave matemática essencial por meio do desenvolvimento da geometria analítica. Descartes criou um formalismo para representar o espaço através do qual o movimento ocorre. Em seu esquema, o espaço era separado em três direções ortogonais, que podiam ser pensadas como comprimento, largura e altura. Cada direção era representada por uma reta — um eixo — delineada com marcações de coordenadas x para comprimento, y para largura e z para altura. Assim, todo ponto no espaço podia ser rotulado com uma trinca de números (x, y, z) que dava as coordenadas do ponto.

Era uma abstração potente. Usando esse sistema de localização para o espaço, Descartes forneceu os meios para representar construções geométricas (retas, curvas, superfícies, sólidos) por meio de funções das coordenadas: $f(x, y, z)$. Todo o futuro progresso na mecânica clássica repousaria nesse método abstrato de representar o espaço e as mudanças que ocorrem dentro dele. Ligando tão de perto o espaço vivenciado da vida cotidiana ao espaço abstrato desse sistema de localização, o método de Descartes estabeleceu uma imagem fundamental para a reificação da matemática. Aí estava o formalismo matemático que erguia edificações e estradas, caixas e esferas da vida cotidiana a uma percepção mais elevada, perfeita, na abstração pura. Contudo, era também abstração com um poder tangível, possibilitando que as construções em oficinas (uma teoria da força e do movimento) fossem colocadas em funcionamento no mundo externo na forma de novas e poderosas tecnologias (tais como cânones mais precisos).

Descartes também fez uma importante contribuição à mecânica ao reconhecer a importância do impulso ou "quantidade de movimento". Ele viu que essa grandeza deveria ser matematicamente descrita como massa vezes velocidade (mv). Ao fazê-lo, identificou a grandeza correta a ser focalizada na descrição da dinâmica. Por exemplo, na interação entre corpos, tais como uma colisão entre bolas de bilhar, a quantidade de movimento ou momento linear total das esferas que se movem (o momento linear da esfera 1 mais o momento linear da esfera 2) antes e depois da colisão deve ser a mesma. O momento linear total não se altera. É conservado na interação. Tais leis de conservação vieram a desempenhar um papel crítico no progresso da física clássica (e em toda a física teórica).

As contribuições de Newton para a ciência foram vastas. Abarcaram desde estudos seminais em óptica e a lei da gravitação universal até a coinvenção independente do cálculo (o outro inventor foi Gottfried Wilhelm Leibniz). O que mais importa para nossa história é a definição explícita de Newton do efeito de forças. Elaborando o princípio da inércia de Galileu e o conceito de quantidade de movimento ou momento linear de Descartes, Newton finalmente compreendeu o papel explícito de forças como influências que alteram estados de movimento. Uma força modifica o movimento de um objeto mudando sua quantidade de movimento. Em símbolos, $F = d(mv)/dt$, é a notação de Leibniz, sendo *d* a derivada, uma medida de mudança de uma grandeza. Essa fórmula enuncia que a força *F* modifica o momento linear do objeto no tempo. Se a massa do objeto é constante, então a força altera apenas sua velocidade, produzindo uma aceleração e dando-nos a famosa fórmula $F = ma = m(dv/dt)$. Essa "lei da força" é universal, isto é, descreve o efeito de qualquer força exercida sobre qualquer objeto em qualquer local, cósmico ou terrestre. Por fim, Newton também viu que forças devem sempre vir em pares entre o corpo exercendo a força e o corpo "reagindo", respondendo a ela.

A lei da inércia, a lei da força (lei da massa, velocidade e aceleração) e a lei das forças de reação (terceira lei do movimento) — juntos, esses princípios estabeleceram as três leis do movimento de Newton. Seu sucesso em descrever o mundo os tornou a referência principal para aquilo que a nova era da ciência poderia conquistar. A mecânica de Newton permitiu aos cientistas descrever a trajetória de planetas e cometas, construir pontes mais fortes e criar armas mais precisas.

Newton chamou seus princípios de "axiomas" e "leis". Um axioma é um princípio fundacional e estabelecido. O uso que Newton faz do termo alude a um trabalho anterior sobre princípios governando o movimento sob impacto (força imprimida). O termo "leis do movimento" tem sido usado para esses princípios desde o final dos anos 1600. Descartes havia utilizado anteriormente o termo "leis da natureza" para os princípios do movimento. Ele e Newton não consideravam esses princípios meros enunciados sobre regularidades, mas princípios que governavam o mundo. O mundo natural "obedece" às leis da natureza. Deus impõe leis naturais ao mundo físico (e leis morais aos seres humanos). Deus é a causa primária; suas leis são a causa secundária.[27]

Quando Newton usou o termo "leis", deixou implícito que suas leis do movimento são as reais estruturas governantes da criação de Deus.

Essa ligação inicial entre mecânica clássica e teísmo não deve ser subestimada. Mesmo depois de a ciência ter abandonado a ideia de Deus (especialmente um Deus deísta), a ideia ainda moldaria inconscientemente o Ponto Cego mediante sua ênfase em ontologias objetivistas — o mundo entendido objetivamente a partir da perspectiva externa de Deus. Como disse Albert Einstein séculos depois: "Quero saber como Deus criou este mundo [...] quero saber Seus pensamentos; o resto são detalhes."[28]

No caso de Newton, a ligação entre mecânica clássica e teísmo torna-se visível em seus passos conceituais para descrever matematicamente o movimento. Ele precisou criar um novo arcabouço conceitual para o palco no qual se desenrolam os fenômenos naturais. Uma vez que o movimento liga espaço e tempo, Newton precisou definir ambos. Assim, estabeleceu que "tempo absoluto" flui uniformemente através do universo, alheio a qualquer coisa ou qualquer pessoa. Como veremos no próximo capítulo, o tempo newtoniano era um marcador estável para a mudança, sujeito a uma rígida descrição matemática. Um "espaço absoluto" uniforme era igualmente essencial para que suas equações (suas leis) fizessem sentido. No *Scholium Generale* (Escólio Geral), anexado ao seu *Philosophiae Naturalis Principia Mathematica* (conhecido como *Principia*), Newton apresenta seus argumentos para um espaço absoluto como um vazio puro, um marcador estável para distâncias entre pontos. Como o tempo absoluto, também estava sujeito a uma rígida descrição matemática. Grande parte do *Scholium* se apoia em argumentos dinâmicos. Subjacentes a essas justificativas, porém, descobrimos que o arcabouço ontológico de Newton equipara tempo e espaço absolutos — o palco da dinâmica — com atributos de Deus.[29] Em seu trabalho anterior, *Óptica*, Newton já havia declarado que o espaço absoluto é o "*sensorium*" ou "sensório", de Deus, de modo que a mente divina percebe todos os corpos no espaço simultaneamente: "Há um ser incorpóreo, vivo, inteligente, onipresente, que no espaço infinito, como se fosse seu sensorial, vê as coisas em si mesmas intimamente, e as percebe meticulosamente, e as compreende em sua totalidade pela sua presença próxima a ele mesmo."[30] Embora épocas posteriores viessem a tirar Deus dessa descrição do espaço, a perspectiva absoluta do Deus newtoniano, sua "visão de lugar nenhum", ou melhor, "sua visão de todo lugar", sua "concepção absoluta do mundo", viria a se alojar como uma premissa inquestionável na mente dos físicos.[31] Formaria o ideal de um ponto de vista privilegiado, perfeitamente objetivo, para ver o mundo como ele é em si mesmo, um ponto de vista que só a ciência pode prover — e que viria a se tornar parte do Ponto Cego.

De forças a espaço de fase: o triunfo da abstração na física clássica

Mesmo com todo o seu poder, as leis de Newton eram incômodas para se trabalhar. Considere um problema familiar a qualquer estudante de física. Um pequeno bloco desce escorregando por uma cunha sem atrito, que se move ao longo da superfície de um disco giratório em rotação. Resolver esse problema requer saber a posição inicial do bloco no espaço tridimensional (rotulada como *x0, y0, z0*), e então determinar todas as forças que atuam em cada uma das direções coordenadas. Finalmente, equações diferenciais determinadas a partir das leis de Newton precisam ser integradas (resolvidas) para obter o movimento em cada direção em função do tempo: isto é, *x(t), y(t), z(t)*. Para solucionar adequadamente o problema, as forças na cunha e no bloco precisam ser resolvidas em cada direção, inclusive as forças "não inerciais" do disco giratório em rotação. Como pode atestar a maioria dos estudantes de física, analisar corretamente as forças e integrar as equações resultantes requer experiência e habilidade consideráveis. Além disso, se houver restrições adicionais impostas aos corpos — por exemplo, se uma série de blocos é ligada por uma rede de barras flexíveis —, então as descrições das forças precisam incluir também essas restrições. Indo além, ao considerar uma grande coleção de objetos uma caixa cheia de átomos (um gás), a abordagem newtoniana requer a resolução das equações para cada átomo. Deve-se começar com todas as posições iniciais e velocidades atômicas e com todas as forças entre elas resolvidas em três direções. Calcular o estado futuro de uma minúscula caixa de gás requereria a solução de trilhões e trilhões de equações. Assim, enquanto a abordagem de Newton para a determinação do movimento poderia em princípio ser executada em qualquer coleção de objetos, na prática muitas situações são simplesmente complexas demais para serem resolvidas ou até mesmo compreendidas com ela. Além disso, como veremos no próximo capítulo, essa inviabilidade de resolver diretamente as equações de Newton para sistemas complexos tem profundas implicações na nossa compreensão do tempo.

À medida que sucessivas gerações de físicos foram pensando a ciência da mecânica, elas começaram a buscar outros princípios, mais profundos, em ação para dar forma à massa e ao movimento. Esses princípios seriam encontrados numa série de impressionantes avanços que ampliaram enormemente o alcance da mecânica, lançando-a simultaneamente a níveis cada vez mais altos de abstração matemática.

O avanço mais importante dessa era é a ideia de que a natureza, em algum sentido, é econômica. À medida que sistemas passam por suas mudanças, tentam manter algum aspecto do seu movimento num mínimo. Tais conceitos de "mínimo" haviam sido expressos diversas vezes antes de modo mais restrito. Por exemplo, em 60 EC, Heron de Alexandria viu que a luz sempre "escolhe" o caminho mais curto ao ser refletida em uma superfície. Quase dois milênios depois, Pierre Fermat revisitou o resultado de Heron, mas viu que na realidade é uma questão de a luz levar o menor tempo no seu percurso da fonte ao espelho e ao detector. Além disso, mais ou menos na época de Newton, muitos físicos e matemáticos trabalharam para resolver o famoso problema da "braquistócrona", tentando achar a forma adequada de um fio suspenso que minimizasse o tempo de percurso de uma conta deslizando ao longo de seu comprimento. Esses e outros exemplos serviram como indícios de que a natureza parece escolher trajetos "extremos", significando que faz de alguma propriedade do movimento um mínimo ou um máximo. Por sua vez, isso implica que algum princípio universal de organização está em ação, relacionado com o que se poderia chamar de economia de movimento.

A primeira expressão de um novo princípio geral de extremo para a mecânica veio com Pierre Maupertuis, filho de um rico corsário. Nos anos 1740, Maupertuis descobriu o "princípio da ação mínima". Essa "ação" foi uma nova grandeza introduzida por ele na mecânica. Era o produto da massa de um objeto (*m*) pela velocidade (*v*) e pela distância percorrida na sua trajetória de movimento (*d*). Maupertuis sugeriu que a ação podia ser escrita como *m x v x d* e exprimiu esse novo princípio nos termos mais simples: "Sempre que ocorre alguma mudança na Natureza, a quantidade de ação despendida nessa mudança é sempre a menor possível."[32] Ao encontrar a grandeza física correta, a ação, e a ideia certa, sua minimização, Maupertuis apontou a física numa direção que ia além da fatigante versão da mecânica de Newton. No entanto, ele não era versado o suficiente para traduzir o enunciado de um novo princípio geral num formalismo matematicamente tratável com aplicabilidade genérica. Isso exigiria um notável grupo de físicos matemáticos, incluindo Jean D'Alembert, Leonhard Euler e o sucessor de Euler como diretor de matemática da Academia Prussiana de Ciências em Berlim, Joseph-Louis Lagrange.

Lagrange e outros descobriram um modo matematicamente elegante de exprimir a ação de um sistema de objetos a partir de toda a trajetória de sua evolução. Nesse novo programa para a mecânica, o físico especifica as coordenadas iniciais (*x0, y0, z0*) e as coordenadas finais (*xf, yf, zf*) para a trajetória (onde o movimento começa e termina). A ação total é então somada ao longo da trajetória. Em outras palavras, a ação total é a integral da massa vezes velocidade ao longo da distância percorrida. Por fim, usando o "cálculo de variações", as ações para todas as trajetórias possíveis entre os dois pontos extremos fixos poderiam ser examinadas simultaneamente. De forma notável (e belíssima), a trajetória que a natureza escolhe será aquela para a qual a ação é "estacionária", ou seja, a trajetória para a qual a ação tem valor mínimo ou máximo. Na prática, o extremo tende a ser um mínimo em mecânica. Portanto, diz-se que a natureza expressa um princípio de economia em sua organização.

Para executar o procedimento descrito, Lagrange criou um novo objeto matemático que viria a moldar todo o curso da física, tanto clássica como quântica, tocando cada domínio aplicável, desde campos eletromagnéticos até a teoria da gravidade geral de Einstein. Esse objeto, agora chamado *lagrangiana*, era uma função singular (um "escalar") e, portanto, muito mais fácil de usar e formular do que as três equações para três direções do movimento de Newton, cada uma formulada para todo objeto num sistema. Igualmente importante, a lagrangiana era expressa em termos das energias de um sistema.

Energia era uma ideia nova para os físicos no final do século XVIII. Como o momento linear e a força antes dele, levou tempo para os físicos fixarem a definição matemática apropriada de energia. Parte da dificuldade devia-se ao fato de a energia de um sistema assumir formas diferentes. Primeiro, há a energia guardada no movimento de um sistema, chamada de *energia cinética* ("Cinética" vem de *kínsi*, a palavra grega para movimento, como em "cinema"). Para uma única partícula, essa energia era expressa como massa vezes velocidade ao quadrado (ou ½ x m x v^2). Há também a energia guardada no arranjo ou na configuração espacial dos objetos que compõem o sistema. Essa *energia potencial* depende da natureza das interações (ou forças) entre os objetos (tais como o campo gravitacional ou elétrico). A energia potencial era expressa como uma função $U(x, y, z)$ que precisava ser especificada e podia ser diferente para diferentes tipos de interação. Por exemplo, um objeto suspenso a certa altura H do solo tem uma energia potencial gravitacional que depende linearmente de *H*. Se o objeto for solto, ele cairá no chão, uma transformação que pode ser descrita como conversão de energia potencial em energia cinética.

O fato de que a lagrangiana, mediante sua expressão como uma combinação de diferentes formas de energia, é uma descrição ampla do sistema também é importante. A lagrangiana abarca coleções de corpos como um todo. Pode representá-los como um único objeto matemático. O valor extremo da ação, que também era uma descrição abrangente do sistema, provém da minimização do valor da lagrangiana à medida que o sistema segue uma trajetória de uma posição inicial para uma final.

Para a lagrangiana funcionar, era necessária uma ideia muito diferente daquilo que as coordenadas representam. Vale lembrar que na física newtoniana um corpo material tem uma localização no espaço físico descrita pelas coordenadas cartesianas *x*, *y* e *z*. As forças que agem no corpo são anotadas em cada direção, permitindo que as equações do movimento de Newton nessas direções sejam resolvidas. Como o programa de Lagrange é uma abordagem no nível de sistemas, ele "generaliza" o significado das coordenadas. As coordenadas generalizadas de Lagrange são específicas do sistema e podem expressar quaisquer restrições que o definam. Como exemplo, consideremos um pêndulo composto consistindo em três pesos, cada um ligado por uma barra rígida que se articula na posição dos pesos. Cada peso oscila de um lado a outro como um pêndulo simples, mas os próprios pontos de articulação também oscilam. Para esse problema, as coordenadas generalizadas de Lagrange consistem nos ângulos que cada barra faz com a vertical. A lagrangiana para esse problema também exprime as energias cinética e potencial do sistema por meio desses ângulos, tornando essa formulação muito mais fácil de analisar. O que importa para a nossa história é que as coordenadas generalizadas de Lagrange reimaginam o espaço com base no próprio sistema, em vez de um referencial rígido preso ao universo (ou a Deus). Dessa maneira, representam uma abstração do significado de coordenadas e de espaço. Assim, o programa lagrangiano dá um passo a mais para se afastar do referencial cartesiano, que, é claro, já era uma abstração da experiência corporal de espaço.

Devemos observar que o formalismo lagrangiano sempre leva a um conjunto de equações dinâmicas que recupera as leis de Newton, como deve ser, pois essas leis sempre valem. Mesmo assim, a abordagem de Lagrange, com sua elegância e simplicidade, permitiu que a mecânica clássica chegasse muito além de Newton, expandindo consideravelmente sua aplicabilidade e percepção.

O avanço seguinte na mecânica clássica veio em 1833, quando o irlandês William Rowan Hamilton reformulou o princípio da ação mínima abstraindo ainda mais as representações de coordenadas e espaço. Ele fez isso ao tornar o momento linear em si um novo tipo de coordenada, na mesma condição que a posição.

Na mecânica newtoniana, as forças alteram o momento linear de um corpo. Quando um objeto tem massa constante, por exemplo, isso significa que as forças agem para alterar a velocidade do objeto, produzindo uma aceleração a, expressa matematicamente com $a = dv/dt$ (lembre-se de que a aceleração é uma medida de como a velocidade varia com o tempo). A velocidade, porém, nada mais é que uma medida de como a posição varia com o tempo, $v = dx/dt$ — ou seja, o momento linear não é realmente uma grandeza independente da posição.

Na formulação da mecânica de Hamilton, no entanto, o momento linear de um objeto é tratado como uma coordenada independente, tal como a posição. Para uma única partícula, o espaço no qual o sistema "mora" não é mais aquele constituído das usuais três dimensões cartesianas. Em vez disso, a versão de Hamilton da dinâmica tem lugar em seis dimensões, definindo o que mais tarde viria a se chamar "espaço de fase". Há três dimensões para a posição (x, y e z) e três dimensões para o momento linear (mvx, mvy e mvz). Para sistemas mais complexos que uma única partícula, tanto as coordenadas momento linear quanto posição (configuração) podem ser mais generalizadas para capturar restrições dentro do sistema, exatamente como o referencial lagrangiano. A representação dinâmica do sistema, porém, sempre existe num "hiperespaço" de mais de três dimensões.

Com o tempo, as ferramentas desenvolvidas para analisar a versão de Hamilton da mecânica cresceram em sofisticação matemática, particularmente por meio do trabalho de Henri Poincaré no fim do século XIX e começo do século XX. Conforme ele e outros compreenderam, mesmo quando as equações dinâmicas finais não podem ser resolvidas devido à sua complexidade, a reformulação de Hamilton de massa e movimento com base em espaço de fase ainda permite poderosos insights a serem obtidos acerca do comportamento do sistema em estudo. Por exemplo, quando o sistema evolui no tempo, ele traça uma trajetória no seu próprio espaço de fase multidimensional de momentos lineares generalizados e coordenadas generalizadas. A forma que essa trajetória adquire com o tempo contém pistas importantes para a dinâmica, revelando, por exemplo, quais grandezas não se alteram (ou seja, são conservadas) ao longo do tempo. Dessa maneira, a matemática desses objetos hiperdimensionais pode ser traduzida diretamente em percepções sobre o movimento de planetas, partículas ou projéteis no mundo real.

Os frutos das formulações lagrangiana e hamiltoniana da mecânica clássica foram impressionantes tanto no que se refere a alcance quanto a poder. Quando Michael Faraday e James Clerk Maxwell, em meados do século XIX, introduziram na linguagem da física os campos eletromagnéticos estendendo-se através do espaço, essas entidades apresentaram um desafio para a visão newtoniana de um universo constituído apenas de partículas e forças. O campo é uma grandeza física que pode variar continuamente no espaço e no tempo. Faraday percebeu a sua importância durante seus estudos do magnetismo. Ele estabeleceu que campos elétricos e magnéticos determinam o movimento de partículas e carregam energia, então devem ter sua própria realidade física. Maxwell então forneceu uma teoria de campo universal com equações que constituíram a fundação do eletromagnetismo clássico. Por fim descobriu-se que esses campos podiam ser elegantemente abarcados na estrutura lagrangiana, como também ocorria com meios contínuos como superfícies elásticas. Dessa maneira, fenômenos relacionados com a luz, que Maxwell descobriu serem ondas eletromagnéticas em movimento, também foram abarcados dentro de todo um kit de ferramentas analíticas da física clássica. Além disso, como veremos nos próximos capítulos, os átomos tiveram uma reaparição triunfante na física por volta do fim do século XIX, mediante o trabalho de Ludwig Boltzmann e Josiah Gibbs, que fizeram amplo uso do espaço de fase em sua mecânica estatística. Aqui, mais uma vez, os formalismos lagrangiano e hamiltoniano foram decisivos em permitir que a física abraçasse uma visão sistêmica de trilhões e mais trilhões de átomos interagindo.

O triunfo da física clássica

Quando teve início o século XX, a teia de abstrações hiperdimensionais da mecânica analítica clássica parecia abarcar toda a natureza, desde os menores átomos aos campos invisíveis permeando o espaço. O vasto poder e alcance do extraordinário empreendimento da física servia como espetacular vindicação da razão humana. A física clássica serviu de modelo para o triunfo geral da ciência.

Esboçamos aqui a história da física clássica para trazer à tona a maneira como a física veio a estar associada com a visão de mundo de um ponto cego, bem como compreendida em seus termos, como delineado no capítulo anterior. Para concluir este capítulo, destacamos a associação da física clássica com os seguintes elementos do Ponto Cego: bifurcação da natureza, reducionismo, objetivismo e reificação de entidades matemáticas. Consideraremos um de cada vez.

A bifurcação da natureza. Trata-se da ideia de que entidades microfísicas (átomos, ondas luminosas) existem externa e objetivamente, ao passo que qualidades perceptuais como cor, ou quente e frio são aparências subjetivas e existem na mente. A física clássica, é claro, foi o principal impulso para essa visão de mundo, e os primeiros físicos modernos (Galileu, Descartes, Newton) foram seus principais arquitetos. Não obstante, conforme argumenta Whitehead, a metafísica da bifurcação da natureza não é necessariamente uma consequência lógica da física clássica como arcabouço explicativo.[33] Em vez disso, essa metafísica é superposta à física. Como resultado, a mente é banida da natureza. Contudo, como veremos nos capítulos vindouros, a mente retorna para assombrar a física na medida em que se atraca com os problemas de tempo, matéria e cosmologia nos séculos XX e XXI.

Reducionismo. O uso extensivo do método de redução — reduzir fenômenos a suas partes componentes — teve tanto êxito na física clássica que, na cabeça de muitos, foi elevado do status de método para um princípio fundamental de ser. Segundo esse princípio, que podemos chamar de "pequenismo", coisas pequenas e suas propriedades são mais fundamentais que as coisas grandes que elas constituem. Isso vai ao encontro de um princípio do conhecimento chamado "microrredução": o melhor modo de compreender um sistema é fragmentá-lo em seus elementos e explicar as propriedades do todo com base nas propriedades de suas partes. Em suma, a redução, um método útil e de fato poderoso para certos propósitos em certos contextos, foi transformada num "ismo" universal — o reducionismo. Esse "ismo" tem tido, e continua tendo, amplas consequências filosóficas e éticas, como veremos ao longo do livro, particularmente quando discutirmos a crise climática planetária, no último capítulo.

Objetivismo. A necessidade de Newton de imaginar um referencial fundamental para distinguir entre movimento inercial e não inercial levou-o a introduzir noções de espaço e tempo absolutos. Para ele, as noções tinham conotações teológicas. Também serviram para estabelecer uma perspectiva objetivista, segundo a qual a ciência supostamente oferece uma visão do universo na posição de olho de Deus. "Objetiva" não significa simplesmente independente da subjetividade individual, verificável publicamente e invariante sob transformações de perspectivas. Significa como as coisas são do ponto de vista de Deus, de lugar nenhum e em momento algum.

Reificação de entidades matemáticas. O extraordinário poder das formulações lagrangiana e hamiltoniana ajudou a abastecer a reificação de entidades matemáticas como elemento-chave da metafísica do Ponto Cego. Existe uma encantadora economia e beleza nessas formulações na mecânica celeste e na dinâmica de partículas que parece quase sobrenatural em sua eficácia.[34] Assumiu-se ou compreendeu-se que tal eficácia dava respaldo à concepção platônica de que entidades matemáticas são verdadeiramente reais ou podiam ser entendidas com base nessa concepção. A matemática foi considerada o esqueleto ideal do mundo, em vez de ser uma criação humana nascida da oficina e de nossa capacidade cognitiva de abstrair a partir da experiência vivida.

Dada essa poderosa visão de mundo, é fácil entender como a física clássica se tornou o arquétipo de uma compreensão científica do mundo: de uma forma ideal, a ciência deve ser perfeitamente objetiva e universal, imaculada pela experiência humana. Essa maneira de pensar levou a um progresso rápido envolvendo a classe de problemas que a física clássica servia para abordar. Contudo, essa ampla classe de problemas deixava de fora grandes partes da natureza e da experiência humana. À medida que a ciência galgava picos cada vez mais rarefeitos de abstração matemática, a substituição sub-reptícia se instalou de modo que a base constante da experiência direta exigida para essa escalada acabou sendo esquecida. Esse esquecimento é a amnésia da experiência sobre a qual escrevemos no capítulo 1.

Para começar a nos recuperarmos dessa amnésia, é importante perceber como, ao longo de toda a história da física clássica, seu sucesso permaneceu sempre alicerçado na experiência viva. Enquanto a substituição sub-reptícia foi levando inconscientemente os cientistas e filósofos a esquecer a base de sua investigação, eles sempre tiveram que se apoiar nessa base da experiência direta.

Para exemplificar, os estudiosos medievais e suas batalhas conceituais a fim de quantificar a cinemática do movimento ilustram o difícil caminho necessário para extrair invariantes estruturais da experiência corporificada. Seres humanos têm experiências de movimento vivendo no mundo por meio de seus corpos. Na época imediatamente anterior à física clássica, essas experiências serviam como pano de fundo intuitivo para encontrar, por exemplo, uma definição matemática adequada de velocidade a partir de noções menos explícitas como "rapidez", "ligeireza" ou "agilidade".

O progresso subsequente na física clássica viria a ecoar essas batalhas, na medida em que os filósofos naturais propuseram e exploraram definições formais, matematicamente tratáveis para inércia, quantidade de movimento e força. Depois de Newton, uma nova espiral de abstração começaria enquanto gerações sucessivas de físicos definiriam novas grandezas matemáticas, como energia e ação, cujos significados estavam ainda mais distantes da experiência incorporada e ainda assim forneciam maior poder preditivo. Tão poderosas foram essas abstrações que, com o tempo, o fato de permanecerem resíduos da experiência foi perdido de vista e esquecido. Ao acompanharmos a espiral ascendente neste capítulo, pudemos ver como as abstrações matemáticas da física clássica, em seu auge, vieram a fornecer uma justificativa para a disseminada aceitação das prerrogativas metafísicas do Ponto Cego.

Tal como aconteceu com a bifurcação da natureza, o reducionismo, o objetivismo e a reificação da matemática, outros elementos da metafísica do Ponto Cego (fisicalismo e epifenomenalismo da experiência), também vieram a ser enxertados como premissas acerca do que é a ciência e o que ela diz. Tudo parecia fazer sentido, embora sempre houvesse críticos e gente importante protestando ao longo do caminho, inclusive dentro da própria ciência. Mesmo assim, muitos cientistas, particularmente físicos, chegaram a sonhar que toda a natureza estava dentro do seu alcance. Mas a natureza, "como aquilo que experienciamos", modificando a frase de Whitehead, tinha outras ideias, como veremos.

II

COSMOS

3

Tempo

Tempo humano

O despertador toca. Relutantemente, você se espreguiça para expulsar o abraço residual do sono e começa a se aprontar para saudar o dia. Você se prepara, permitindo que seus sentidos tragam o mundo para dentro. Despertar é expulsar o imaginado tempo dos sonhos e retornar ao fluxo inexorável do tempo desperto.

Esse tempo carrega você à medida que seu dia se desenrola. Desenvolve-se uma narrativa interna que tem você como protagonista, uma narrativa centrada em sua perspectiva em primeira pessoa, seu senso subjetivo de ser no mundo. Você se olha no espelho e vê a si mesmo, o mesmo de ontem, mas não o mesmo. Todo dia é um pouco diferente. Você, o mundo e sua experiência estão sempre presentes e, no entanto, sempre mudando à medida que o futuro emerge e o passado retrocede.

Ser humano é lutar com a experiência de passagem e mudança. Essa experiência jaz no coração daquilo que chamamos tempo. Nós vivenciamos tanto o momento presente (nosso senso de agora) quanto sua mudança (sua inexorável passagem). Vivenciamos passagem e mudança como irreversíveis: ficamos mais velhos, não mais jovens, e não podemos restaurar momentos passados e torná-los novamente o agora. Ao contrário do espaço, onde podemos nos deslocar para trás e para a frente conforme nossa vontade, não podemos controlar o fluxo do tempo. Envelhecemos, e o ambiente a nossa volta muda, seja naturalmente, seja como resultado das nossas ações. O que podemos controlar, em certa medida, é o que fazemos com nossa existência à medida que ela se desenrola no tempo.

Ser humano não é somente experienciar passagem e mudança irreversíveis, mas também lembrar o passado, antecipar o futuro, e decompor o tempo em pensamento e ação, palavra e movimento. Ordenamos o tempo sequencialmente para organizar nossas vidas: nascimento, infância, idade adulta, velhice, morte e as memórias de outros que partiram. Calendários são essenciais para nós. Marcamos dias e eventos com significado em nossas vidas, muitas vezes celebrando sua repetição cíclica: aniversários, formaturas, aniversários de casamento. Os calendários se baseiam em eventos astronômicos significativos, tais como as fases da Lua ou o período orbital da Terra em torno do Sol — o ano solar — e são ferramentas projetadas para nos dar um senso quantitativo da passagem do tempo, definindo o que está no passado e a que distância para trás, e o que está no futuro e o quanto está distante de nós.

O tempo humano, assim como Janus, tem duas faces: uma face olha para dentro, para a sensação de passagem irrevogável, e a outra olha para fora, para o que Aristóteles chamou de tempo como medida de mudança e movimento.[1] O tempo humano provavelmente sempre foi dessa maneira, desde que tomamos consciência pela primeira vez da inevitabilidade da nossa própria morte e notamos as fases da Lua e o movimento regular do Sol e das estrelas.

Tempo vivido e tempo do relógio

O Ponto Cego aparece na oposição entre estas duas maneiras de pensar o tempo: como tempo vivido (tempo vivencial) e como tempo do relógio (tempo como aquilo que o relógio mede). O primeiro pensador a compreender isso foi o filósofo francês Henri Bergson.

O primeiro livro de Bergson, *Tempo e livre-arbítrio: ensaio sobre os dados imediatos da consciência*, escrito como tese de doutorado, foi publicado em 1889, quando ele tinha 30 anos.[2] Sua ideia-chave é que tempo não é espaço. Quando pensamos no tempo como uma série de pontos mutuamente externos, nós o espacializamos. Mais precisamente, usamos propriedades do espaço que podem ser expressas por meio de linguagem matemática, tais como pontos geométricos e retas, para representar mentalmente o tempo. Conceituamos o tempo como uma sucessão de unidades discretas, homogêneas e idênticas (como segundos). Esse é o tempo do relógio. No entanto, nunca experienciamos o tempo dessa maneira. Uma hora na cadeira do dentista é muito diferente de uma hora tomando uma taça de vinho com amigos. Um grupo de corredores pode terminar uma meia maratona em duas horas, mas a passagem daquelas duas horas varia enormemente de um corredor para outro. Esse é o tempo vivido. Para Bergson, o tempo vivido é o tempo real, e o tempo do relógio é uma abstração. O tempo vivido é o vir a ser, o devir. É contínuo, irreversível e assimétrico (a criança se torna adulto, não o contrário). O tempo espacializado — o tempo do relógio — carece do devir. Não existe devir numa sucessão discreta de unidades homogêneas e idênticas (pontos sobre uma reta, segundos num relógio). Uma vez que espacializamos o tempo — ou, mais precisamente, o geometrizamos —, perdemos o devir. Perdemos as qualidades de continuidade (o tempo composto de fases que se modificam e se sobrepõem, em vez de unidades discretas), heterogeneidade (cada fase é qualitativamente única) e interpenetração (fases do passado, presente e futuro se penetram mutuamente). Numa só palavra, perdemos o que Bergson chama de "duração".

Música e dança são bons exemplos para compreender duração. Melodias e danças existem somente na duração. Não têm existência em um único instante nem como série de momentos discretos. Cada nota numa melodia tem sua própria individualidade distinta enquanto se mescla com outras notas e silêncios que vêm antes e depois. Todo movimento e ação numa dança se sobressai ao mesmo tempo que se funde com outros. Notas e movimentos passados continuam pairando nos atuais, e notas e movimentos futuros já se infiltram nos que estão ocorrendo agora. Até mesmo melodias e danças que emulam serialidade discreta não podem escapar de ter seus distintos elementos fundidos nos silêncios e pausas intervenientes, e assim também uns nos outros. Melodias e danças são fundamentalmente duracionais.

Bergson não se opõe a relógios e medições. Ele se opõe à substituição sub-reptícia da duração pelo tempo do relógio, das qualidades temporais pelas quantidades espaciais. Ele se opõe à ideia de que o tempo conforme medido pelo relógio é objetivamente real, enquanto a duração é meramente psicológica. Ao contrário, como também pensava Whitehead, a natureza como passagem, como puro devir, é dada em duração; e duração é a fonte para construir sistemas de tempo usando relógios.[3] Pensar que o tempo do relógio é fisicamente real, mas que a duração existe apenas na mente, é um exemplo da bifurcação da natureza, de dividir a natureza em realidade física externa *versus* aparência subjetiva interna. De fato, como observa Isabelle Stengers, a divisão entre a natureza física em dado instante, considerada real, e a experiência vivida de passagem e duração, considerada meramente subjetiva, oferece "o exemplo mais completo de bifurcação da natureza".[4] Esse modo de pensar também exibe a falácia da concretude deslocada, de tomar enganosamente o abstrato (o tempo do relógio) como se fosse o concretamente real (o devir). Para Bergson e Whitehead, o que é concretamente real é a passagem da natureza dada em duração, e o tempo do relógio é uma abstração a partir da passagem de eventos.

O Ponto Cego surge quando objetificamos o tempo do relógio e o encaramos como se fosse o único tempo real, enquanto esquecemos sua fonte necessária na realidade concreta da passagem. O tempo como passagem nos é dado na experiência de duração. É isso que Bergson viu com tanta clareza. Precisamos apreciar a força do seu argumento de que a medição pressupõe duração enquanto a duração se esquiva da medição. Voltamo-nos agora a esse argumento.

Bergson sobre duração

Bergson insiste que "a duração propriamente dita não pode ser medida" e que "assim que tentamos medi-la, involuntariamente a substituímos por espaço".[5] A chave para compreendermos a que ele se refere é ver como funciona uma medição.

Para medir algo, precisamos estipular a unidade de medida com base em um padrão. Por exemplo, o padrão metro foi uma vez estipulado como sendo o comprimento de uma barra específica de platina mantida em Paris. Agora é definido como o comprimento do trajeto que a luz percorre no vácuo durante um intervalo de tempo extremamente breve (1/299.792.458 de segundo), conforme medido por um relógio atômico. Note que o metro-padrão, uma medida de comprimento, tem em si um comprimento (o comprimento da barra de platina, o comprimento do trajeto da luz). Usamos comprimento para medir comprimento, e volume para medir volume. Assim, a unidade-padrão em si exemplifica a propriedade que mede.

Apliquemos isso ao tempo. Conforme via Aristóteles, usamos tempo para medir tempo, mas então traduzimos tempo para espaço. Vamos supor que desejemos medir o tempo que leva um corpo para se mover de um lugar a outro. Para tanto, os gregos antigos (e muitas outras culturas antes deles) perceberam que podemos usar uma ação paralela, tal como o movimento de uma sombra num relógio de sol (ou o correr da água numa clepsidra, se o sol estiver encoberto nesse dia). À medida que o corpo se move, a sombra também se move, e podemos perceber e registrar a correlação desses dois movimentos, bem como as mudanças de lugar. Se numerarmos as posições da sombra no relógio de sol, podemos ordená-las com base em antes e depois, apesar de que tudo está simultaneamente ali presente. Desse modo, dizemos que a posição 5 está antes da posição 6 e depois da posição 4. Ao fazer isso, traduzimos a partir do tempo — de antes e depois para movimentos paralelos — para posições numeradas relativas existentes simultaneamente no espaço. Conforme afirma Aristóteles em sua *Física*: "Mas sempre que existe um antes e um depois, então dizemos que há tempo, pois este é o tempo: um número de movimento que se encaixa ao longo do antes e depois."[6] O antes e o depois são dados pelo movimento da sombra no relógio de sol, e o número do movimento é dado pelas posições relativas. A coisa-chave a ser notada é que, para medir o tempo, precisamos usar tempo, mas ao construir um padrão de tempo — o tempo do relógio — nós o espacializamos.

O que Bergson quer que vejamos é que esse procedimento não há de funcionar para a duração. Se a duração deve ser medida por um relógio, o próprio relógio deve ter duração. Deve ser uma entidade temporal duradoura. Deve exemplificar a propriedade que supostamente irá medir. É claro que pensamos em relógios como coisas temporais duradouras. Bergson, porém, nos pede que olhemos mais de perto. Qualquer estado do relógio — qualquer posição do pêndulo oscilante em seu exemplo — é externo a qualquer outro, como os pontos de uma reta ou os números no mostrador de um relógio.[7] Um relógio pode ser descrito como uma máquina de estados finitos na qual todo estado é externo a qualquer outro. Todo estado é uma posição no espaço justaposta a outra posição no espaço. Todo estado é simplesmente agora, com nada restando do passado. Os estados passados não duram até o estado presente. A oscilação precedente do pêndulo (ou o soar do sino) não se mantém simultaneamente com a oscilação (ou soar) presente enquanto apreendida como passado em relação a esta última. Somos *nós* que as mantemos juntas em nossa memória, mas o *relógio em si* não é capaz de fazer isso. No entanto, sem essa manutenção em conjunto do passado e do presente, a duração não pode ser registrada. Tudo que pode ser registrado é um estado não sobreposto e depois outro, mas a sequência como tal não pode ser registrada porque isso requer memória. A memória, no entanto, no sentido da retenção imediata do passado à medida que vai escorregando para longe, é parte da duração. Toda duração contém dentro do seu "agora" os fios do passado imediato. Husserl chamou esse tipo de memória de "memória primária" ou "retenção", e disse que a apreensão do "agora" é a cabeça presa à cauda do cometa das retenções.[8] O relógio, porém, não tem memória. Carece de duração e, portanto, não pode medi-la.

Bergson não está negando que possamos medir o tempo. Ao contrário, seu argumento é que *relógios não medem o tempo; somos nós que medimos.* A face de um relógio mostrando 10h59 e depois mostrando 11 horas não está medindo o tempo. A medição requer que olhemos para o relógio, leiamos os números e notemos que há uma mudança. Precisamos reter os estados anteriores do relógio na nossa memória, na nossa consciência duracional. Se tirarmos a memória da pessoa que mede, não teremos mais uma medida de tempo. O tempo do relógio pressupõe o tempo vivido.

Bergson reconhece que medimos o tempo com crescente precisão, mas insiste que não podemos definir a duração numa medição. Não há e não pode haver unidade-padrão para a duração. Nós não medimos duração quando medimos tempo. Em vez disso, abstraímos a partir da duração para poder construir uma série temporal.

Esse argumento permanece verdadeiro mesmo quando medimos o que os psicólogos e neurocientistas chamam de "duração subjetiva", o comprimento de tempo adicionado a um estímulo por um observador. Esse é o tempo do relógio aplicado à percepção, não duração no sentido bergsoniano do termo. De fato, seria errado pensar que a ideia de duração de Bergson pode ser comparada com a ideia de tempo psicológico em oposição a tempo físico. Bergson não está dizendo que a duração é um fenômeno psicológico, enquanto o tempo do relógio é fisicamente real. Ao contrário, ele afirma que o tempo como definido na física — tempo do relógio — não pode ser desvinculado do tempo como passagem conforme dado na experiência de duração. Relógios requerem leitores de relógios, leitura de relógio requer consciência, e consciência é algo inerentemente duracional. Esses argumentos serão importantes mais adiante no livro, quando voltaremos a Bergson e seu famoso debate com Einstein sobre a natureza do tempo.

Cronometragem

De relógios de sol e clepsidras a ampulhetas e relógios mecânicos acionados por pesos, dispositivos de cronometragem têm uma longa e fascinante história, conduzida em sua maior parte por uma incansável busca por melhor precisão. Mesmo assim, devemos nos lembrar que a utilidade de qualquer dispositivo depende da nossa coleta de informações por meio dos nossos sentidos, geralmente pelo olhar — a localização da sombra projetada num relógio de sol, a posição dos ponteiros de um relógio, as leituras da frequência vibracional de um cristal de quartzo —, e, portanto, tem relação direta com nossa experiência vivida. Um dispositivo de cronometragem traduz a inefável experiência da passagem do tempo numa linguagem de números. Ao fazê-lo, ele parece reificar o tempo, conferindo-lhe uma precisão matemática comparável à das medições físicas, tais como distância, peso, velocidade ou pressão. Quanto mais preciso o instrumento, mais distante o tempo do relógio parece estar de um devir, de passagem e duração.

O padrão atual de cronometragem utiliza a frequência de transições atômicas eletrônicas específicas. Os átomos têm a vantagem de contornar irregularidades em movimentos astronômicos que requerem constante recalibração de relógios. O relógio atômico suíço FOCS-1, por exemplo, baseia-se na frequência de saltos de elétrons entre níveis de energia num átomo de césio-133 frio, que é constante numa acurácia muito elevada, contanto que o relógio permaneça no mesmo local geográfico e em repouso em relação ao solo. Sob essas condições, o intervalo de tempo de 1 segundo é atualmente definido como igual a 9.192.631.770 períodos de oscilações orbitais com essa frequência. O relógio FOCS-1 tem a impressionante incerteza de 1 segundo em 30 milhões de anos.[9] A precisão depende dos detalhes da configuração experimental, consistindo em uma cavidade de micro-ondas sintonizada para ressoar com a frequência dos saltos do elétron, como um pai ou uma mãe empurrando a criança num balanço e mantendo o mesmo ritmo.

Ainda assim, nenhuma medição física pode ser absolutamente precisa. Todo instrumento ou dispositivo tem uma acurácia determinada pelo seu projeto. Se um relógio tem precisão de um nanossegundo (um bilionésimo de segundo), não se pode confiar nele para capturar detalhes de fenômenos que ocorrem em escalas de picossegundos (um trilionésimo de segundo). Para cada camada de realidade baseada em medições de dada escala, existe um estrato subjacente que se mantém esquivo. Mesmo que, matematicamente, possamos dividir o tempo em pedaços cada vez menores, não podemos esperar medir tais intervalos decrescentes de tempo *ad infinitum*. O tempo físico infinitamente divisível é uma abstração matemática. A linha do tempo, uma reta cobrindo os números reais, é uma ferramenta útil para modelar fenômenos que variam com o tempo e que têm raízes no fim da Idade Média (ver capítulo 2). Isso não deve, porém, ser tomado como se representasse a realidade do tempo mais do que um relógio analógico.

Relógios não revelam a verdadeira natureza do tempo; são instrumentos inventados para abstrair certos aspectos do fluxo vivencial do tempo e medi-los de forma sistemática. Relógios modernos são produtos da oficina científica, são o esforço coletivo dos cientistas e engenheiros para isolar aspectos da experiência e elaborar invariantes mensuráveis a partir deles. Todavia, independentemente da precisão dos relógios produzidos na oficina, nossa compreensão do tempo permanece enraizada na duração, a irredutível experiência do devir.

Tempo no Ponto Cego

Considerar o tempo da física — aquilo que o relógio mede — como o único tempo real é um exemplo claro da cadeia de pensamento que conduz ao Ponto Cego. Primeiro, sub-repticiamente substituímos o tempo vivido pelo tempo matemático. Em seguida, cometemos a falácia da concretude deslocada, declarando que o tempo abstrato, matemático, é o tempo real. Finalmente, esquecemos que o ser concreto da passagem como é dado na duração constitui a fonte e a condição primordial para o significado da noção de tempo. Esse esquecimento é a amnésia da experiência.

A visão de tempo do Ponto Cego leva a dilemas. Matematicamente, na medida em que consideramos intervalos de tempo cada vez menores, aquilo que chamamos de experiência do agora evapora numa não duração. A não duração não só se choca com nossa experiência imediata da passagem do tempo, com sua natureza sempre fluida, mas também eleva singularidades matemáticas ao nível de quebra-cabeças e inconsistências. Como poderia algo que dura ser constituído de momentos puntiformes, definidos como instantes sem duração? Com que seriedade devemos adotar enunciados científicos sobre a natureza da realidade física que se baseiam num intervalo de tempo que se aproxima de zero? Como veremos ao discutir cosmologia (ver capítulo 5), essas questões tornam-se agudas quando tentamos dar sentido à origem do universo ou quando tentamos responder, dentro do referencial da física e da cosmologia, a famosa pergunta de Leibniz: “Por que existe algo em vez de nada?”

Precisamos distinguir entre o propósito de uma noção específica de tempo e o impulso de atribuir a ele uma primazia ontológica como resultado da amnésia da experiência. Para descrever fenômenos naturais, a narrativa científica necessita abstrair, na maior medida possível, a passagem do tempo a partir da experiência humana da duração. Em ciência, a passagem do tempo precisa ser ordenada e precisa, a mesma para todos os observadores com relógios idênticos, ao menos para aqueles no mesmo referencial (tempos de relógio diferem para referenciais que se movem um em relação ao outro, segundo a teoria da relatividade, mas a teoria também nos ensina como corrigir essas diferenças). O tempo físico deve ter um padrão universal, exigência que levou à perspectiva "divina" do tempo absoluto de Newton (ver adiante). Mesmo assim, a necessidade científica de usar uma definição de tempo matematicamente acurada não deve ser confundida com o fato de essa definição ter algum tipo de primazia ontológica. Insistir nisso foi um fator fundamental que contribuiu para o Ponto Cego na física clássica.

O tempo humano inclui o tempo vivido e linhas de tempo matemáticas abstraídas. Estas últimas emergem do primeiro. Não poderíamos ter elaborado a noção de tempo físico sem primeiro ter a experiência da passagem do tempo. A matematização do tempo por meio de sua representação numa linha contínua composta de instantes sem duração é um mapa, a passagem da natureza é a paisagem, e nossa experiência inefável do fluxo do tempo — a duração de Bergson — é o veículo da nossa viagem através da paisagem. O mapa serve a um propósito claro: a descrição matemática de fenômenos naturais no mais alto grau de precisão possível. No entanto, você não pode ser um cartógrafo se não puder ver o que está mapeando. O cartógrafo não deve esquecer o que não pode ser incluído no mapa — a experiência de caminhar pelo terreno, o toque gelado do pico da montanha e as nesgas de luz através das árvores na floresta. Quais detalhes são importantes para qual propósito? Se o cartógrafo não entender seu propósito, o mapa fará com que seus usuários se percam.

Granulação grossa

Antes de seguir adiante, precisamos prever uma objeção. Não será o nosso senso de passagem na duração em si uma elaboração cognitiva surgindo de um sistema físico mensurável, ou seja, o cérebro? Não será a duração resultado de o cérebro fazer algo semelhante ao que os físicos chamam "granulação grossa" — passar por detalhes granulares finos simplificando-os e integrando-os? Não será a duração resultado de se recobrir com uma nova camada o tempo granular do relógio?

Consideremos um rio correndo, uma analogia frequentemente usada para a passagem do tempo. A partir de uma escala de comprimento macroscópica, o rio corre suavemente. Microscopicamente, no entanto, um fluido desaparece numa coleção de moléculas dotadas de um movimento coletivo ordenado. Esse movimento com certeza não é ordenado e fluido em escalas pequenas. A noção de "fluido" não é aplicável em escala molecular. De uma perspectiva molecular, descrever algo como fluido é dar uma descrição de granulação grossa. Um sistema granular observado de uma distância suficientemente grande parece fluido ou contínuo, como dunas de areia vistas de longe. Flutuações em escala pequena são reduzidas a uma média num *continuum* suave. Esse é um motivo para que o rio do tempo seja uma imagem tão poderosa: ela espelha a granulação grossa do tempo realizada pela nossa percepção, de modo que experienciamos o que William James (acompanhando E. R. Clay) chamou de "o presente ilusório".[10] Esse é o "bloco de duração" que percebemos como "agora" mas que contém dentro de si um senso do passado imediato e uma abertura para o futuro iminente.

Uma pesquisa recente em neurociência cognitiva tem reforçado a ideia de que o cérebro constrói a percepção da duração do momento presente mediante a integração cuidadosa de atividades motoras e sensoriais assíncronas. Uma vez que os estímulos sensoriais, tais como o som ou a luz, viajam em velocidades diferentes, da mesma forma que sinais exteroceptivos e interoceptivos ao longo das vias nervosas, todo evento que percebemos como acontecendo "agora" reflete uma performance cognitiva do cérebro (embora haja pouco consenso sobre como exatamente isso acontece).[11] Como James já sabia, usar o tempo do relógio para medir o presente ilusório dá resultados altamente variáveis, dependendo de uma enorme quantidade de fatores tais como emoção, estado de humor, motivação, excitação, estados de sentimento do corpo, ritmos neurais endógenos e qual sistema sensório está sendo investigado.[12] Em todo caso, a variável presente ilusória reflete a granulação grossa de atividades neurais distribuídas espacial e temporalmente em múltiplas escalas.

Por mais fascinante que seja essa pesquisa, é importante perceber que ela procede aplicando o tempo do relógio aos componentes comportamentais e neurofisiológicos externamente observáveis que acompanham uma duração sentida internamente. A pesquisa investiga os "correlatos neurais" da experiência consciente da duração. Embora forneça informações valiosas sobre como o cérebro analisa o tempo, não explica duração no sentido de mostrar como a atividade cerebral — descrita estritamente a partir do exterior como uma terceira pessoa — satisfaz a experiência subjetiva da duração. Pensar que a neurociência fornece tal explicação — que podemos entender duração inteiramente com base na atividade de granulação grossa do cérebro — implica que a neurociência solucionou o problema da consciência, o que claramente não é o caso (ver capítulo 8).

O que está realmente ocorrendo é que cientistas, baseando-se em suas próprias experiências de duração na primeira pessoa, aplicam o tempo do relógio a processos biológicos e comportamentais observáveis, inferem de volta aspectos da duração que conseguem extrair e estabilizar como objetos de pensamento e atenção, e então os descrevem de maneiras intersubjetivamente acordadas. Eles nunca saem da duração e a explicam com base em alguma outra coisa. De fato, pensar que se pode sair da duração e explicá-la como resultante da granulação grossa de minúsculas unidades granulares de tempo do relógio é incoerente porque o tempo do relógio não tem significado sem a duração.

Como Whitehead claramente viu, não pode haver explicação da passagem, porque toda explicação, particularmente no que se refere ao tempo do relógio, pressupõe a passagem da natureza dada em duração: "A natureza é um processo. Como no caso de tudo que é diretamente exibido em consciência sensorial, não pode haver explicação dessa característica da natureza. Tudo que resta fazer é usar uma linguagem que possa demonstrar isso especulativamente [ou seja, apontar para isso de modo que o vejamos], e também expressar a relação desse fator na natureza com outros fatores."[13] Em outras palavras, a passagem aparece na duração como algo primitivo (básico e inderivável). Podemos abstrair a partir da passagem com impressionante precisão técnica, mas nunca reconstituí-la a partir dessas abstrações ou substituí-la por elas. Veremos essa questão ilustrada repetidamente no restante deste capítulo (e no capítulo 5).

O tempo absoluto de Newton

Agora vamos nos voltar para a matematização do tempo na física e ver como ela é responsável por alguns dos paradoxos referentes à natureza do tempo. No capítulo anterior, traçamos as espirais ascendentes da abstração que foram do pensamento mertoniano, passando por Newton, até chegar a Hamilton no desenvolvimento das leis matemáticas do movimento. Aqui enfatizamos o papel essencial que o tempo desempenhou nesse desenvolvimento. Extrair as abstrações adequadas para criar leis do movimento significou criar uma abstração adequada, ou pelo menos utilizável, para o tempo em si.

Vamos lembrar que, se assumimos que a matemática é uma linguagem da natureza, como Galileu observou certa vez, precisamos primeiro universalizar o tempo no intuito de mapear a variação no estado de movimento de um objeto ou objetos (movimento sendo a corporificação da mudança em sistemas naturais). Isso significa que o tempo precisa passar em todo lugar do cosmo, mesmo que não possamos perceber isso diretamente. Essa afirmação aparentemente óbvia é uma invenção muito recente. Para Aristóteles e os filósofos naturais que vieram mais de 2 mil anos depois dele, os céus eram essencialmente atemporais. O cosmo ainda não fora criado e objetos celestes giravam em torno da Terra carregados por esferas de cristal. Havia movimento nos céus, uma vez que os planetas eram vistos se movendo em relação às constelações, num movimento sem mudança. Os corpos celestes não estavam no tempo porque não havia "antes" e "depois" para seu movimento, e seu movimento total não podia ser mensurado pelo tempo, mesmo que tais corpos se encontrassem em certas relações temporais, tais como simultaneidade, com coisas sublunares (circundando a Terra enquanto coisas estão acontecendo nela).[14] Aristóteles e seus seguidores dividiam o cosmo em dois reinos, celeste e terrestre, cada um obedecendo a um diferente conjunto de regras. A mudança era permitida somente no reino terrestre ou sublunar. Essa cisão binária serviu muito bem aos propósitos da Igreja: mudança e decadência eram relegadas à Terra, e a vida (o reino do devir) e a bem-aventurança imutável eram privilégios dos céus (o reino do ser). As primeiras rachaduras na visão de mundo aristotélica foram expostas no século XVI graças a Tycho Brahe e suas observações da supernova de 1572 e do Grande Cometa de 1577, ambos sendo determinados por ele como se estivessem além da esfera da Lua. A partir dessas observações, ficou claro que mudança e tempo também são permitidos nos céus. Os céus tinham uma história.

Vimos que, durante o século XIV, estudiosos no Merton College da Universidade de Oxford implementaram a ideia de tempo como uma medida de variação para estudar o movimento. Após esse lento início, sua revolucionária representação matemática do tempo finalmente se firmaria durante o começo do século XVII. Duas das três leis de Kepler do movimento planetário referem-se explicitamente ao tempo. Sua segunda lei afirma que a reta ligando o Sol a um planeta em órbita ao seu redor varre áreas iguais em tempos iguais. Sua terceira lei estabelece uma equação igualando o quadrado do período da órbita de um planeta ao cubo da sua distância média em relação ao Sol. Na Itália, mais ou menos na mesma época, Galileu obteve a lei do movimento pendular relacionando o período de oscilação de um pêndulo com a raiz quadrada de seu comprimento. Ele também reconheceu que objetos em queda livre cobrem uma distância proporcional ao quadrado do tempo, obtendo a lei da queda livre. Assim, por meio do trabalho de Kepler e Galileu, o tempo veio a desempenhar um papel determinante nas primeiras leis matemáticas, descrevendo fenômenos naturais terrestres e celestes.[15] Cerca de meio século depois, Newton unificaria a lei da queda livre de Galileu e as leis do movimento planetário de Kepler como diferentes aplicações do mesmo princípio, a lei da gravitação universal. O tempo, percebeu Newton, era o fio que tecia a física terrestre e celeste numa tapeçaria única.[16] Essa profunda inovação permitiu o desenvolvimento de uma narrativa científica dos fenômenos naturais que abarcava o universo todo, tornando-o totalmente acessível à mente humana.

A unificação feita por Newton das físicas terrestre e celeste pedia a existência de um tempo único, cujo curso percorria a vastidão do espaço. A equação que nos diz como a maçã cai no chão ou como a Lua orbita a Terra utiliza a mesma variável *t*. Isso levou Newton a propor a definição de *tempo absoluto*, o pilar de sua formulação das leis do movimento, um meio-termo entre nossa experiência vivida do tempo como fluxo contínuo do passado para o futuro e uma rígida estrutura matemática:

> O tempo matemático, absoluto e verdadeiro, de si mesmo e da sua própria natureza, flui uniformemente sem relação com qualquer coisa externa, e por outro nome é chamado duração: o tempo comum, aparente e relativo, é uma medida de duração, razoável e externa (acurada ou inconstante) por meio de movimento, comumente usada em vez do tempo verdadeiro; assim como uma hora, um dia, um mês, um ano.[17]

Seguindo a liderança de Galileu, Newton percebeu que um observador em movimento inercial — movimento em velocidade constante e em linha reta — não podia diferenciar esse movimento de um estado de repouso. Sabemos disso pela nossa experiência. Imagine estar viajando num carro a 90 quilômetros por hora em linha reta com os olhos fechados e os ouvidos tampados. A menos que você abra os olhos e espie para fora, não é capaz de dizer se está se movendo ou se está parado. O movimento é sempre em relação a alguma outra coisa. Assim, o estudo do movimento não estava preocupado meramente com mudanças de posição de um ponto A para um ponto B. Afinal, não podemos realmente fazer isso em velocidades constantes (para conseguir uma velocidade constante, precisamos acelerar a partir do repouso ou a partir de alguma outra velocidade). De fato, tais movimentos inerciais são realmente uma abstração, não uma realidade concreta (e são uma das idealizações irreais discutidas no capítulo 1). O segredo, compreendeu Newton, está no agente que faz variar o estado de movimento de um objeto, isto é, que confere ao objeto uma aceleração. Como discutimos no capítulo anterior, esse agente é uma força capaz de alterar a quantidade de movimento do objeto, $F = d(mv)/dt$.

A segunda lei de Newton nos diz algo notável sobre o tempo na física clássica. Como velocidade é a mudança de posição de um corpo durante um intervalo de tempo ($v = dx/dt$), percebe-se que uma mudança no estado de movimento — a aceleração causada por uma força — é uma variação da velocidade no tempo (mantendo a massa constante para simplificação): $a = dv/dt = d(dx/dt)/dt = d^2x/dt^2$. A aceleração é a variação da variação (da posição) e, portanto, de segunda ordem ou quadrática no tempo. É por isso que vemos a velocidade em unidades de, digamos, km/h e a aceleração em unidades de km/h^2 (é mais comum o tempo aparecer em unidades de segundos, não de horas).

Eis o que é notável: já que o tempo aparece elevado ao quadrado na equação, se invertermos o sentido do fluxo do tempo, isto é, se formos do presente para o passado (basta mudar o sinal da variável tempo para $-t$ na equação), a equação permanece a mesma — vale lembrar que o quadrado de um número negativo é positivo $(-1)^2 = -1 \times -1 = 1$. Em outras palavras, a mecânica newtoniana é reversível no tempo; não distingue entre o tempo correndo para a frente e o tempo correndo para trás. Isso se mantém verdadeiro mesmo para formulações pós-newtonianas mais sofisticadas em física clássica, baseadas no princípio da ação discutido no capítulo anterior.

Imagine o filme de uma bola se movendo no espaço, da esquerda para a direita. É claro que se trata de uma situação altamente idealizada, e é importante manter isso em mente. Ainda assim, ao passar o filme de trás para a frente, ou seja, inverter o sentido do tempo, veríamos a bola refazendo seu movimento da direita para a esquerda. A invariância de inversão temporal simplesmente significa que, se não soubéssemos o sentido original do movimento, não poderíamos dizer qual dos dois era para a frente e qual era para trás.

Em outras palavras, apesar de fluir, o tempo absoluto de Newton poderia igualmente fluir do futuro para o passado. Portanto, não é nada como um rio. Rios sempre correm para baixo devido à gravidade. Nas situações físicas altamente idealizadas, em que não há perda de energia devido a colisões inelásticas (atrito), o tempo abstrato, que é central para as leis abstratas da física, pode se mover para a frente ou para trás. Dessa forma, o tempo da física é completamente diferente do tempo da nossa experiência.

Condições iniciais e representações: como a física conta histórias

Como podem as equações que descrevem o movimento não distinguirem entre passado e futuro? É uma ideia não só intrigante como talvez até mesmo decepcionante. Se verdadeira, como essas exaltadas equações da física podem ter alguma utilidade para descrever uma realidade cujo fluxo do tempo, o que é passado e o que é futuro, é óbvio para a nossa experiência?

Aqui, precisamos discutir brevemente o que essas equações representam e como são implementadas. Equações na física modelam situações idealizadas. Não descrevem as coisas como elas são em si — o que, de qualquer maneira, é uma impossibilidade, pois não podemos conhecer as coisas como são em si — e sim fenômenos mapeados por intermédio das nossas observações e medições, simplificadas de modo a ignorar efeitos que se acredita serem insignificantes. Ou seja: equações são construções abstratas, traduções do mundo da percepção para o mundo da razão — elas se originam na experiência, mas existem no pensamento.

"Devemos observar a ocasião imediata, e *usar a razão* para deduzir uma descrição geral de sua natureza", escreveu Whitehead (o grifo é dele).[18] Equações são tentativas de encapsular as características de um sistema físico com o objetivo de descrever seu comportamento observável, geralmente sua evolução no tempo. Esse encapsulamento identifica as invariantes estruturais do comportamento observável, que servem como base para qualquer ciência natural, seja ela qual for. Logo, um modelo físico bem-sucedido é aquele com equações que, uma vez resolvidas, descrevem as observações do sistema em diferentes momentos. Por exemplo, podemos usar a lei de Newton da gravitação universal para predizer com notável precisão quando e onde ocorrerá o próximo eclipse total do Sol. Observe que, na realidade, para o caso particular da dinâmica planetária, não importa se os objetos celestes estão se movendo no sentido horário ou anti-horário. Os sistemas planetários são essencialmente livres de atrito, o que os torna objetos ideais para modelar com a mecânica newtoniana ou outras formulações da dinâmica clássica com base na ação. Contudo, essa modelagem funciona apenas se ignorarmos a história inicial da formação turbulenta desses sistemas, bem como os efeitos de atrito de marés.[19] O atrito, também conhecido como "dissipação", quebra a simetria entre o tempo fluindo rumo ao passado ou rumo ao futuro. Predição e retrodição são possíveis e indistinguíveis apenas nas raras classes de fenômenos naturais eficientemente mapeados por modelos livres de atrito. É um dos motivos pelos quais a descrição das órbitas celestes esteve entre as primeiras aplicações da matemática aos fenômenos naturais, moldando a evolução da física por cerca de dois séculos. Ainda assim, a contingência histórica não deveria ser um critério para a validação universal. A ciência costuma ser moldada pelos tipos de perguntas que é capaz de responder, não pelos tipos de perguntas a que deveria responder.

Para resolver uma equação que representa um sistema físico, precisamos especificar a posição e a velocidade dos objetos que formam o sistema no começo, em $t = 0$. São as chamadas condições iniciais. O mesmo vale para a formulação de ação de Lagrange e Hamilton para a mecânica clássica, cujo intervalo de tempo está inserido entre o instante inicial e o final em que o movimento ocorre. Toda equação conta uma história, e a história deve ter um começo. Aqui o "começo" é simplesmente o instante no tempo denotando quando o modelo deveria começar a rastrear o movimento sendo estudado ou quando o experimento teve início. É um ponto abstrato na linha abstrata do tempo.

Os "objetos", em geral idealizados como partículas puntiformes de massa m, podem ser planetas orbitando o Sol, elétrons idealizados fluindo através de um fio metálico, moléculas de um gás confinado em um recipiente, uma bola rolando para baixo em um plano inclinado, o peso de um pêndulo — qualquer que seja o sistema que o modelo tente descrever. Idealizando os objetos como partículas sem estrutura, o modelador assume que suas formas ou tamanhos são irrelevantes para a dinâmica.[20] Ao modelar a órbita de Júpiter em torno do Sol com a mecânica newtoniana, não precisamos, por exemplo, saber detalhes da composição gasosa de Júpiter ou das reações nucleares que alimentam o Sol. Tudo que precisamos saber são os valores de suas massas e sua distância mútua. Física é a arte da modelagem eficiente. Enquanto as aproximações são válidas, o modelo é confiavelmente preditivo. O fato de Newton conseguir descrever tanta coisa em seu tempo — a precessão dos equinócios, as marés, o formato ligeiramente oblato da Terra, as órbitas de planetas, luas e cometas — é a prova do espetacular sucesso de sua abordagem ao movimento. Inevitavelmente, esse sucesso significou que a racionalização da natureza feita pelo Iluminismo consolidou a visão do Ponto Cego do tempo como um aspecto essencial da realidade física.

A visão de mundo da física clássica é uma idealização da realidade que se baseia em uma noção matemática e abstrata de tempo, que se move com absoluta precisão. A causalidade é assumida implicitamente: o tempo é ordenado. Equações rastreiam efeitos que se devem a causas específicas. Para resolver as equações que modelam como um sistema particular evolui no tempo, é preciso introduzir as condições iniciais. Onde estão as partículas no início do movimento? Com que rapidez e em que direções estão se movendo? Para contar a história do movimento, o modelador precisa conhecer os números que denotam as posições e velocidades iniciais. Isso é crucial.

E como esses números são conhecidos? São conhecidos porque são medidos. E quem mede esses números? O observador, diretamente ou através de um aparato. Um aparato, o produto essencial da oficina científica, é entendido como um dispositivo de medição que fornece dado sensorial ao observador: cliques, números em discos e telas, bipes, gráficos e padrões visuais. Fica claro que a experiência reside no coração de toda história que contamos sobre movimento. Uma vez que somos nós, os humanos, que estamos contando a história e fazendo as medições, podemos conhecer os números representando condições iniciais apenas com certa precisão.

Quando dizemos que a bola é mantida em repouso a 1 metro acima do chão em $t = 0$, com qual precisão temos conhecimento disso? Até quantas casas decimais conhecemos a altura inicial H da bola? $H =$ 1,00001 metro? $H = 1{,}001$ metro? $H = 0{,}999999$ metro? A maior precisão importa? Nem sempre, e é por isso que essa abordagem tem tanto êxito em muitas aplicações. Em particular, uma acurácia elevada nas condições iniciais não importa muito para sistemas lineares, definidos como sistemas que respondem a um impulso em proporção direta à intensidade desse impulso. Na ausência de atrito, sistemas lineares são aqueles reversíveis no tempo. Nesses sistemas, o tempo pode fluir em qualquer sentido que o comportamento parece o mesmo. Infelizmente, são poucos sistemas e bastante separados entre si.

A maioria dos sistemas físicos na natureza é não linear, isto é, pode exibir comportamento caótico, com resultados extremamente sensíveis às condições iniciais. Faça algumas pequenas mudanças na precisão desses números e as equações contarão uma história muito diferente. Para sistemas não lineares caóticos, o futuro torna-se uma inimaginável imensidão de possibilidades, brotando de diferenças mínimas — e muitas vezes impossíveis de saber — nos números que descrevem as condições iniciais. Em tais casos, não se pode contar a história de trás para a frente no tempo, como ressalta o físico George Ellis.[21] A complexidade leva a uma perda da invariância de reversão do tempo, um ponto que em breve iremos explorar melhor. De modo geral, e isso inclui tanto sistemas lineares como não lineares, existe uma premissa não questionada de que toda grandeza física, inclusive os números que representam condições iniciais, tem um valor numérico "real" de precisão infinita, assim atribuindo falsamente uma realidade física aos números que denotam tais condições.[22] Essa premissa é uma fantasia: nada que os humanos possam saber pode ser conhecido com precisão infinita. Em toda aplicação prática, os números que representam as grandezas físicas são sempre truncados em certa quantidade de casas decimais. Dada a centralidade irredutível da experiência na narrativa científica do mundo, a epistemologia enquadra a ontologia: o que podemos saber do mundo determina o que podemos dizer sobre sua natureza física. E é isso que se perde no Ponto Cego da física clássica.

O infinito é outro caso em questão. O infinitamente grande ou infinitamente pequeno é uma ideia, não um número. É muitíssimo útil matematicamente, e é invocado como ferramenta em muitas provas fundamentais. De maneira mais notória, os incrementos infinitamente pequenos estão na essência do cálculo diferencial e integral; e quando são de tempo, os incrementos estão na essência de todas as equações de movimento na física. Contudo, jamais poderíamos ter certeza de que qualquer coisa na realidade física seja de algum modo infinita, uma vez que "infinitamente pequeno" e "infinitamente grande" jazem para sempre além do que podemos medir. Como declarou certa vez o matemático David Hilbert: "O infinito não pode ser encontrado em lugar algum da realidade, não importa a quais experiências, observações e conhecimento se recorra."[23]

A experiência está no cerne de todo modelo físico e de todo enunciado que façamos sobre a realidade percebida, colocando uma cunha entre o que podemos saber do mundo e a falsa esperança de que a ciência possa fornecer uma visão objetiva segundo a perspectiva de Deus da realidade física. Nas equações da física, o tempo experienciado é modelado como tempo matemático. No entanto, o tempo não é feito de números, e certamente não de números de precisão infinita. O tempo é construído a partir da passagem, conhecida somente por meio da experiência de duração. O tempo experienciado é o único que conhecemos. A reificação do tempo matemático é uma extrapolação injustificada a partir de um modelo de realidade, uma perigosa confusão do Ponto Cego entre mapa e território.

Termodinâmica e a seta do tempo

A história que nossa experiência de passagem do tempo nos conta é muito diferente da reversibilidade temporal da mecânica newtoniana e pós-newtoniana, idealizada sem atrito. As coisas caem e se estilhaçam, o açúcar se dissolve no café, ondas quebram na praia, a chuva cai das nuvens, lagartas se transformam em borboletas, nós envelhecemos e morremos. Nenhum desses eventos ocorre de trás para frente. A nossa experiência da realidade tem um claro sentido de direção no tempo, do passado para o futuro. É assim que nossa experiência de ser no mundo se manifesta. Mesmo quando tentamos bloquear qualquer ligação com o mundo exterior, seja em meditação profunda ou num tanque de privação sensória, nosso coração ainda bate e o nosso sangue ainda pulsa nas nossas veias. Nossa mente continua a perceber uma contínua corrente de pensamentos, fluindo a partir de alguma fonte desconhecida com uma direção consistente. Essa fonte é parte da nascente que é estar vivo e existir no tempo: memórias do passado se acumulam à medida que vivenciamos o presente. Não nos lembramos do futuro. Fica claro que a nossa experiência de tempo está em desacordo com o tempo matemático da narrativa científica.

Físicos do fim do século XIX sabiam que precisavam de uma explicação para o fato de o tempo parecer se mover para a frente. Precisavam mostrar como um sentido de direção do tempo podia emergir da variável *t* desprovida de direção em suas equações dinâmicas. Como exploraremos agora, o trajeto que percorreram tentando achar essa conciliação começou não em alguma imponente estrutura teórica ou determinado insight metafísico, e sim, pelo menos inicialmente, nas preocupações de engenharia prática, que buscava melhorar a eficiência na alimentação do maquinário que utiliza calor para gerar movimento. Mais uma vez, a espiral de abstração e explicação começou na oficina.

Durante grande parte do século XIX, a Revolução Industrial despertou interesse no funcionamento de máquinas a vapor, usadas em transporte, mineração e agricultura. Quanto mais eficiente o motor, mais útil o trabalho que a máquina podia executar, com menos consumo de combustível: motores eficientes aumentaram a acumulação de capital, gerando uma forma do vínculo crítico e interligado da economia industrial e da ciência, que exploraremos no capítulo final. Essa motivação financeira inaugurou um novo campo de atuação para a física: o campo de estudo do calor e da transferência de calor. Durante a transição do século XVIII para o século XIX, a natureza do calor se transformou: de uma substância misteriosa capaz de fluir de objetos quentes para frios (primeiro "flogístico", depois "calórico") para a compreensão de que o calor não é de modo algum uma substância, e sim movimento. É a agitação térmica de pequenas partículas de matéria, muitas vezes invisíveis a olho nu.[24]

Com o estudo do calor, a natureza atomística da matéria voltou a penetrar na física após um longo hiato. Daniel Bernoulli, John James Waterson e James Clerk Maxwell demonstraram como moléculas de gás podiam ser modeladas como esferas elásticas (sem perda de energia em colisões). Assim, obtiveram expressões matemáticas relacionando propriedades macroscópicas num gás, como pressão e temperatura, com a velocidade molecular média e seu quadrado, respectivamente.

Sabemos por experiência própria que, se derramarmos um balde de água quente numa banheira com água fria, a água na banheira chegará a alguma temperatura morna intermediária. Quanto maior a relação de volume da água quente para a fria, mais alta será a temperatura de equilíbrio da água da banheira. Microscopicamente, esse aumento de temperatura resulta da energia transferida de moléculas de água quente (rápidas) colidindo com moléculas de água fria (lentas), o que leva a uma velocidade molecular média mais elevada na banheira e, portanto, a uma temperatura geral mais elevada da água. Sabemos também, por experiência, que a água fria não volta a ficar quente, a menos que aquecida por uma fonte. Microscopicamente, isso significa que, em média, as moléculas não podem começar a se mover mais depressa por conta própria. Logo, o sentido de direção do tempo está oculto em um fenômeno simples como o resfriamento da água.

Note agora como usamos a palavra "média" quando caracterizamos a velocidade das moléculas que mencionamos. O surgimento do pensamento atomista na descrição de propriedades macroscópicas dos gases (inclusive o vapor) importou um novo elemento matemático para os modelos físicos: a análise estatística. Embora a mecânica microscópica de partículas colidindo entre si ainda seja determinista, em princípio tornou-se pouco prático, ou até mesmo impossível, descrever o comportamento de um gás composto por muitas partículas ao resolver conjuntamente as equações de movimento para cada uma delas.

Lembremos que, para resolver cada equação, precisaríamos saber com certa precisão as posições e quantidades de movimento de cada uma das moléculas. Como exemplo, 1 mol de uma substância contém cerca de 6×10^{23} partículas, que podem ser átomos, moléculas, íons ou elétrons — um 6 seguido de 23 zeros. Ilustrando o nosso exemplo, a massa média de 1 mol de água equivale a 18,02 gramas. Para resolver a equação para cada molécula de água, seria necessário especificar três números para a posição inicial e mais três para os momentos lineares (ou quantidades de movimento) iniciais; os "seis graus de liberdade" de uma partícula se movendo no espaço de fase.[25] Assim, para um número N de partículas, precisaríamos resolver $6N$ equações. As maiores simulações numéricas que podem ser resolvidas num supercomputador atualmente incluem cerca de 10 bilhões de partículas, ou $N = 10^{10}$. Embora impressionante, esse número é treze ordens de grandeza menor que a situação real. Claramente, são necessários métodos estatísticos e de aproximação.

Vale lembrar da imagem do balde de água quente jogado dentro de uma banheira cheia de água fria. Macroscopicamente, podemos medir a mudança na temperatura da água com um termômetro. Quanto maior a quantidade de água quente despejada, mais elevada se torna a temperatura média. Sabemos disso intuitivamente, e as leituras de termômetro confirmarão tal intuição, uma vez que, como já vimos, a temperatura em si foi construída a partir desse tipo de experiência. Sabemos também que se misturarmos a água, no final toda a banheira chegará a uma temperatura mais alta do que seu valor inicial e então permanecerá constante (ignorando o resfriamento com o ar). Essa estagnação aproximada, na qual a temperatura da água permanece constante, é um estado de equilíbrio termodinâmico. Se a banheira fosse um sistema fechado perfeito, incapaz de trocar energia com o exterior, a temperatura da água permaneceria constante para sempre. Do ponto de vista macroscópico, o equilíbrio termodinâmico é atemporal.

Microscopicamente, a situação é muito diferente. Moléculas de água ficam zanzando de um lado a outro, colidindo entre si com diferentes velocidades. Há muita atividade no local. A beleza de se estabelecer uma média estatística é que ela valida a representação matemática do nosso $N = 10^{23}$ partículas em seu espaço de fase 6*N*-dimensional. A média permite que o mapa abstrato do espaço de fase faça contato com o terreno da nossa experiência real de gelo derretendo e banheiras se enchendo de água quente. Isso nos permite focar naquilo que acreditamos ter importância na nossa experiência (suas invariantes estruturais) ao fazer um mapa acurado. Quando somamos todas as moléculas e tiramos uma média das possíveis variações de velocidade, os detalhes individuais dessa dinâmica microscópica, local, invisível, abstraída e muito complicada podem ser deixados de fora. Para moléculas individuais num gás em equilíbrio termodinâmico, o tempo é muito presente. Contudo, para observadores externos, macroscópicos, não é.

A partir desse exemplo, também vemos como propriedades macroscópicas tais como pressão e temperatura são comportamentos emergentes: fazem sentido somente quando olhamos um sistema — ou uma porção grande o suficiente — holisticamente. Não podemos falar de temperatura para uma ou duas moléculas.

Essa abordagem emergente é essencial para a interpretação termodinâmica da seta do tempo. Em 1872, Ludwig Boltzmann formulou seu famoso "teorema *H*", demonstrando que um modo eficiente de caracterizar o comportamento de um sistema termodinâmico é através da identificação de como seus estados específicos evoluem no tempo. Na sua visão, o estado de um sistema é uma espécie de retrato de tipo histograma das posições e dos momentos lineares de seus constituintes individuais. Moléculas (ou átomos, íons ou sejam lá quais forem os constituintes do sistema) são dispostas em colunas, dependendo de onde estão no espaço ou dos valores de seus momentos lineares, dando-nos os seis graus de liberdade que mencionamos antes. À medida que o sistema evolui com o tempo, moléculas colidirão e mudarão de posição e momento linear, e as partículas nas colunas também mudarão. Algumas moléculas movendo-se rapidamente podem se tornar lentas e vice-versa. Logo, podemos pensar na evolução do sistema como uma série de retratos de colunas relativas de posições e momentos lineares no tempo, o espaço de fase que descrevemos no capítulo anterior.

No nosso exemplo do balde de água quente despejado numa banheira de água fria, o estado inicial teria duas colunas dominando o histograma. Uma coluna contém as moléculas quentes do balde (temperatura elevada significando alta velocidade média); a outra contém as moléculas de velocidade mais baixa (temperatura mais baixa) na água fria da banheira. Essa segunda coluna tem muito mais moléculas que aquela que representa o balde, porque representa mais água. À medida que o tempo passa, colisões entre moléculas quentes e frias reduzem as velocidades relativas até que, por fim, a maioria das moléculas tenha aproximadamente a mesma velocidade média morna com apenas pequenas flutuações em torno do valor médio.[26] Esse é o estado de equilíbrio térmico. No espaço de fase, uma única coluna domina a distribuição, caracterizada por uma "equipartição de energia", um estado cuja probabilidade de encontrar uma molécula com a velocidade média é mais alta (ou muito perto dela).

Portanto, a equipartição de energia, a definitiva democracia molecular, é equivalente ao equilíbrio termodinâmico: a água na banheira com uma temperatura final morna. Daí por diante, pelo menos para um sistema fechado, não se detectaria significativa variação macroscópica de temperatura. Em particular, não veríamos o sistema reverter espontaneamente ao seu estado inicial, com água quente e fria separadas no espaço.

O celebrado teorema *H* de Boltzmann tentou fornecer uma representação quantitativa de como a mecânica microscópica reversível (as moléculas colidindo individualmente umas com as outras) pode explicar o comportamento macroscópico (a água alcançando por fim uma temperatura morna de equilíbrio). À medida que o sistema evolui com o tempo, Boltzmann mostrou que a grandeza *H* (o inverso daquilo que chamamos entropia do sistema) move-se no sentido de um valor mínimo que caracteriza o equilíbrio térmico. Para reverter o sistema ao estado inicial de não equilíbrio, seria necessário um número absurdamente grande de colisões com uma característica muito específica, redundando numa evolução do espaço de fase com uma probabilidade desprezível de ocorrência. Segundo o teorema *H* de Boltzmann, para sistemas com muitos componentes, e portanto com um número imenso de estados possíveis, recuar no tempo não é impossível, ainda que altamente improvável. Com a ajuda da probabilidade, Boltzmann concluiu que a seta do tempo aponta no sentido da equipartição de energia, o estado com entropia máxima.

Naquela época, Boltzmann pensou ter resolvido o problema da seta do tempo. Ele acreditou que havia traduzido a física de microestados para a experiência temporal com seu movimento do passado para o futuro. Outros físicos, porém, logo levantaram questões importantes sobre sua abordagem. O conflito entre os dois pontos de vista revela outra expressão do Ponto Cego na história da física.

O paradoxo da reversibilidade

Apenas alguns anos depois de Boltzmann ter proposto o seu teorema, um de seus colegas de Viena, Josef Loschmidt, argumentou que não se pode jamais provar conclusivamente a irreversibilidade do tempo partindo de equações reversíveis no tempo. Essa "objeção de reversibilidade" tornou-se conhecida como o paradoxo de Loschmidt (também chamado de paradoxo da reversibilidade). A ideia básica é que, em princípio, é possível a ocorrência de um estado raro em que as velocidades das moléculas em algum instante *t* ao longo da sua evolução sejam revertidas de tal modo a forçar o sistema a recuar para seu estado inicial, mais ordenado. Isso significaria um decréscimo de entropia rumo ao futuro. Para tempos suficientemente longos, tais estados têm sim uma probabilidade finita de aparecer e ocorrerão mesmo que sejam altamente improváveis de surgir em períodos curtos.

As raízes do paradoxo de Loschmidt estão ocultas no Ponto Cego, na insistência de que temos, pelos menos em teoria, acesso ilimitado à informação e ao detalhe sobre medições de tempo e outras variáveis físicas. Em seu livro clássico *The direction of time* [A direção do tempo], o físico e filósofo Hans Reichenbach argumenta que a objeção da reversibilidade de Loschmidt ainda continua valendo mesmo que consideremos um sistema com equações indeterministas ou que não seja estritamente fechado: "Tudo que pode ser provado dessa maneira, porém, é que o processo reverso torna-se ainda mais improvável, não excluído."[27] Em outras palavras, sempre podemos observar o sistema por escalas de tempo tão longas quanto se deseja, e, nessas escalas de tempo, haverá a ocorrência de um estado que efetivamente diminua a entropia, ou mesmo que reverta o sistema ao seu estado inicial de baixa entropia. Tal perspectiva sobre o paradoxo de Loschmidt costuma ser chamada de objeção de recorrência de Zermelo, depois que Ernst Zermelo aplicou em 1896 o trabalho de Poincaré sobre recorrência de trajetórias no espaço de fase ao teorema *H*.

Existe, no entanto, um problema tanto com o paradoxo de Loschmidt quanto com a crítica de Zermelo, que paira não só sobre o trabalho deles, mas também sobre o projeto inteiro de Boltzmann de resgatar a seta do tempo do movimento microscópio reversível no tempo. O problema está na definição de *estado do sistema*. Como já discutimos, ao descrever o comportamento de sistemas com muitas partículas, deve-se usar a descrição do espaço de fase, por meio da qual se agrupam partículas com posição **x** e velocidade **v** suficientemente próximas (ou, equivalentemente, momento linear **p**). As letras em negrito indicam que essas grandezas apresentam três componentes cada [são vetores], uma vez que as partículas estão se movendo em três dimensões. Para *N* partículas, uma pequena região (ou "célula") do espaço de fase tem volume $(\Delta \mathbf{x})^N(\Delta \mathbf{p})^N$. Que tamanho têm essas células? Depende da resolução dos instrumentos de medida, que *sempre será limitada*. Esse limite prático da precisão se choca diretamente com a premissa de medições de precisão infinita. Existe, portanto, uma tensão entre a forma como interagimos com sistemas naturais, sempre de granulação grossa, e a assumida precisão infinita de alguns dos nossos modelos.

Para entender por que isso é um problema, imagine duas partículas colidindo, como bolas de bilhar. Assumamos que, antes de colidir, elas viajem independentemente, partindo de locais diferentes, representando o que chamamos de estado inicial não correlato. Uma vez que se chocam, porém, os detalhes da colisão são transmitidos para o seu comportamento subsequente. Se colidiram de raspão, as duas partículas vão se comportar de forma bastante diferente do que em uma colisão frontal. Após a colisão, as duas partículas estão *relacionadas* ou, em terminologia física, correlacionadas ou correlatas. Uma reconstrução puramente mecanicista dos movimentos, mas necessária para reverter o estado do sistema (e, portanto, diminuir a entropia) exigiria uma resolução arbitrariamente elevada no espaço de fase, ou seja, células arbitrariamente pequenas em posição e momento linear. Entretanto, há sempre um limite para a precisão que podemos medir, e essa precisão determina o tamanho da menor célula. Como consequência, o espaço de fase tem *necessariamente* granulação grossa (nem sequer estamos falando sobre a indeterminação quântica, que estabelece o limite definitivo para a granulação grossa, como discutiremos no próximo capítulo).[28]

É aqui que surge a questão crítica. Devido à finitude das células do espaço de fase, alguma informação sobre a colisão sempre é perdida. Torna-se impossível reconstituir a correlação em todos os detalhes. Em outras palavras, toda descrição de espaço de fase implica perda de memória. A granulação grossa de espaço de fase garante que o sistema exiba o que se chama *caos molecular* — os estados inicial e final permanecem não correlatos. Só assim, sistemas termodinâmicos fechados podem satisfazer o teorema *H* de Boltzmann e distinguir entre passado e futuro.

Dessa maneira, é a assimetria temporal implícita em uma descrição de granulação grossa do espaço de fase que resgataria o argumento de Boltzmann, a seta do tempo, das contestações de Loschmidt e Zermelo. A ideia é que lá nas profundezas do micromundo de um pequeno número de partículas, o tempo não tem sentido de direção definido. A seta do tempo emerge à medida que o número de objetos cresce, colisões aumentam em complexidade, células em espaço de fase se tornam mais grossas em sua granulação e a entropia aumenta. O sentido de direção do tempo agora aparece como uma consequência da nossa percepção embaçada da realidade, um ponto também defendido por Carlo Rovelli.[29]

Todavia, o resgate da seta do tempo vem a um alto custo para a visão do universo do Ponto Cego. Se nossos modelos, teorias e interações físicas com a natureza têm, *e sempre precisarão ter*, uma granulação grossa, e a seta do tempo surge a partir dessa granulação grossa, então o sentido de direção do tempo agora reaparece na física como consequência da dependência essencial da física em relação à nossa percepção duracional e narrativa da realidade. Estamos de volta à impossibilidade de separar o tempo físico e o tempo vivido. Estamos de volta ao tempo humano.

O problema da seta do tempo, vista de uma perspectiva microfísica, revela que a visão perfeitamente onisciente de *olho de Deus* da física clássica nunca foi mais que uma abstração útil. Foi um mapa que não conseguiu, mesmo em princípio, recuperar o terreno da experiência vivida.

Contudo, o micromundo não é o único palco da física no qual o problema do tempo do Ponto Cego atua. O contexto de sistemas termodinâmicos fechados modelados com esferas duras elásticas colidindo é restritivo demais para abranger a enorme variedade de maneiras nas quais o tempo flui para a frente independentemente de nossos modelos e observações. E as estrelas nascidas em nebulosas de gás há bilhões de anos atrás, a vida se desenrolando na Terra primordial, as ondas batendo em praias solitárias, os corações pulsantes dos beija-flores, as bactérias se movendo em direção ao alimento? A natureza não sabe nada de espaços de fase ou granulação grossa. Não sabe nada das nossas abstrações idealizadas. Ainda assim, o tempo avança desde o Big Bang. Como é possível?

Precisamos explorar como a teoria da relatividade de Einstein localizou o fluxo do tempo, despindo-o da sua universalidade newtoniana. Como veremos, toda pequena região do espaço tem seu próprio tempo, que passa de acordo com o campo gravitacional nas suas redondezas e de acordo com o estado de movimento do observador. Essa discussão também nos levará de volta a Bergson e seu debate com Einstein acerca da natureza do tempo, que teve lugar em Paris, em 1922.

Antes de explorarmos a história inicial do universo, cuja física do espaço e do tempo colide com a física do muito pequeno, devemos primeiro explorar nossa descrição da matéria em nível subatômico. Lá encontramos descobertas que tornaram as visões limitadoras do Ponto Cego dolorosamente visíveis e impuseram um preço alto para a manutenção de sua prerrogativa — um preço que muitos não estão dispostos a pagar.

4

Matéria

Prólogo filosófico

À luz da nossa jornada desde os gregos até às conquistas máximas da física clássica, e à luz da nossa consideração do papel do tempo na física, vale a pena fazer uma pausa para pensar mais uma vez a perspectiva metafísica que veio anexada à ciência e que identificamos como o Ponto Cego. Para tanto, recorreremos à crítica clássica de Whitehead relativa à visão de mundo filosófica que emergiu a partir dos primeiros séculos do progresso científico moderno.[1]

A distinção traçada por Galileu, Descartes, Boyle e Locke entre qualidades primárias e secundárias foi determinante para a visão de mundo científica. Qualidades primárias são as qualidades fundamentais pertencentes às diminutas partículas de matéria (corpúsculos) cujas relações no espaço e no tempo constituem a ordem da natureza. Para Locke, essas qualidades eram tamanho, forma, movimento, número e impenetrabilidade.[2] Qualidades secundárias (cor, sabor, som, cheiro e quente e frio) existiam apenas como efeitos na mente causados pelas qualidades primárias da matéria. Estritamente falando, qualidades secundárias são os poderes dos objetos materiais, baseados inteiramente em suas qualidades primárias, de causar sensações mentais que não "se assemelham" às qualidades primárias. A distinção de qualidade primária/secundária inaugurou o que Whitehead chamou de bifurcação da natureza. Eis uma descrição do resultado dessa divisão:

> Assim, os corpos são percebidos como tendo qualidades que na realidade não lhes pertencem, que são, na verdade, puramente produtos da mente. Logo, a natureza recebe o crédito que deveria ser reservado a nós mesmos: a rosa pelo seu perfume; o rouxinol pelo seu canto; e o sol pelo seu brilho. Os poetas estão inteiramente enganados. Deveriam dirigir seus poemas a si mesmos e transformá-los em odes autocongratulatórias pela excelência da mente humana. A natureza é uma coisa aborrecida, sem som, sem perfume, sem cor; é meramente o apressado deslocamento de material, infindável, sem sentido.[3]

Embora a concepção de qualidades primárias tenha evoluído no final do século XIX, o triunfo da física clássica instilara a bifurcação da natureza na cultura científica coletiva. Aceitava-se que o mundo se compunha apenas de matéria em movimento e campos (tais como eletricidade e magnetismo). Todos os arranjos macroscópicos de matéria podiam ser reduzidos aos arranjos de minúsculos átomos que eram ao mesmo tempo a fonte de campos gravitacionais e magnéticos e reagiam à sua presença. Em muitos casos, o comportamento desses átomos (seus movimentos e configurações coletivas) podiam ser descritos com estruturas matemáticas altamente abstratas e com as técnicas desenvolvidas para sua manipulação — inclusive aproximações, quando necessário. Em suas formas mais poderosas e preditivas, essas estruturas matemáticas lançavam o comportamento da matéria e campos associados em "espaços" hiperdimensionais (isto é, espaços de fase), em que movimento e configuração se manifestavam como geometria de objetos dentro desses espaços.

Nós seres humanos e nossas experiências estavam do outro lado da bifurcação. Sob a metafísica anexada à mecânica clássica, a experiência era rebaixada a "nada, a não ser" um mundo de aparências. O sol "brilhante", a rosa "docemente perfumada", o pássaro canoro "melífluo" nada mais eram que epifenômenos. Podiam ser explicados, em princípio, se não na prática, por meio de sua redução final ao comportamento de átomos no cérebro (mas como estabelecer a ponte do cérebro até a mente continuou sendo um mistério). Esse comportamento recaía inteiramente sob a jurisdição da física clássica. E o mais importante, pelo apelo estético dessa metafísica, todo o comportamento atômico podia ser expresso elegante e completamente pelas construções matemáticas platônicas, emaranhadas de uma lagrangiana ou pelas propriedades de um toro multidimensional no espaço de fase hamiltoniano.

Essa redução ou subtração da experiência em abstrações matemáticas é exatamente o que Whitehead argumentou ser um profundo equívoco e nós argumentamos ser a marca característica do Ponto Cego. Não é que Whitehead se opusesse a abstrações. Ele era um matemático e lógico, e sabia perfeitamente bem a glória e o poder das conquistas de Lagrange e Hamilton. Sua obra filosófica, no entanto, era uma tentativa de encontrar o lugar certo para tão potentes abstrações dentro de uma explicação plena da natureza que incluísse nossa experiência como parte integral dela. A crítica feita por Whitehead do uso de abstrações nos é de particular importância para as limitações da visão de mundo de um ponto cego. Conforme escreve no início de *A ciência e o mundo moderno*, "a filosofia, em uma de suas funções, é a crítica das cosmologias".[4] Por "cosmologias", Whitehead está se referindo às visões metafísicas sobre a realidade e os tipos de coisas que compõem a natureza, particularmente as visões anexadas à ciência moderna. A filosofia pode e deve criticar o pano de fundo muitas vezes filosófico e não declarado da ciência. Logo, quando chama a atenção para a "falácia da concretude deslocada", para o "erro de tomar o abstrato pelo concreto", Whitehead pretende esclarecer como as abstrações matemáticas vieram a ser reificadas e enganosamente vistas tanto como substituições quanto explicações para o que experienciamos.

No começo do século XX, o enorme sucesso da física clássica parecia justificar conferir a suas abstrações o lugar de honra em uma explicação do mundo. Nesse mundo, a experiência vivida era somente um "apenas" — apenas sensações, apenas estados psicológicos, apenas epifenômenos. A física clássica fornecia a cosmologia, a visão de mundo, na qual a ontologia básica da natureza tinha maior importância. A física clássica dava uma explicação da mobília do universo. Sua tarefa é nos dizer detalhadamente o que de fato existia lá fora no mundo, independente de nós humanos e da nossa confusa experiência com base biológica e mediação psicológica. A física revelaria as estruturas fundamentais e suas relações. Ao fazê-lo, explicaria tudo que existe agora e para sempre. Seu domínio era a realidade vista de uma perspectiva externa, o olho de Deus.

O sucesso da física clássica levou à crença de que essas estruturas basais e suas relações, agora representadas por átomos, campos e suas leis matemáticas, haviam sido totalmente enumeradas e articuladas. Todo o resto, inclusive a experiência, podia ser recuperado por meio do procedimento adequado de reduzir a aparente complexidade do mundo a essas formas base. A física nos deu a ontologia definitiva da natureza.

Como Whitehead e Husserl viram, porém, tal modo de compreender o que a física conseguira era enganoso. Confundia idealizações abstratas com o ser concreto e seu marco na experiência corporal. Como escreveu Whitehead: "O pensamento é abstrato; e o uso intolerante de abstrações é o principal vício do intelecto."[5] Para Husserl, esse uso intolerante é a substituição sub-reptícia, do concreto pelo abstrato.

Nosso passeio pela mecânica clássica e a análise do problema do tempo ilustra como a construção da física clássica, como a invenção da temperatura, representou uma espiral ascendente de abstrações que, não obstante, tinham como base a experiência corpórea para sua fonte e sustentação. Enquanto dependia da importância dada à matemática na tradição pitagórica e platônica, essa espiral ascendente deu seus primeiros passos reais quando os mertonianos acharam um meio de extrair tempo e movimento da experiência e reformulá-los como conceitos abstratos de velocidade e aceleração. Posteriormente, após Galileu, a oficina científica e sua atividade comunal tornaram-se o novo arranjo social essencial, permitindo que o progresso na física se acumulasse. Por intermédio da oficina, um esforço coletivo foi empreendido para isolar exatamente os aspectos da experiência propícios a servir como invariantes estruturais para abstração e idealização. Foi assim que a espiral ascendente da abstração se acelerou, levando-nos das leis de Newton para as coordenadas muito mais generalizadas das mecânicas lagrangiana e hamiltoniana.

O papel da experiência corpórea, no entanto, nunca se perdeu. Consideremos o princípio da ação mínima (ou o princípio da ação estacionária): quando uma partícula de energia fixa viaja de um ponto a outro, sua trajetória é tal que a ação correspondente tem o mínimo valor possível. Embora a dedução e o enunciado matemático do princípio possam parecer o auge da abstração, qualquer um que tenha escalado uma trilha íngreme e cheia de obstáculos na montanha rapidamente fica familiarizado com a ideia de que a natureza estabelece alguma forma de minimização na sua expressão. Há um ritmo no qual o corpo entra após uma ou duas horas de esforço. Como uma dança, cada passo é escolhido para manter o movimento em alta com uma economia de esforço. Em outras palavras, o corpo sabe. Assim como os mertonianos tiveram que transformar experiências corpóreas de "rapidez", "ligeireza" e "agilidade" numa forma matemática utilizável (velocidade e aceleração), o princípio da ação mínima também não brotou plenamente formado como Atena da cabeça de Zeus. A descoberta do princípio não teria sido possível sem os antecedentes concretos da experiência no mundo da vida. Precisamos viver o mundo antes de conceituá-lo.

Portanto, chegamos ao insight de Whitehead sobre a relação entre experiência (à qual ele se refere como o concreto) e as abstrações da ciência, conforme vistas da perspectiva da filosofia como a crítica das abstrações:

> O propósito explanatório da filosofia é amiúde entendido erroneamente. Seu ofício é explicar o surgimento das coisas mais abstratas a partir das coisas mais concretas. É um absoluto erro perguntar como [o] fato concreto particular pode ser construído a partir de fatos universais. A resposta é: "De jeito nenhum." Eis a verdadeira questão filosófica: Como pode o fato concreto exibir entidades abstratas a partir de si mesmo e ainda assim participar pela sua própria natureza?
> Em outras palavras, a filosofia é explanatória de abstrações, não da concretude.[6]

Portanto, a metafísica do Ponto Cego falhou em entender o seu próprio propósito. Reduziu a experiência concreta a abstrações científicas ou substituiu uma pela outra. Temos defendido que esse é um erro grave. Tal erro conduziu a ciência a problemas enganosos e levou a cultura da qual a ciência depende a situações existencialmente perigosas. Discutimos os problemas referentes ao tempo no capítulo anterior, e retornaremos a eles no próximo capítulo sobre cosmologia. As situações perigosas se revelarão enormes quando discutirmos IA (capítulo 7) e a crise climática (capítulo 9). Neste capítulo, vamos nos manter dentro do arcabouço da física. Nada ilustra o Ponto Cego de forma mais dramática que o surgimento da física quântica durante as três primeiras décadas do século XX. Foi então que os físicos se defrontaram, muitas vezes com desespero, com o inevitável desmoronamento da poderosa visão de mundo da física clássica.

A oficina triunfante: o nascimento da física quântica

Ninguém pediu pela mecânica quântica e, em certo sentido, ninguém realmente a queria quando ela chegou. O domínio da física que reside por trás da palavra *quantum* foi impingido aos físicos como consequência direta da oficina: a tecnologia científica fez com que a criássemos.

No fim do século XIX e começo do século XX, os avanços técnicos na forma de novas máquinas — novos aparelhos — permitiu que os físicos começassem a sondar escalas de comprimento e escalas de tempo muito menores do que havia sido possível até então. Essas sondagens eram indiretas no sentido de que as máquinas em si eram objetos macroscópicos de escala semelhante à dos físicos que as construíam e utilizavam. O que lhes permitia sondar o "nanomundo" (um bilionésimo de metro), onde a física quântica seria descoberta, era um extraordinário aumento na precisão de seus equipamentos e sua capacidade de manipular novos efeitos capturados em laboratório.

Um exemplo poderoso desses novos instrumentos foi o espectrógrafo, um dispositivo capaz de quebrar um feixe de luz e medir seu conteúdo energético em cada um dos comprimentos de onda componentes. Apesar de se saber desde Newton que a luz solar podia ser dividida com um prisma na variedade de cores que formam o arco-íris, o espectrógrafo permitiu que a intensidade de luz (energia) em cada cor (comprimento de onda) fosse medida com alta precisão. Físicos e astrônomos começaram a catalogar os espectros (energia *versus* comprimento de onda) para tudo em que pudessem pôr as mãos. Quando a luz de um objeto sólido incandescente, como uma barra de metal aquecida, era passada pelo espectrógrafo, descobria-se uma curva suave. Os espectros mostravam que a energia aumentava a partir de comprimentos de onda mais curtos, atingia um pico e então ia morrendo nos comprimentos de onda mais longos. Descobriu-se que o formato dessa curva era universal. Ferro, aço, carvão, brasas de madeira — não fazia diferença. Contanto que o objeto aquecido fosse um sólido, o espectro sempre mostrava a mesma forma básica, que os cientistas chamaram de curva do "corpo negro". Contudo, quando uma corrente elétrica era passada através de uma câmara cheia de um gás rarefeito, como hidrogênio e oxigênio, apareciam apenas algumas "linhas de emissão" brilhantes, em vez da curva suave e contínua do corpo negro. O gás quente não emitia luz em nenhum comprimento de onda diferente dessas poucas linhas. Cada elemento químico reluzia com um conjunto exclusivo de linhas de emissão — sua impressão digital espectroscópica.

Os primeiros choques quânticos vieram quando os físicos tentaram usar a mecânica clássica para explicar esses tipos de dados de seus espectrógrafos. Tudo começou com a curva do corpo negro. No final do século XIX, os físicos haviam desenvolvido uma poderosa compreensão (via James Clerk Maxwell) da luz como ondas eletromagnéticas emitidas pela aceleração de partículas carregadas. Contudo, todas as tentativas de usar essa compreensão para reproduzir a curva do corpo negro fracassaram. A matemática por trás da física simplesmente dava o resultado errado. Foi só quando Max Planck abandonou a premissa básica da eletrodinâmica de Maxwell que sua nova teoria foi capaz de reproduzir os dados. Planck precisou abrir mão da noção de Maxwell de que a matéria podia emitir e absorver ondas de luz numa faixa contínua de energias. Em vez disso, foi forçado a assumir que os átomos em vibração podiam emitir e absorver luz somente em pequenos pacotes discretos ou "quanta" de energia. Esses pacotes não podiam sofrer divisão adicional. Para uma dada frequência de luz, não havia meio quantum ou um quarto de quantum de energia. Usando a hipótese das energias discretas, a teoria de Planck belamente reproduziu a forma da curva de dados do corpo negro. Como bônus, a ideia inspirou Einstein a propor, em 1905, que a luz podia ser descrita tanto como onda quanto como partícula. Junto aos pacotes discretos de energia de Planck, a dualidade onda-partícula foi um golpe certeiro na ordeira objetividade da visão de mundo clássica.

Os quanta voltariam a aparecer quando Niels Bohr os usou em 1913 para explicar a emissão de linhas espectrais dos gases. Naquela época, alguns físicos estavam tentando modelar o átomo como um sistema solar em miniatura, com os elétrons orbitando o núcleo atômico como planetas orbitando o Sol. Infelizmente, quando o eletromagnetismo clássico era aplicado a tais modelos, os elétrons irradiavam sua energia e percorriam uma espiral descendente em direção ao núcleo. Portanto, a física clássica predizia que os átomos eram instáveis. Esse modelo atômico semelhante a um sistema solar só funcionou depois que Bohr fez a radical sugestão de que os elétrons orbitavam o núcleo em órbitas discretas, quantizadas, como degraus de uma escada. Uma pessoa não pode pairar como um fantasma entre os degraus, assim como um elétron não pode pairar entre órbitas separadas. O modelo de Bohr levantou questões fundamentais sobre o mundo do muito pequeno. O que forçava os elétrons a circular em torno de seus núcleos apenas nas órbitas discretas de Bohr? Pior ainda para a visão clássica da realidade, no modelo de Bohr, quanta de luz eram emitidos (ou absorvidos) quando o elétron saltava para baixo (ou para cima) de uma órbita para outra. Como elétrons desapareciam de uma órbita e reapareciam em outra? Era algo que ninguém sabia. Funcionava matematicamente, mas não fazia muito sentido como imagem física da realidade atômica.

Outras máquinas da oficina mostraram que o quantum era ubíquo no nanomundo. Uma parte importante das novas tecnologias foi a crescente sofisticação daquilo que agora chamamos de eletrônica. No fim dos anos 1800 e começo dos 1900, os cientistas tinham aprendido a fazer circuitos para controlar campos elétricos e magnéticos com graus cada vez maiores de precisão e acurácia. Desse modo, embora as máquinas fossem dispositivos macroscópicos, elas permitiam que manipulássemos coleções de partículas subatômicas eletricamente carregadas com uma acuidade que as transformava em sondas de um mundo em que a física acontecia em escalas bilhões de vezes menores que um corpo humano.

Esse controle levou a vários experimentos, como os realizados por Otto Stern e Walter Gerlach no começo da década de 1920, em que um feixe de íons de prata (átomos de prata carregados) percorria um campo magnético vertical com formato especial. Os elétrons no íon de prata eram imaginados como sendo algo semelhante a piões giratórios eletricamente carregados, fazendo com que agissem como pequenos ímãs.[7] Como ímãs interagem com ímãs, quando os elétrons passavam através do campo magnético vertical, eles eram desviados num ângulo que presumivelmente dependia da rapidez com que estavam girando. A física clássica determina que elétrons no feixe teriam uma faixa contínua de velocidades e direções de giro. Se fosse o caso, Stern e Gerlach deveriam ter observado uma suave gama de desvios. Em vez disso, o feixe incidente de íons de prata se dividia regularmente em duas metades após passar através do campo magnético vertical. A conclusão inevitável era chocante: os elétrons girando não eram nada iguais a piões clássicos. Seu giro era quantizado. Os dados mostravam que os elétrons tinham apenas dois valores de giro possíveis: um alinhado (*spin up*) com a direção do campo magnético e outro antialinhado (*spin down*) em relação ao campo magnético. Não é assim que o mundo macroscópico se comporta. Pode-se girar um pião com a velocidade que bem se deseja, e ele deve ser capaz de apontar em qualquer direção. Por que o mundo atômico era tão diferente? A física clássica não era capaz de responder.

O que esses exemplos demonstram é como as tecnologias — máquinas — forneceram resultados que não podiam ser conciliados com as teorias existentes. As abstrações desenvolvidas pela física clássica mediante contato corporificado com o mundo falhavam em predizer ou explicar os novos dados que essas máquinas forneciam. Em resposta, os físicos desenvolveram um novo corpo de teoria — um novo conjunto de abstrações. Da mesma forma que na física clássica, a nova mecânica quântica era um triunfo. Fazia predições que podiam ser verificadas com acurácia espantosa. Ao contrário da mecânica clássica, a mecânica quântica não chegou com uma metafísica fácil presa ao seu berço. Em vez disso, seu maquinário matemático levantava questões fundamentais que viriam a atingir o coração da premissa subjacente do Ponto Cego de uma visão da realidade perfeitamente cognoscível e objetiva segundo a perspectiva de Deus, bem como a nossa habilidade em acessá-la.

A estranheza que importa (I): superposição

A mecânica quântica vem com muitos tipos diferentes de estranheza, cada um violando expectativas clássicas sobre como o mundo funciona. Por exemplo: eventos quânticos individuais no nanomundo são imprevisíveis. Eles simplesmente acontecem sem qualquer causa específica (conhecida e possivelmente cognoscível). Dentro do atual formalismo para a mecânica quântica, o decaimento de um núcleo radiativo ou o salto quântico de um elétron de uma órbita para outra mais abaixo são fundamentalmente probabilísticos. Embora predições possam ser feitas para o tempo médio de decaimento de uma ampla coleção de núcleos, uma predição determinista de exatamente quando esta ou aquela nódoa de rádio irá decair não está nas cartas que a mecânica quântica tem na mão.

Nem toda estranheza na física quântica é igual. Em relação ao conflito entre as premissas metafísicas do Ponto Cego e a nova ciência da física quântica, alguns resultados básicos se sobressaem. Os mais importantes são as questões interligadas de superposições quânticas e o problema da medição. Para entender sua importância, precisamos introduzir brevemente o maquinário da mecânica quântica e as principais abstrações que guiam a teoria.

Como vimos antes na nossa discussão da física clássica e da seta do tempo, o "estado" de um sistema é um conceito-chave na física. O estado representa uma descrição completa do sistema com base no que é necessário para predizer seu futuro (os estados futuros do sistema). Vale lembrar que, na mecânica clássica, o estado de um sistema simples, como uma partícula não carregada, sem rotação, é dado pela posição e pelos momentos lineares da partícula, representados como um ponto num espaço de fase hexadimensional. Se a partícula tem carga, essa propriedade também é adicionada ao seu estado.

Em mecânica clássica, a evolução do estado de um sistema é determinada por leis dinâmicas expressas como equações diferenciais que habitualmente descrevem variações no comportamento de um sistema no espaço e no tempo, à medida que o sistema responde a diferentes interações. Para uma partícula de matéria, as equações provêm das leis de Newton, qualquer que seja a roupagem que estejam vestindo (isto é, as formulações lagrangiana e hamiltoniana). Para ondas eletromagnéticas, as leis dinâmicas provêm das equações de Maxwell. A importância de leis dinâmicas é que se sabemos o estado de um sistema em algum instante inicial elas podem ser usadas para predizer todos os estados futuros do sistema sem qualquer incerteza.

Ao menos, essa é a expectativa. Na prática (como exploramos no capítulo anterior), nenhuma predição para a frente ou para trás pode ser absolutamente certa, dado que podemos conhecer as coordenadas do sistema no espaço de fase (caracteristicamente, sua posição e seu momento linear) apenas com precisão finita. Para sistemas não lineares, em particular, pequenas diferenças nas condições iniciais podem levar a variações muito grandes no comportamento futuro do sistema, como no famoso efeito borboleta em estudos climáticos (onde uma perturbação mínima de uma borboleta batendo as asas leva a uma diferença em larga escala de um tornado distante várias semanas depois). Mesmo assim, o sistema é dito completamente determinista em si mesmo (seus estados anteriores determinam plenamente seus estados posteriores), apesar das limitações na nossa capacidade de predizer seu curso futuro exato.

Da perspectiva metafísica do Ponto Cego, o que mais importa é que a descrição dinâmica do estado de um sistema representa as propriedades do sistema nele e em si mesmas. O cerne da metafísica do Ponto Cego é a existência de uma visão do sistema pelo olho de Deus, uma visão ontológica perfeitamente objetiva independente do nosso conhecimento acerca do sistema. As propriedades do sistema, expressas com base em seu estado, são reais e existentes. Em outras palavras, mesmo que nenhuma medição jamais seja feita, ainda assim há um fato independente, característico da matéria em relação às propriedades da partícula (isto é, sobre seu estado).

A mecânica quântica modificou tanto a descrição do estado quanto a sua relação com as leis dinâmicas, fazendo ruir a fácil relação entre a física e o Ponto Cego, e deixando confusão no seu rastro.

Para abarcar características básicas das descobertas experimentais do começo do século XX, incluindo aleatoriedade, propriedades quantizadas e a dualidade onda-partícula da matéria, a formulação matemática para o estado precisou ser reconstruída. Para ver como isso foi feito, consideremos um sistema simples com apenas dois valores possíveis de alguma propriedade (muito parecido com o que Stern e Gerlach descobriram para o giro — spin — do elétron como sendo *up* ou *down*). Seguindo a descrição de David Albert em *Quantum mechanics and experience* [Mecânica quântica e experiência], chamaremos essa propriedade de Cor.[8] Se uma partícula (vamos chamá-la de *P*) tem uma cor que pode ser preta ou branca, então, antes de ser feita alguma medição, o formalismo quântico exige que o estado do sistema *P* seja escrito como:

$$|P> = a|\mathrm{Branco}> + b|\mathrm{Preto}>. \qquad (1)$$

Isto é, o estado da partícula *P* (expresso por meio do símbolo $|P>$) é o número *a* vezes o estado da partícula *P* tendo a cor branca (expresso pelo símbolo |Branco>) mais o número *b* vezes o estado da partícula *P* tendo a cor preta (expresso pelo símbolo |Preto>). Os números *a* e *b* estão relacionados com a probabilidade de que a partícula *P* seja medida tendo a cor branca ou preta. A equação nos diz que, antes que seja feita uma medição, a partícula *P* está numa "superposição" de ambas as cores, preta e branca. Se você não entende o que isso significa, está em muito boa companhia. Grande parte do resto deste capítulo gira em torno exatamente dessa questão.

Vale lembrar que, na mecânica clássica, temos ao mesmo tempo o estado do sistema e uma lei dinâmica que nos conta como o estado evolui. A mecânica quântica também tem uma lei dinâmica, chamada equação de Schrödinger, que nos fornece duas coisas. Primeiro, nos dá uma lista de todos os estados possíveis que uma medição pode encontrar. No nosso caso, esses resultados são representados pelos dois estados |Preto> e |Branco>. A equação de Schrödinger também nos conta sobre a evolução do sistema no tempo — como os coeficientes *a* e *b* variam (ou não) à medida que o tempo avança. De fato, seus valores determinam a probabilidade de que uma medição da propriedade cor produza branco ou preto (na realidade, é o quadrado de seus valores). Em outras palavras, as probabilidades de uma partícula ter a cor branca (estar no estado |Branco>) ou ter a cor preta (estar no estado |Preto>) pode variar no tempo, com $a = a(t)$ e $b = b(t)$.[9] O papel da equação de Schrödinger é especificar essas variações. Enquanto não é realizada uma medição, a partícula permanece numa superposição cuja dinâmica — os valores em evolução de $a = a(t)$ e $b = b(t)$ — são determinados pela lei dinâmica, isto é, pela equação de Schrödinger.

Agora podemos começar a explorar o que significa a partícula ter uma cor dada pela equação (1). Se fôssemos perguntar "Qual de fato é a verdade sobre a cor da partícula?", então a equação (1) é bastante problemática. Ela claramente não significa que a cor da partícula é preta. Também não significa claramente que a cor da partícula é branca. Nem significa que a cor é tanto preta como branca, tampouco que não é preta ou branca. A verdade é que essa equação (1) nada diz sobre a verdade factual da cor da partícula. Para isso, precisamos fazer uma medição. Antes de fazermos uma medição, não existe fato.

Diferentemente da mecânica clássica, a lei dinâmica na mecânica quântica não é absoluta. Não se sustenta (ou não parece se sustentar) em todos os tempos e todos os lugares. Em particular, o tempo e o lugar em que sua autoridade parece ser totalmente desconsiderada é quando uma medição é feita no sistema quântico. Nesse ponto, o estado superposto representado pela equação (1) é encerrado e se obtém um novo estado:

$$|P> = |\text{Branco}>$$
ou
$$|P> = |\text{Preto}>.$$

Note que os coeficientes *a* e *b* sumiram. Foram-se as probabilidades. O sistema foi medido e um resultado específico registrado: ou $|P> = |\text{Branco}>$ ou $|P> = |\text{Preto}>$. O ato da medição (qualquer que seja a maneira como definimos o que isso significa) interrompeu a validade da equação de Schrödinger sobre o sistema e forçou o estado superposto dado pela equação (1) a "colapsar" em uma das duas possibilidades componentes.

Embora esteja altamente simplificada, essa descrição do mecanismo da teoria quântica captura dois dilemas essenciais para o Ponto Cego. Em primeiro lugar, as abstrações sobre as quais todos os cálculos de mecânica quântica são baseados requerem que, antes que seja medido, o sistema viva num estado metafisicamente problemático de superposição. Superposições são estranhas precisamente porque são diferentes de qualquer coisa na nossa experiência real do mundo. Nunca encontramos objetos com propriedades múltiplas e mutuamente excludentes como preto e branco, *up* e *down*, ou morto e vivo ao mesmo tempo. Tomadas pelo seu valor aparente, as superposições desafiam a nossa ideia de que as coisas no mundo devem ter propriedades físicas bem-definidas. Se é esse o caso, como podemos dar sentido ao substrato ontológico de um mundo construído a partir de superposições?

O problema da medição é igualmente desafiador. Os físicos adoram suas leis dinâmicas. Vale lembrar que o poder preditivo dessas leis e sua capacidade de reorganizar nosso confuso mundo com base em um reino platônico de abstração pura estão no coração dos muitos triunfos da física clássica. Na física quântica, porém, o simples ato de medir as propriedades de um sistema suspende a importantíssima lei dinâmica. Por que o elo entre o estado e a lei dinâmica é cortado precisamente no ponto da medição, aparentemente implicando o autoagenciamento de um "medidor"? A física quântica nos obriga a reconsiderar o significado tanto da medição quanto do medidor, e também se existem exigências mínimas necessárias para deflagrar o colapso da função que descreve o estado do sistema (a função de estado). São questões completamente alheias à física clássica.

Depois de mais de um século, a natureza da superposição e do problema da medição continua sendo um grande desafio para a metafísica de um ponto cego. Como resultado, várias interpretações da física quântica têm sido propostas tentando resgatar ou abandonar a metafísica. No que veremos a seguir, exploramos algumas dessas interpretações relativas à centralidade da experiência. Antes de assumir essa tarefa, devemos explorar brevemente uma estranheza adicional — as questões interligadas de separabilidade e não localidade — e a bizarra propriedade quântica que um infeliz Albert Einstein notoriamente chamou de "ação fantasmagórica a distância".

A estranheza que importa (II): emaranhamento

Funções de estado podem fazer mais do que simplesmente descrever uma única partícula. Podem funcionar também para coleções de partículas, aumentando vastamente sua aplicabilidade e sua estranheza. Nos idos de 1935, Einstein, junto a seus colaboradores Boris Podolsky e Nathan Rosen, notou algo estranho em relação a como até mesmo a mais simples função de estado de múltiplas partículas se comporta. Seu trabalho, agora conhecido como paradoxo EPR, estabeleceu uma nova camada de estranheza para a descrição quântica da realidade.[10]

Consideremos duas partículas, cada uma com uma propriedade específica, que chamaremos de Cor e Dureza (mais uma vez tomando emprestada a terminologia de David Albert).[11] A Cor pode ser preta ou branca, enquanto a Dureza pode ser macia ou dura. Assim como é possível criar uma superposição de uma única partícula em dois estados, podemos também criar uma superposição de "dois estados de partículas". Eis um exemplo:

$$|P_1P_2> = a|\text{Branco}_1>|\text{Duro}_2> + b|\text{Preto}_1>|\text{Macio}_2>.$$

Isto é, o estado das partículas P_1 e P_2 (expresso por meio do símbolo $|P_1P_2>$) é o número *a* vezes o estado da partícula P_1 com o valor de cor Branco e P_2 tendo o valor de dureza Duro (expressos por meio do símbolo $|\text{Branco}_1>|\text{Duro}_2>$) mais o número *b* vezes o estado da partícula P_1 com a cor preta e P_2 tendo a dureza macia (expressos por meio do símbolo $|\text{Preto}_1>|\text{Macio}_2>$). Os números *a* e *b*, mais uma vez, estão relacionados com a probabilidade de um estado combinado das partículas P_1 e P_2 ser $|\text{Branco}_1>|\text{Duro}_2>$ ou $|\text{Preto}_1>|\text{Macio}_2>$.

À primeira vista, esse estado combinado pode parecer uma versão mais complexa da equação (1). Porém, ao examinar mais detalhadamente, ele expressa algo bizarro acerca do possível comportamento das duas partículas. Imagine que façamos uma medição de cor da partícula P_1 e descubramos que é branca. Isso significa que, após a medição, o novo estado deve ser

$$|P_1P_2> = |\text{Branco}_1>|\text{Duro}_2>.$$

Note como o colapso da função de estado, nesse caso, significa que a partícula P_2 deve estar num estado de dureza com o valor Duro. Podemos saber isso mesmo sem fazer uma medição na partícula P_2. O conhecimento sobre P_2 baseia-se no conhecimento do estado da função de onda antes que alguém tivesse mexido com a partícula P_1. Da mesma maneira, se tivéssemos medido P_1 e descoberto que era preta, o estado posterior deveria ser:

$$|P_1P_2> = |\text{Preto}_1>|\text{Macio}_2>$$

Mais uma vez, fazer a medição na partícula P_1 força a partícula P_2 a assumir um valor específico. Então qual é o problema aqui? Como aponta Oliver Morsch, nunca dissemos nada sobre onde as duas partículas estão posicionadas no espaço.[12] A partícula P_2 poderia estar do outro lado da galáxia quando fizemos nossa medição na partícula P_1. Apesar da distância, o instante da medição é feito mostrando a partícula P_1 como sendo branca, e a partícula P_2 deve instantaneamente assumir a propriedade de ser dura. Os sistemas quânticos de duas partículas já descritos aqui são ditos "emaranhados". As partículas e suas propriedades não são separáveis. De algum modo, formam um todo cuja evolução está intimamente acoplada, mesmo quando separadas por distâncias muito maiores do que a luz poderia ter percorrido durante o tempo que leva para fazer a medição.

Essa "ação fantasmagórica a distância" incomodava Einstein profundamente. Dado o que ele havia feito com a teoria da relatividade, tornando a gravidade um fenômeno local relacionado com a curvatura do espaço-tempo, ele tinha certeza de que a natureza devia ser local; nenhum objeto e nenhuma informação podia viajar mais depressa que a luz. É por isso que ele, Podolsky e Rosen pensaram que funções de estado de duas partículas, como no nosso exemplo, podiam ser usadas para mostrar que a mecânica quântica era incompleta. Argumentavam que deveriam haver algumas "variáveis ocultas" à espreita sob a formulação usual da mecânica quântica que explicariam como partículas largamente separadas podiam se comportar como se estivessem ligadas — um tipo de condutor invisível dizendo às partículas o que fazer.

No começo da década de 1960, o físico irlandês John Bell encontrou uma fórmula que demonstrava como distinguir a mecânica quântica e seu emaranhamento não local da crença do paradoxo EPR de que deveria existir uma abordagem clássica, local, de variáveis ocultas, sob a física quântica (em contraste com variáveis ocultas não locais, como discutido adiante). Ainda que quase duas décadas tivessem sido necessárias para a fórmula de Bell ser testada em laboratório, os resultados naquela época, e agora, se colocaram conclusivamente ao lado do emaranhamento quântico não local. Evidentemente, a realidade é estranha.

Rumo a uma interpretação

Não havia mais batalhas prolongadas sobre a interpretação da mecânica clássica. Embora filósofos certamente tenham encontrado razões para filosofar sobre detalhes, sua interpretação parecia clara para os próprios físicos e o público geral interessado. O mundo era composto de minúsculos pedaços de matéria que se moviam através do espaço-tempo de acordo com as leis da física matemática. Fim de papo.

A mecânica quântica era diferente. Os átomos da teoria quântica não têm qualquer semelhança com os dos gregos antigos. Enquanto o formalismo da mecânica quântica fornece as respostas mais incrivelmente acuradas que a ciência já produziu, é impossível traçar uma simples imagem do que essa formulação representa. A que se refere a função de estado? O que é a superposição em termos das coisas reais no mundo? E, mais importante, por que a medição é relevante?

Diferentemente da sua contraparte clássica, a mecânica quântica não vem com uma interpretação pronta presa ao seu lado como um jogo metafísico de prender a cauda no burro. Como resultado, por mais de cem anos físicos e filósofos têm proposto uma longa série de interpretações conflitantes. Cada interpretação tenta explicar o significado de superposições, emaranhamento e o problema da medição. No restante deste capítulo, vamos rever as interpretações mais populares à luz do Ponto Cego. Nosso propósito não é defender uma interpretação em lugar de outra. Em vez disso, queremos entender como essas interpretações respondem ao desafio apresentado pela mecânica quântica ao focar nos aspectos que privilegiam. Por trás de cada interpretação, reside uma visão de mundo, um ponto de vista sobre o que importa na ciência e por quê.

A maioria das interpretações quânticas se encaixa em uma de duas categorias que dizem respeito àquilo que privilegiam. As categorias se ligam no significado da função de estado, que frequentemente é representada pela letra grega Ψ (psi). Interpretações que querem que a função de estado seja uma "coisa real em si", existente no mundo lá fora, são referidas de forma jocosa como "psi-ontológicas". Em oposição a elas, estão as interpretações que veem a função de estado como uma medida do nosso conhecimento do mundo. São chamadas "psi-epistemológicas". Ontologia *versus* epistemologia: essa frente de batalha na guerra centenária da interpretação quântica jamais conheceu alguma resolução.

Antes de discutirmos interpretações conflitantes relacionadas com o Ponto Cego, vale a pena observar que a implementação científica da mecânica quântica não requer uma interpretação. Pode parecer estranho, mas é totalmente possível ignorar questões sobre o que significam superposições, emaranhamentos e medições, e simplesmente usar o formalismo para projetar e analisar experimentos. Essa abordagem tipo "cale a boca e calcule", assim batizada pelo físico David Mermin, funciona suficientemente bem.[13] Na verdade, por muitos anos a preocupação acerca dos "fundamentos da mecânica quântica" (como interpretar seu significado mais profundo) era vista como uma assassina de carreiras para jovens físicos. Porém no decorrer das últimas décadas, a teoria da informação quântica e as tentadoras possibilidades da computação quântica têm se tornado campos na linha de frente da pesquisa. Nesses domínios, a preservação e manipulação de superposições individuais (conhecidas como q-bits) é uma preocupação central. Como aconteceu no século XIX, quando aplicações tecnológicas ligadas à Revolução Industrial trouxeram à tona a termodinâmica, a entropia e a seta do tempo, as novas tecnologias quânticas estão trazendo questões fundacionais, que eram basicamente evitadas há uma geração, de volta para linha da frente.

Psi-ontologia (I): colapso aleatório e interpretações GRW

Uma forma de entender o problema da medição é focar na interrupção abrupta da lei dinâmica que ocorre quando uma medição é feita. Será que existe algum modo de compreender o colapso de uma função de estado superposta que não exija o abandono da equação de Schrödinger? Em outras palavras, para aqueles que são a favor do ponto de vista psi-ontológico, o esforço é dirigido para preservar a ontologia, não explicar a medição. O objetivo é achar uma interpretação da mecânica quântica que assegure que coisas no mundo, incluindo a função de onda, tenham propriedades em si mesmas. Uma das tentativas segue o chamado programa de redução dinâmica. É também conhecida como teoria do colapso espontâneo, que busca um mecanismo dinâmico puramente ontológico forçando a superposição de muitos estados num único valor — o estado observado que pode ser registrado por uma medição, mas que não é de jeito nenhum dependente dela.

A abordagem mais popular ao longo dessas linhas foi desenvolvida por Giancarlo Ghirardi, Alberto Rimini e Tullio Weber num artigo de 1986.[14] Sua teoria, chamada teoria GRW, adiciona novos termos à equação de Schrödinger. Esses termos modelam interações com o ambiente (o aparelho de medição) que espontaneamente dirigem sistemas quânticos superpostos a um estado colapsado. Esse tipo de "redução do pacote de onda" é governado por parâmetros nos novos termos, que, pelo menos em princípio, assumiriam o status de novas constantes da natureza (semelhantes à constante gravitacional G de Newton ou à velocidade da luz *c*).

Uma das características mais importantes da GRW é que os termos novos adicionados à lei dinâmica são estocásticos. Cada interação entre o sistema quântico superposto e um único átomo entre o imenso número de átomos do aparelho de medição contém a possibilidade de colapsar (isto é, reduzir) a superposição. Esta abordagem tem mérito, porque, em princípio, uma única interação entre qualquer átomo e o sistema quântico superposto pode deflagrar o colapso. À medida que o número de interações por tempo aumenta, a probabilidade de que uma delas deflagre o colapso do estado se aproxima da certeza absoluta. Essa característica da GRW também explica a transição no comportamento das superposições prolongadas no nanodomínio para o macrodomínio da experiência cotidiana, em que sistemas nunca são observados em superposições. Nanossistemas isolados compostos de poucos átomos podem ser mantidos em superposições; macrossistemas compostos de zilhões de átomos não podem.

O problema técnico enfrentado nos modelos GRW é prover uma justificativa matemática completa de como, onde e quando interações entre o sistema quântico e o ambiente deflagram modificações na função de estado desse sistema quântico. Desde o artigo GRW original, diferentes enfoques têm sido sugeridos com variados graus de sucesso. Independentemente dos detalhes, o ponto importante é que os modelos GRW constituem uma versão alternativa para a mecânica quântica que apresenta modificações da lei dinâmica original de Schrödinger.

Da perspectiva da metafísica do Ponto Cego, particularmente do seu comprometimento com a ideia de que a física fundamental fornece acesso à realidade à parte de qualquer perspectiva humana, a característica mais notável da maioria das versões da GRW é que as superposições em si nunca são justificadas. A questão básica do que significa um sistema estar em um estado sem propriedades físicas definidas continua sem resposta. Em vez disso, simplesmente se alega que superposições existem durante tempos suficientemente breves em relação a objetos macroscópicos, como nós: não há tentativa de elucidar o significado da superposição quântica. Embora os termos adicionados e as constantes permitam uma visão ôntica da função de onda, a preocupação ontológica básica não é abordada. Mais genericamente, da perspectiva da nossa exposição ao Ponto Cego, a GRW e, na verdade, todas as interpretações psi-ontológicas claramente fazem uso da substituição sub-reptícia, a substituição de uma coisa real no mundo por uma grandeza matemática desenvolvida para descrever dados físicos — a função de onda — sem qualquer evidência empírica de que essa substituição seja justificada. Ao fazer isso, ela eleva os parâmetros hipotéticos que controlam o colapso da função de onda a novas constantes (inobservadas) da natureza, equiparando-as, digamos, à velocidade da luz.

Psi-ontologia (II): teorias de ondas-piloto

Na década de 1920, Louis de Broglie propôs outra maneira de abordar a indeterminação da mecânica quântica redescoberta e ainda mais refinada por David Bohm trinta anos depois.[15] A teoria de Broglie-Bohm, também conhecida como mecânica bohmiana, requer a adição de uma "variável oculta" para restaurar o determinismo para a mecânica quântica. Como Einstein, Podolsky e Rosen em 1935, de Broglie e Bohm consideraram incompleto o formalismo quântico original e convocaram outros aspectos ocultos da dinâmica quântica para fornecer uma descrição consolidada de fenômenos atômicos sem qualquer referência a medições e observadores.

A teoria de Broglie-Bohm começa com a famosa dualidade onda-partícula da teoria quântica. A equação de Schrödinger descreve literalmente ondas se propagando através do espaço, representadas pela função de onda Ψ. No entanto, diferentemente de ondas na água ou ondas de campos eletromagnéticos, o que emerge a partir da equação de Schrödinger são ondas de probabilidade de um sistema obter propriedades com este ou aquele valor (como a posição de uma partícula). É a isso que se referem os coeficientes *a* e *b* na função de estado mostrada na equação (1). Foi Max Born quem primeiro viu que o quadrado desses coeficientes (a^2 e b^2) produziam probabilidades nas quais se encontrariam diferentes propriedades físicas da função de estado ao ser realizada uma medição — por exemplo, |Branco> ou |Preto> na equação (1). O que a teoria de Broglie-Bohm acrescenta ao quadro é uma nova equação

— uma nova lei e uma nova entidade — para a descrição de sistemas quânticos. Para a teoria de Broglie-Bohm, partículas são entidades reais e, de certa maneira, o que o formalismo original de Schrödinger fornece é uma espécie de "onda-piloto" que guia o movimento das partículas.

Essa visão de onda-piloto foi formalizada na mecânica bohmiana. As propriedades físicas de partículas quânticas como posição e momento linear são deterministas, e seus valores são guiados pela onda-piloto. Com esse acréscimo, superposições não precisam mais ser consideradas coisas reais no mundo. Partículas são na verdade pedacinhos minúsculos de matéria, como os gregos imaginaram, com seus movimentos guiados pelas ondas-piloto, como um regente de orquestra guiando músicos. Dessa forma, a dinâmica fica completa, significando que existe sempre uma resposta para quais propriedades uma partícula possui antes de ser feita uma medição.

Por muitos anos, a teoria de Broglie-Bohm ficou esquecida ou foi ignorada devido a uma série de concepções errôneas sobre seu significado e sua validade. Porém uma recente e crescente compreensão de que essa teoria pode fornecer um formalismo alternativo à mecânica quântica tem reenergizado a pesquisa sobre a sua validade.

Uma questão referente à mecânica bohmiana diz respeito à localidade: as interações entre objetos bastante separados não podem ocorrer mais depressa do que o tempo que um sinal luminoso leva para cruzar a distância entre eles. Localidade é algo profundamente enredado com as noções de causalidade e sentido de direção do tempo, como vimos no capítulo anterior. Como nenhuma causa física pode viajar mais depressa que a luz, a maioria dos físicos exige que explicações da realidade devam ser sempre locais. Vimos que o teorema de Bell proíbe que qualquer teoria de variável oculta seja local, um resultado agora confirmado por múltiplos experimentos. Consequentemente, a mecânica bohmiana é "não local". Isso significa que o universo todo, de certa forma, participa na determinação do comportamento de cada uma das partículas materiais. Embora Bell fosse um ávido proponente da teoria de Broglie-Bohm, muitos físicos sentiam que a necessidade de uma dinâmica não local acabava subtraindo o seu valor como interpretação ontológica da teoria quântica. Para tais físicos, o preço parece alto demais.

Outro ponto de discórdia para a teoria de Broglie-Bohm é a ontologia de ondas-piloto e partículas. Essas ondas são elas próprias entidades hiperdimensionais sem nenhuma relação óbvia com outras coisas que a física assume como reais. Após uma medição, por exemplo, a mecânica de Broglie-Bohm retém "ramos fantasmas" ou vazios da onda-piloto descrevendo possíveis resultados experimentais que não são observados — os "outros" estados na superposição. Esses ramos da função de estado retêm seu status ontológico, ainda flutuando por aí, reais, mas não realizados.

Psi-ontologia (III): realidades paralelas e a interpretação dos muitos mundos

Articulada pela primeira vez por Hugh Everett em 1957, a interpretação dos muitos mundos (IMM) propõe uma explicação simples e direta do colapso de uma função de estado superposta: ela nunca ocorre. O objetivo da IMM, como de outras interpretações psi-ontológicas, é preservar a ontologia. Logo, em vez de substituir a lei dinâmica representada pela equação de Schrödinger por uma medição realizada por um observador, o próprio universo se "divide" em ramos paralelos no momento da medição. Cada ramo representa um mundo no qual o observador registra um resultado diferente para a medição, com cada resultado identificado com um pedaço diferente da função de estado original. Assim, uma medição do sistema quântico representado pela equação (1) criaria um ramo (um mundo) no qual observadores registrariam o aparelho lendo "|Branco>" e outro no qual o aparelho leria "|Preto>". Desse ponto em diante, cada ramo paralelo continua a evoluir apenas para se ramificar novamente quando forem realizadas novas medições quânticas.

O que torna a IMM atraente para alguns físicos e filósofos é que ela preserva o status ontológico — a realidade objetiva — tanto da função de onda como da lei dinâmica que determina sua evolução. Pode-se falar sobre uma "função de estado do universo" que representa uma descrição completa de todas as partículas e processos. Na IMM, essa função de estado é determinada apenas pelas condições iniciais (dadas no Big Bang), com subsequente evolução dada por uma versão turbinada da equação de Schrödinger (a versão relativista, com base na teoria dos campos, das leis dinâmicas). Não obstante, na ausência de uma compreensão da natureza quântica da gravidade, não fica claro o que significa uma função de onda do universo. Outra qualidade que torna a IMM atraente para os seus adeptos (e nada atraente para seus críticos) é que a indeterminação associada com interações quânticas também desaparece. Ao assumir que a função de estado e sua lei dinâmica têm autoridade absoluta sobre a evolução do universo, a mecânica quântica torna-se totalmente determinista. A questão sobre como acomodar essa indeterminação com a natureza probabilística da física quântica permanece um tópico de discussão.

A "junção" de um sistema quântico e um equipamento de medição cria os ramos paralelos na IMM. Interações geram subsistemas que compreendem o equipamento e o sistema quântico em diferentes estados. É esse estado superposto do subsistema que evolui para múltiplos ramos paralelos (isto é, que não interagem). Uma chave para esse processo de divisão é a decoerência, na qual um sistema quântico isolado, superposto, interage com os átomos do "banho" no equipamento de medição, que é muito maior, de tamanho macro. A decoerência desempenha um papel essencial como mecanismo físico que causa a ramificação do estado inicial emaranhado de um sistema quântico e do equipamento de medição em estados paralelos coexistentes em universos não comunicantes, cada um representando um valor de medição possível. Dessa maneira, os muitos mundos da IMM não são universos paralelos, e sim partes mutuamente invisíveis de um único universo. Os outros mundos tornam-se fantasmas uns para os outros, presentes mas incapazes de interagir.

Dada sua aparente natureza de ser de outro mundo (trocadilho intencional), a IMM tem sido criticada em muitas frentes diferentes. A crítica mais óbvia invoca a navalha de Occam, que adverte contra multiplicar entidades desnecessárias numa explicação. Contudo, defensores da IMM argumentam o oposto: que a entidade desnecessária acrescentada à mecânica quântica é o colapso não local da função de onda durante a medição. O preço que a IMM paga para salvar a ontologia da função de estado e de uma visão de mundo determinista é a criação de um número quase infinito de novos mundos, cada um contendo uma cópia de você (e de qualquer pessoa), com sua própria e exclusiva consciência e acreditando ser você. Essa ontologia é um preço alto demais a pagar, segundo muitos físicos e filósofos. Há também dificuldades técnicas que surgem no tratamento de probabilidades na IMM. Em particular, não fica claro como atribuir probabilidades relativas aos diferentes mundos ramificados que reflitam os resultados de medições experimentais. Da nossa perspectiva, a elaborada ontologia da IMM é sintomática do Ponto Cego e da substituição sub-reptícia. O compromisso em manter a primazia ontológica da função de onda obriga os adeptos da IMM a fazer uma escolha que os deixa com um universo cheio de fantasmas.

Entre epistemologia e ontologia: mecânica quântica relacional

Uma adição recente ao menu de interpretações e digna de nota no nosso contexto é a mecânica quântica relacional (MQR), introduzida por Carlo Rovelli em 1996.[16] A MQR é de certo modo ortogonal tanto em relação às interpretações psi-ontológicas que acabamos de explorar, quanto em relação às interpretações psi-epistemológicas sobre as quais discutiremos nas próximas seções.

Como os modelos psi-epistemológicos, a MQR não toma a função de estado para representar uma nova entidade no universo. É uma ferramenta para computação que não apresenta status ontológico intrínseco. Ao mesmo tempo, como a mecânica clássica, a MQR sustenta que um sistema físico tem propriedades intrínsecas como posição e momento linear que existem "lá fora" no universo. A inovação da MQR é alegar que tais propriedades existem somente quando ocorrem interações com outros sistemas. Mais ainda, essas propriedades têm significado apenas em relação àqueles outros sistemas com os quais ocorre a interação. Logo, as propriedades de entidades físicas são sempre propriedades relacionais.

A MQR não requer que qualquer status especial seja conferido a observadores ou à medição. Qualquer sistema físico pode agir como observador porque agora as medições são simplesmente interações. O preço a ser pago por esse ponto de vista é que a MQR não é fortemente realista no sentido metafísico. Sistemas físicos assumem propriedades reais apenas no instante de uma interação (um lampejo). No período entre essas interações, não se pode dizer nada sobre o real valor das propriedades do sistema. A natureza relacional da interpretação também significa que "diferentes observadores podem dar relatos diferentes da mesma sequência de eventos".[17]

A MQR tem elementos em comum com muitas das outras interpretações que estamos discutindo aqui. Como a interpretação dos muitos mundos, a MQR "indexa" os ramos da superposição. No entanto, em vez de criar novos mundos com cada medição, essa enumeração serve para identificar a rede de interações e os lampejos de propriedades relacionais que foram produzidos. Como a interpretação de Copenhague, que abordaremos a seguir, a MQR focaliza a interação entre um observador e um sistema quântico e, no entanto, "democratiza" a interação ao não atribuir um papel especial para um mundo macroscópico clássico, fazendo com que qualquer interação desempenhe o papel de observador. Por fim, como o QBismo, a última interpretação que cobriremos, a MQR focaliza a natureza informacional da função de estado e insiste em abandonar questões que não têm sentido, dado o formalismo quântico. Diferentemente do QBismo, ela não enfatiza o papel de agentes ou observadores.

Psi-epistemologia (I): a interpretação de Copenhague e a ortodoxia quântica

O termo "mecânica quântica ortodoxa" é frequentemente usado para identificar a visão padrão, também chamada interpretação de Copenhague, em contraste com os vários pontos de vista psi-ontológicos que acabamos de analisar. A interpretação de Copenhague tem sido a forma operacional de pensar sobre mecânica quântica por mais de oitenta anos. As ideias dela aparecem em muitos livros didáticos, mesmo que o termo não seja usado.

Na verdade, não existe só uma "interpretação de Copenhague". Em vez disso, o termo se refere a uma coleção amorfa de ideias e perspectivas associadas com alguns dos fundadores da mecânica quântica, incluindo, em particular, Werner Heisenberg, Max Born, Wolfgang Pauli, Eugene Wigner e, mais que todos os outros, Niels Bohr, de Copenhague.[18] Havia diferenças significativas entre esses pensadores acerca da natureza da função de estado, do papel da medição e da distinção entre os mundos clássico e quântico.

Niels Bohr foi notoriamente elíptico em seu estilo de escrita, às vezes dificultando a identificação precisa de seus argumentos em temas fundamentais referentes ao significado do formalismo quântico. Bohr achava que os átomos eram reais, o que significava que não eram "construções heurísticas ou lógicas".[19] Contudo, nos domínios atômico e subatômico da mecânica quântica, os conceitos da física clássica não se referem mais aos objetos em si. Toda referência precisa ser reconduzida ao arranjo experimental. Como consequência, todo o nosso conhecimento sobre sistemas quânticos era dependente do contexto. O experimento, montado pelo experimentador, não podia ser deixado de fora. Essa perspectiva traça uma importante distinção entre os reinos clássico e quântico, onde o sistema em estudo e o dispositivo usado para realizar esse estudo podiam ser claramente separados. Assim, para Bohr e a interpretação de Copenhague, há um corte — uma separação entre os reinos clássico e quântico de fenômenos. À medida que progridem de escalas quânticas para as escalas associadas com o macromundo, as descrições da mecânica quântica precisam ser complementares (isto é, capazes de reconstituir) às descrições da bem-estabelecida e confiável mecânica clássica.

Na interpretação de Copenhague, a função de estado Ψ não permite uma imagem do que está ocorrendo em nanoescalas: a função de estado não representa uma coisa ou entidade. Em vez disso, é simbólica da nossa compreensão do arranjo experimental dependente do contexto, sendo epistêmica por natureza. É uma expressão do nosso conhecimento do sistema quântico, reunido por meio dos experimentos que realizamos. Perceba que tal conhecimento é objetivo, no sentido de que dois experimentadores podem executar os mesmos experimentos e comparar seus resultados. Se os experimentos produzem as mesmas respostas, então essas respostas constituem conhecimento objetivo.

Em relação ao problema da medição, a ideia básica do colapso da função de onda provém da interpretação de Copenhague. É o que queremos dizer quando nos referimos a ela como uma "ortodoxia". Em 1932, John von Neumann ofereceu o que se tornou uma explicação padrão do colapso, distinguindo entre processos tipo 1 — aqueles associados à medição — e processos tipo 2 — aqueles associados com a evolução de um sistema quântico via equação de Schrödinger.[20] Ele foi adiante, sugerindo que se deve distinguir o sistema quântico, o dispositivo de medição e o observador de fato. Para Neumann, onde traçar a linha divisória entre esses fatores é uma decisão contextual.

Posteriormente, Eugene Wigner, em seu famoso "paradoxo do amigo", reparou na ambiguidade relativa ao papel aparente de um observador real (uma mente).[21] Um observador registra uma medição de um sistema que estava em superposição, provocando o colapso da função de estado. A amiga do observador assiste ao experimento em que o observador faz sua medição. No entanto, antes de espiar e ficar sabendo o resultado da medição, a amiga deve descrever o observador e o sistema quântico em estado de superposição. Para Wigner, isso indicava algum papel da consciência no processo de colapso da função.

Essa perspectiva nunca foi a posição de Bohr. Apesar de enxergar a função de estado fundamentalmente como uma descrição de fenômenos quânticos dependente do contexto, é pouco provável que Bohr tenha dado espaço para uma atividade mental não física afetar sistemas quânticos (ou qualquer sistema físico).

Portanto, a interpretação de Copenhague é na realidade uma mistura de perspectivas às vezes divergentes entre alguns dos fundadores da mecânica quântica. O que elas compartilham é um definido senso de que a função de estado pertence ao nosso conhecimento e não à realidade em si separada do ato de conhecer. Ela representa o que podemos dizer sobre o mundo por meio das nossas medições, não como o mundo é em si mesmo. A maioria dos pontos de vista sob a bandeira da interpretação de Copenhague reconhece que a mecânica quântica altera profundamente como devemos compreender a relação entre o sistema em estudo e aqueles que o estão estudando. Dessa maneira, desde seu nascimento, a mecânica quântica levou alguns de seus teóricos mais criativos a acreditar que a nova ciência exige ir além da metafísica do Ponto Cego.

Psi-etimologia (II): Qubits* e a primazia do sujeito

O bayesianismo quântico, ou Qbismo,** como agora é chamado, é relativamente recém-chegado ao concurso de interpretações.[22] O uso original do termo "bayesianismo" no nome provém da sua ênfase em tomar as probabilidades que aparecem na mecânica quântica pelo seu valor nominal e interpretá-las num contexto bayesiano. Por sua vez, o termo "bayesiano" provém do matemático e teólogo do século XVIII Thomas Bayes. Para os bayesianos, probabilidades representam um estado de conhecimento ou crença em vez de uma frequência ou propensão de algum fenômeno. Embora haja várias correntes de pensamento bayesiano que pensam o significado de uma distribuição de probabilidades (que é um dos motivos para o bayesianismo quântico ter sido assim renomeado), a que importa para o QBismo é aquela cujas probabilidades refletem o estado corrente de conhecimento de um agente acerca do mundo, enquanto se aposta sobre o que acontecerá no futuro. Nas palavras do físico E. T. Jaynes, que descreveu a visão bayesiana da probabilidade para a ciência: "Probabilidade é um constructo teórico, em nível epistemológico, que atribuímos no intuito de representar um estado de conhecimento, ou que calculamos a partir de outras probabilidades segundo as regras da teoria da probabilidade."[23]

Da perspectiva do QBismo, grande parte da estranheza fantasmagórica não local da mecânica quântica pode ser resolvida aceitando que esta (e toda empreitada científica) em última instância se refere a experiências dos agentes que usam a teoria. Assim, o estado quântico não é mais uma propriedade do mundo em si. Em vez disso, esses estados devem ser associados com agentes usando mecânica quântica para fazer experimentos concernentes ao mundo microscópico. Cada agente

---

* Pode-se utilizar igualmente a notação q-bit. Ambas são aceitas e têm sido empregadas. [*N. do T.*]

** O uso consagrado optou pelo aportuguesamento da sigla inglesa QBism (Quantum Bayesianism) para QBismo, em vez das iniciais em portugues, BQ. [*N. do T.*]

atribuirá estados quânticos a um sistema, dependendo do contexto no qual o agente se encontra. Estados quânticos não são elementos da realidade, mas representam graus de crença que um agente tem sobre possíveis resultados da sua realização de uma medição. Portanto, a estranheza ontológica de superposições desaparece porque a função de estado não é ontológica. A pergunta "Como é estar em superposição?" não surge porque superposições não são estados do mundo. Elas são estados de conhecimento (ou, mais precisamente, estados de crença, uma vez que os bayesianos costumam entender probabilidades como graus de confiança ou "crença" que agentes têm em proposições, considerando a evidência que lhes é disponível). QBistas, portanto, alegam que o emaranhamento perde sua natureza paradoxal. O que se entende a partir de medições feitas por observadores sobre pares de partículas que interagem e depois se separam é como as probabilidades quânticas revelam a estrutura com a qual agentes precisam lidar ao fazer suas escolhas sobre o mundo. A compreensão dessa estrutura é o que os QBistas reivindicam como meta final do seu projeto.

QBistas alegam também que a medição deixa de ser um problema no seu contexto porque medições são simplesmente atos realizados por agentes sobre o mundo externo. Isso faz de "cada resultado de medição [...] um evento específico pessoalmente vivenciado pelo agente que o incita".[24] Logo, não há mais necessidade de tentar identificar a "cisão tendenciosa" que marca o corte separando sistema quântico, equipamento de medição e o ambiente.

O QBismo assume o que para alguns parece ser um enfoque subjetivista radical, não só para o seu formalismo quântico, mas também em relação à própria ciência. Dada essa ênfase, uma crítica considera que o QBismo é solipsista. QBistas rejeitam tal afirmação argumentando que o mundo externo é um postulado central da sua estrutura. Na visão QBista, a teoria quântica é sempre sobre "as interações de um agente com o mundo exterior; o formalismo da teoria quântica não faz sentido de outra maneira".[25] Como diz o físico N. David Mermin: "O Qbismo coloca a ciência de volta à ciência."[26]

Afirmar que a nossa compreensão do mundo reside na nossa experiência não é dizer que o mundo existe apenas dentro da nossa cabeça, como afirmam erroneamente alguns artigos sobre QBismo. Construímos nossa imagem do mundo a partir de muitos ingredientes, inclusive o impacto do mundo sobre nossa experiência e como e quando o mundo responde às atitudes que tomamos. Quando atuamos sobre o nosso mundo, geralmente não temos controle sobre como ele vai agir de volta sobre nós.

Embora não tenhamos nenhum acesso pessoal à experiência de outra pessoa, um importante componente da experiência privada é o impacto que nossos esforços têm sobre os outros. A ciência é um esforço humano colaborativo para encontrar, por meio de nossas ações individuais sobre o mundo e nossas comunicações verbais mútuas, um modelo para o que é comum a todos os mundos pessoais construídos. Conversas, conferências, artigos de pesquisa e livros são uma parte essencial do processo científico. Assim, o QBismo trata de agentes vivendo e agindo num mundo compartilhado, que sempre dá alguma resposta. Não há nada de solipsista no QBismo.

Às vezes alega-se que o QBismo nada mais é do que uma extensão da interpretação de Copenhague. Os QBistas respondem, primeiramente, observando que não há uma interpretação de Copenhague. Mais importante, porém, é que, diferentemente de qualquer versão da interpretação de Copenhague, os QBistas são explícitos acerca de introduzir agentes ou "usuários" da mecânica quântica e torná-los determinantes para uma compreensão do formalismo quântico. Nas palavras de Mermin: "Como cada usuário é diferente, dividindo o mundo de forma diferente em interno e externo, toda aplicação da mecânica quântica ao mundo deve remeter, em última instância, ainda que só implicitamente, a um usuário particular. Mas toda versão de Copenhague assume uma visão do mundo que não faz referência ao usuário particular que está tentando dar sentido ao mundo."[27]

Incertos por um século: o quantum e o Ponto Cego

Um dos aspectos mais notáveis da mecânica quântica, com sua opulenta sacola de estranhezas, é o quão resiliente ela é contra controvérsias de interpretação. Depois de mais de um século, ainda estamos incertos sobre como interpretar o extraordinário sucesso do seu formalismo matemático. Considerando cem anos de argumentação, o que fica claro é o excessivo preço que precisa ser pago por qualquer tentativa de interpretar esse formalismo. E o preço sai às custas do Ponto Cego.

Cada interpretação do formalismo quântico força seus adeptos a dar um passo gigantesco para se afastar do objetivismo direto do Ponto Cego e sua fundamentação na mecânica clássica. O preço que a interpretação dos muitos mundos paga por fazer da função de estado uma coisa real no mundo real é uma incontável proliferação de mundos com inúmeras cópias de cada um de nós. O preço que o QBismo paga por desvendar a estranheza de superposições e medições é reconhecer que agentes devem ser determinantes para qualquer descrição da física. Em ambos os casos, e por razões muito diferentes, a visão do Ponto Cego da física clássica com um único universo perfeitamente conhecível precisa ser abandonada em favor de um novo conjunto de premissas sobre a natureza do mundo e nossa relação com ele.

A mecânica quântica nos obriga a fazer uma difícil pergunta metafísica: Que preço é alto demais? Que premissas a respeito do mundo são importantes demais para que se desista delas? Melhor ainda, que novos princípios são agora tão importantes que precisam ser incorporados à estrutura da física? Partindo da perspectiva que estamos desenvolvendo neste livro, fica nítido que qualquer impulso de reificar as abstrações da física matemática conduzirá a problemas. Whitehead deixou isso claro mesmo antes das controvérsias sobre interpretação quântica realmente se instalarem. Sua "falácia da concretude deslocada" foi simplesmente o reconhecimento de que a substituição da experiência concreta por abstração matemática levaria à perplexidade e ao paradoxo, justamente por se tratar de uma bifurcação artificial da natureza. Em mecânica quântica, vemos essa falácia se manifestar quando a reificação de constructos matemáticos força algumas interpretações para territórios aparentemente bizarros. Deve-se indagar por que alguns cientistas, geralmente ávidos em permanecer próximos a dados e experimentos em outros domínios, estão dispostos a forçar ideias tão distantes da experiência quando confrontados com mecânica quântica. Por que algo como a interpretação dos muitos mundos, que parece ontologicamente extravagante e não tem qualquer vantagem experimental óbvia, é escolhida como arcabouço interpretativo por muitos físicos e filósofos? Por que esse preço, uma explosiva proliferação de mundos paralelos, é o que estão dispostos a pagar?

A resposta é o Ponto Cego. Como vimos, a ascensão da física clássica gerou um esquecimento seletivo do papel da experiência como fundamento de toda prática científica. Os ciclos ascendentes de abstração, de Newton a Poincaré, significaram que a experiência estava sendo reduzida a uma mera abstração ou registro de dados. A ontologia objetivista passou a reinar à medida que os cientistas foram se acostumando a assumir que as criações de sua física matemática podiam ser tratadas como leis atemporais sustentadas na "mente de Deus" e que podiam ser vistas a partir de uma perspectiva perfeitamente objetiva, perfeitamente sem perspectiva — uma "visão de lugar nenhum".[28] Logo, quando a mecânica quântica surgiu a partir da mesma oficina experimental que havia criado o triunfo da física clássica, muitos cientistas acreditaram que sua tarefa era defender o patamar ontológico e equiparar o formalismo abstrato com a realidade.

O reconhecimento de que o Ponto Cego tem sido o equívoco fundacional percorrendo a cultura da ciência (em oposição à prática da ciência em si) desde seu advento moderno lança uma luz especial sobre os debates da mecânica quântica. Quando entendermos que a experiência foi esquecida, mas que só pode continuar assim por pouco tempo, deveremos esperar interpretações que devolvam a experiência ao seu apropriado papel central na ciência, e compreender que tais interpretações são a resposta lógica ao desafio que a mecânica quântica apresenta. Visto desse modo, o preço epistemológico que o QBismo impõe parece ser uma boa, e não proibitiva, aposta. Ela não só reconhece a centralidade da experiência, como também fornece uma estrutura para compreender como uma nova física pode emergir a partir desse reconhecimento.[29]

Embora não estejamos alegando que o QBismo seja a interpretação correta, alegamos, sim, que se trata de um movimento na direção correta. Junto com elementos da MQR, ele aborda a questão fundamental proposta pela mecânica quântica: a relação entre propriedades do mundo e nossas experiências do mundo. Podemos, portanto, começar a enxergar — emergindo lentamente, dentro dos nossos contínuos e prolongados debates sobre física quântica — um exemplo de como o Ponto Cego forçou certas formas limitadas de pensar sobre ciência a serem aceitas, e como essas formas agora talvez possam ser superadas.

5

Cosmologia

Retornando ao tempo

Voltamo-nos agora do pequeno para o grande, do quantum para o cosmo. Focar na cosmologia nos leva de volta ao tópico do tempo e às questões concernentes a tempo vivido em oposição ao tempo do relógio. Anteriormente, exploramos o tempo na mecânica clássica e na mecânica estatística. Vimos como poderosas abstrações permitiram aos físicos um extraordinário progresso em capturar fenômenos relacionados com mecânica celeste e troca de calor entre corpos. No entanto, potentes elementos do Ponto Cego estavam ocultos nesse sucesso, particularmente quando cientistas tentaram lidar com as incômodas questões relativas ao sentido de direção do tempo. Aqui continuamos a história entrando na era moderna com a ascensão de teorias relativistas da gravidade e a ciência cosmológica que elas tornaram possível. Começamos com Albert Einstein e a revolução científica que a relatividade provocou na nossa compreensão do tempo e do cosmo.

Einstein e a localização do tempo

Todos os modelos falham. Isso deve ser previsto, dado que modelos são idealizações da realidade. Quando exigidos de maneira intensa, acabam por mostrar suas rachaduras em algum momento. E isso é uma coisa boa. A ciência nova emerge de tais rachaduras, às vezes até mesmo novas visões de mundo inteiras. Físicos são treinados a esperar e até mesmo saudar tal fragilidade em seus modelos e teorias, embora na realidade as coisas nunca sejam tão simples. Sendo humanos, os físicos ficam ligados a seus modelos favoritos, e muitas vezes as emoções são intensas quando a viabilidade de um modelo muito querido é ameaçada. É por isso que a empreitada científica é planejada para reconhecer suas próprias fraquezas: a decisão final referente à viabilidade de um modelo ou teoria é empírica e baseada na comunidade, não na personalidade. Cedo ou tarde, à medida que novos dados são reunidos e analisados, egos são deixados de lado e o consenso prevalece. De qualquer modo, é assim que as coisas deveriam acontecer e, na maior parte das vezes, de fato é o que ocorre.

O mais difícil, no entanto, é que os cientistas consigam enxergar o que há por trás das fundações da oficina científica, onde esses debates são realizados. Premissas básicas sobre o medidor e o medido e o mapa e o cartógrafo ficam sem questionamento porque se tornaram invisíveis. Caíram no Ponto Cego. Esse esquecimento — a amnésia da experiência — também esteve presente nos debates sobre tempo e relatividade quando surgiram as rachaduras na visão de mundo newtoniana e o trabalho revolucionário de Einstein surgiu e se firmou na ciência.

Há três rachaduras bem conhecidas na visão de mundo newtoniana da mecânica e da gravitação: movimentos rápidos exigem correções da teoria da relatividade especial; uma gravidade forte exige correções da teoria da relatividade geral; objetos de dimensões moleculares, atômicas e subatômicas exigem uma mecânica alternativa baseada nas regras da física quântica. A visão de mundo newtoniana de tempo e espaço absolutos, tão útil para descrever o mundo das nossas vidas cotidianas, é, com efeito, um mapeamento borrado da realidade. Funciona bem porque as correções relativísticas e quânticas adquirem um tamanho significativo apenas nas circunstâncias extremas muito distantes da nossa percepção do mundo. As rachaduras nos alicerces da estrutura newtoniana estão bem ocultas. Uma vez expostas, todas as três exigiram uma profunda revisão de conceitos fundamentais, desenvolvida durante as três primeiras décadas do século XX. O tempo, como descreveremos neste capítulo, ganhou uma plasticidade que solapou a noção newtoniana de tempo absoluto. O tempo tornou-se local e dependente do referencial, com o relógio de cada observador seguindo o seu próprio ritmo.

Einstein mostrou que o tempo absoluto de Newton, um relógio universal batendo inexoravelmente no mesmo ritmo para todos os observadores, em todas as regiões do universo, é uma aproximação válida somente para velocidades relativamente baixas e gravidade fraca, justamente as condições nas quais vivemos nossas vidas. Ainda assim, as teorias da relatividade e a da física quântica estão necessariamente baseadas na experiência, particularmente em experiências criadas usando as ferramentas da oficina científica.

A monumental conquista de Einstein foi criar um referencial de tempo conceitual que permitia a diferentes observadores comparar os tempos de seus relógios, inclusive ao se mover em velocidades drásticas e em intensos campos gravitacionais. Mesmo assim — e isso é essencial para o nosso argumento —, o tempo da relatividade e da teoria quântica reteve as características matemáticas do tempo físico, abstrato, de Newton: é representado numa linha de tempo contínua e constituída a partir de instantes sem duração. As equações da relatividade especial e geral ainda assumem implicitamente causalidade e necessitam de condições iniciais para serem resolvidas. O tempo conserva sua ordem, mas ainda pode fluir em qualquer sentido, do passado para o futuro ou do futuro para o passado. Com Einstein, o tempo único e universal de Newton tornou-se uma aproximação, na medida em que o tempo flui de maneira diferente segundo as condições locais. Quanto mais forte a gravidade, mais devagar o tempo passa. Podemos interpretar ambas as teorias da relatividade, a especial e a geral, como dispositivos de translação que permitem que observadores se movendo com diferentes velocidades ou em diferentes campos gravitacionais comparem as suas medições do tempo de modo que as leis da física permaneçam universalmente válidas. Ao compreender a inevitabilidade de variações locais em medições de tempo e espaço, Einstein restaurou a integridade de uma narrativa física universal, usando a constância da velocidade da luz como seu alicerce.

Não é de admirar que Bergson e Einstein tenham batido de frente em seu famoso debate público acerca da natureza do tempo em 1922.[1] Bergson pressionou Einstein sobre o que estamos chamando de Ponto Cego, o negligenciamento da experiência na descrição de fenômenos naturais, neste caso na conceituação do tempo. Einstein deu de ombros e desconsiderou a crítica de Bergson como sendo psicológica — portanto essencialmente inútil para a física.

Einstein costuma receber o crédito por ter prevalecido no debate, enquanto a reputação de Bergson sofreu um declínio e sua influência arrefeceu.[2] Diz-se que Bergson fracassou em entender a teoria da relatividade e suas formulações matemáticas em seu livro *Duração e simultaneidade*.[3] Sua análise pode ter contido alguns erros, mas um exame cuidadoso da obra e do debate com Einstein não invalida esse tendencioso juízo de valor.[4] Como escreve o físico C. Unnikrishnan: "Seu rigor, como filósofo matematicamente competente abordando questões numa teoria física, foi severo, e ele foi meticuloso em sua análise."[5] A importância filosófica e científica do debate merece maior escrutínio. Do nosso ponto de vista, cem anos depois, o debate representa uma oportunidade perdida para fazer nossa visão de mundo científica ultrapassar o Ponto Cego. De fato, o debate traz à luz como o avanço da ciência pós-newtoniana, representada na época por Einstein, já exigia a suplantação do Ponto Cego. Bergson entendeu isso, apesar de seus erros. Ele estava certo, mesmo que também estivesse errado, e Einstein estava errado, mesmo que também estivesse certo. Por esses motivos, precisamos dar uma olhada mais detalhada naquilo que realmente ocorreu no debate.

Simultaneidade na Cidade Luz

Seis de abril de 1922. Essa foi a marcante data em que Einstein se dirigiu à Sociedade Filosófica de Paris. Bergson, uma celebridade intelectual conhecida por sua impressionante oratória, afirmou ter comparecido apenas para escutar, não para falar.[6] Segundo Maurice Merleau-Ponty, "a discussão perdeu energia" e Bergson foi chamado para se dirigir à plateia.[7] Rendendo-se à "amigável insistência" da sociedade, Bergson se levantou e apresentou extemporaneamente algumas ideias do seu livro *Duração e simultaneidade*, que seria publicado em breve e era dedicado a uma "confrontação" entre seu conceito de duração e a visão que Einstein tinha do tempo.[8]

Bergson iniciou seus comentários declarando sua admiração pelo trabalho de Einstein: "Ele me parece merecer a atenção tanto de filósofos como de cientistas. Vejo nele não só uma nova física, mas também, em alguns aspectos, uma nova maneira de pensar."[9] E deixou claro, no final de seu discurso, que não tinha objeção à definição de simultaneidade dada por Einstein ou à teoria da relatividade. Ao contrário, sua preocupação era estabelecer que "uma vez que a teoria da relatividade for reconhecida como teoria física, nem tudo estará acabado. Ainda temos que determinar a significação filosófica dos conceitos que ela introduz".[10]

Um físico obstinado poderia perguntar por que temos que fazer isso. Por que não basta dizer que o conceito de tempo designa aquilo que o relógio mede, o que quer que seja, e deixar por isso mesmo?

Essa foi mais ou menos a resposta de Einstein. Bergson, em seus comentários improvisados, se propusera a delinear a ideia de um tempo universal de duração e argumentara que a definição relativista de simultaneidade efetivamente implicava no conceito intuitivo de simultaneidade absoluta conforme proporcionada pela experiência da duração: "Absoluta no sentido de que não depende de nenhuma convenção matemática, ou de qualquer operação física tal como acertar um relógio."[11] Einstein escutou com atenção, mas sua réplica foi mera formalidade. Ele resumiu brevemente seu entendimento do que Bergson dissera e então declarou: "Não existe o tempo do filósofo; existe apenas um tempo psicológico diferente do tempo da física."[12] Por "tempo psicológico" Einstein quis se referir à percepção subjetiva da passagem do tempo, dependente de fatores individuais tais como a forma de nossos sistemas perceptuais responderem a estímulos sensoriais e às nossas emoções ou estado de espírito.

Bergson deve ter ficado decepcionado. Einstein não respondera diretamente; em vez disso, reafirmara que a experiência de duração é somente um fenômeno psicológico. A preocupação de Bergson era a temporalidade do tempo, a passagem do tempo. Einstein se recusou a encará-la como algo diferente de um mero fenômeno psicológico. Há eventos percebidos, que Einstein afirmou serem "construções mentais", e há os eventos objetivos da física, medidos por relógios.

Einstein não tinha abordado a fala de Bergson, muito menos seus argumentos. Bergson estava dizendo que não podemos dar sentido ao conceito de tempo do relógio sem nos referir a algo que não é a leitura de um relógio, como "o momento no qual nos encontramos, o evento que está ocorrendo", que conhecemos apenas como duração.[13] Esse é o momento em que qualquer relógio precisa ser lido, porque os relógios não leem a si próprios. Bergson está ressaltando que é preciso vivenciar o tempo como duração antes de poder abstrair o tempo como ponto medido na abstração de um diagrama espaço-tempo. Nossa experiência de tempo precede a matematização do tempo necessária para construir um relógio.

Alguns físicos e filósofos continuam a negar esse ponto, alegando que o observador na teoria da relatividade não precisa ser um ser vivo ou um objeto consciente, mas poderia "com a mesma probabilidade [...] ser uma placa fotográfica ou um relógio", ou um computador.[14] Contudo, esse é um erro grave, que exemplifica perfeitamente a amnésia da experiência no Ponto Cego. A natureza não produz dispositivos de medição exceto via seres humanos e suas intenções. A menos que sejam eles próprios registrados na experiência, os registros da placa fotográfica, do relógio ou do computador não têm significado científico. Não têm valor na oficina científica.

O argumento de Bergson era que apenas dentro da duração do momento presente — o agora experienciado — é que estabelecemos a simultaneidade entre um evento que percebemos e um relógio que consultamos. Nas suas palavras:

> A simultaneidade entre o evento e a leitura do relógio é dada pela percepção que os une em um ato indivisível. Em essência, consiste no fato — independente do acerto dos relógios — de que esse ato é *um* ou *dois* atos, dependendo da nossa vontade [isto é, podemos pegar nossa percepção momentânea abrangendo o evento e a leitura do relógio como um todo (portanto um); ou dividi-la entre o evento e a leitura do relógio (portanto dois), mas sem a unidade duracional da percepção ser dividida]. Se essa simultaneidade não existisse, os relógios não serviriam a nenhum propósito. Nós não os fabricaríamos, ou pelo menos ninguém os compraria. Pois só se compra um relógio no intuito de saber que horas são; e "saber que horas são" consiste em observar uma correspondência, não entre a leitura de um relógio e a leitura de outro relógio, mas entre a leitura de um relógio e o momento no qual nos encontramos, o evento que está ocorrendo, algo que, em última análise, não é a leitura de um relógio.[15]

É importante entender que Bergson não estava fazendo objeção à definição operacional de simultaneidade dada por Einstein — dois eventos são simultâneos em dado referencial se ocorrem ao mesmo tempo conforme medidos por relógios que tenham sido sincronizados usando sinais luminosos. Ele estava argumentando que o conceito intuitivo ou vivencial de simultaneidade, que se baseia na experiência de duração, jazia sob a definição operacional de Einstein. Estava chamando atenção para a amnésia da experiência no Ponto Cego.

Einstein, em seu famoso artigo de 1905, "Sobre a eletrodinâmica dos corpos em movimento", alegara ter definido operacionalmente *simultâneo, síncrono* e *tempo*, usando "certos experimentos físicos imaginários".[16] No fim da seção "Definição de simultaneidade", escreveu: "O 'tempo' de um evento é aquele dado simultaneamente com o evento por um relógio estacionário localizado no lugar do evento, sendo esse relógio síncrono, e de fato síncrono para todas as determinações de tempo, com um relógio estacionário especificado."[17] Essa definição usa simultaneidade local entre um evento local e um relógio local para definir simultaneidade de relógios a uma distância.[18] No entanto, a simultaneidade local depende da experiência direta de percepção. Por exemplo, um evento físico, tal como uma bola batendo no chão, é dito simultâneo com uma leitura de relógio local porque os dois fatos são percebidos como acontecendo ao mesmo tempo. Portanto, a percepção — a percepção direta do agora como dado na experiência de duração — está nas definições de Einstein. Assim, as definições não podem reivindicar completudes operacionais, no sentido de usar apenas procedimentos ou testes objetivos e não depender da experiência subjetiva para seu significado.

Bergson se ateve a esses pontos quando disse que a significação filosófica dos conceitos de Einstein ainda precisava ser determinada. Os conceitos de Einstein pretendiam ser inteiramente objetivos e operacionalmente definidos, mas nosso conceito intuitivo de simultaneidade, baseado na experiência de duração, se encontrava enterrado e esquecido neles. Logo, a amnésia da experiência no Ponto Cego aparece novamente.

Bergson não estava manifestando objeção à necessidade de abstrair distanciando-se da experiência de duração, que sempre abrange um intervalo de tempo, para conceituar um instante exato para os propósitos de definir precisamente simultaneidade na física. Estava objetando contra substituir sub-repticiamente a duração pelo instante e esquecer que o conceito do instante permanece em dívida com a experiência direta de duração para sua significação.

Einstein parece ter estado cônscio de algumas das questões levantadas ao apelar para a percepção de simultaneidade local. Numa nota de rodapé no seu artigo de 1905, ele escreveu: "Não discutiremos aqui a inexatidão que está à espreita no conceito de simultaneidade de dois eventos aproximadamente no mesmo lugar, que só pode ser removida por meio de uma abstração."[19] Essa inexatidão, no entanto, dizia respeito ao que contava como local *versus* distante. Não remediava a necessidade de se apoiar no conceito experimental de simultaneidade, como na experiência de duração, na intenção de abstrair um conceito de instante e construir uma definição precisa de simultaneidade para a física.

Para Einstein, o teste final era se sua teoria funcionava. Reconhecer a experiência de duração não o teria ajudado em sua teoria, então ele a considerou irrelevante e a ignorou. Não há nada de errado nisso. Seu erro foi pensar que suas definições eram mais fundamentais do que a experiência de tempo.

Bergson enfatizou esses pontos em seus comentários perante a Sociedade Filosófica de Paris. A inexatidão da distinção entre local e distante é o ponto nos seus dois exemplos: o primeiro, de "um super-humano com visão gigantesca [que] perceberia a simultaneidade de dois eventos extremamente afastados como 'vizinhos'"; o segundo, de "micróbios inteligentes", que achariam enorme a distância entre eventos vizinhos de Einstein, como um trem entrando na estação enquanto olha o relógio:

> Eles construiriam relógios microbianos que sincronizariam mediante uma troca de sinais ópticos. E quando chegasse alguém para lhes dizer que nosso olho observa pura e simplesmente uma simultaneidade entre o evento *E* e a leitura de relógio *H*, que são "vizinhos", eles responderiam: "Ah, não! Nós não admitimos isso. Somos mais einsteinianos que você, sr. Einstein. Só haverá simultaneidade entre o evento *E* e a leitura do seu relógio humano *H* se nossos relógios microbianos, colocados em *E* e *H*, marcarem a mesma hora; para um observador externo ao nosso sistema, essa simultaneidade será sucessão, que não terá nada de intuitiva ou absoluta.[20]

O argumento de Bergson tinha dois aspectos. Primeiro, o que conta como local *versus* distante é inexato e relativo, e depende do observador. Segundo, e mais importante, a habilidade de micróbios científicos para medir simultaneidade por meio da sincronização de relógios usando sinais luminosos pressuporia sua própria experiência de simultaneidade local em duração. A experiência de duração — o que, vale dizer, é a experiência em si — é impossível de ser eliminada e nem pode ser removida pelas definições operacionais de Einstein. Ao contrário, essas definições a pressupõem.

Bergson dificilmente estaria negando que as definições de Einstein eram significativas e cientificamente producentes. Não, seu argumento foi que continuava sendo significativo falar em simultaneidade como algo dado em duração, mesmo na ausência da possibilidade de medir duração, e que Einstein havia ido longe demais em reivindicar que dera uma definição objetiva, exaustiva, de tempo — o que é o tempo ou o que faz o tempo ser tempo. O tempo mensurável pressupõe duração, e a duração sempre escapa e excede a medição (pelas razões vistas no capítulo 3). Esse é o tempo do filósofo que Einstein se recusou a reconhecer. Para Einstein, a experiência de duração era apenas um fato psicológico contingente sobre como percebermos o tempo considerando nossos sentidos, não a fonte impossível de ser eliminada para a significância do conceito de tempo, inclusive em física. Nas palavras de Robert Durie: "Para Einstein, não existe o tempo do filósofo; mas, para Bergson, o tempo do físico não é tempo algum quando separado da duração."[21]

Longe de querer contestar a teoria da relatividade em bases científicas, Bergson desejava completá-la, mostrando como ela requeria o conceito de duração para sua fundamentação adequada na experiência. O que Bergson discerniu na teoria da relatividade foi a possibilidade, pela primeira vez na ciência moderna, de ter "uma teoria do tempo que, quando interpretada apropriadamente, revela a genuína relação entre duração e tempo mensurável".[22] Bergson viu que a revolução forjada por Einstein abria a perspectiva de mover a física para além do Ponto Cego. Uma análise filosófica cuidadosa da teoria da relatividade mostraria que o significado do tempo mensurável era inextricável da experiência imensurável de duração, que o tempo do relógio era inextricável do tempo vivido. Demonstrar isso foi a tarefa à qual Bergson se propôs em *Duração e simultaneidade*. Infelizmente, como resultado de alguns equívocos nas declarações de Bergson sobre a relatividade especial, essa mensagem ficou perdida no debate que se seguiu.

Quantas vezes

A principal preocupação de Bergson em *Duração e simultaneidade* era o aparente conflito entre a experiência imediata de duração e a pluralidade de tempos na teoria da relatividade especial. Um punhado de questões está emaranhado nesse "confronto" entre as teorias de Bergson e de Einstein, então precisamos desemaranhá-lo para dar sentido ao debate.

Bergson argumentara em *Tempo e livre-arbítrio* que existe um tempo universal de duração — uma duração única, totalmente abrangente, da qual toda consciência participa.[23] Não obstante, a alegação de que o tempo do relógio pressupõe o tempo vivido ou que o tempo mensurável é uma abstração derivada da duração não implica obviamente que o tempo vivido ou a duração seja singular, que não haja muitas durações. De fato, o próprio Bergson enfatizara em outros escritos que há uma multiplicidade de durações.[24] Whitehead também argumentara que "a mensurabilidade do tempo é derivada das propriedades das durações", mas que há "diferentes famílias de durações".[25] Se a duração é uma ou muitas, trata-se de uma questão distinta de o tempo do relógio pressupor ou não o tempo vivido. Voltaremos à questão sobre a duração ser uma ou muitas no final desta seção.

O que é importante agora é que Bergson buscou conciliar sua crença numa duração singular e universal com a pluralidade de tempos medidos e a dilatação do tempo implícita pela teoria da relatividade especial. A dilatação é a diferença no tempo que se passou conforme medido por dois relógios em virtude de suas velocidades relativas. O relógio mais rápido é o que está em repouso e o mais lento é o que está em movimento. No entanto, não existe estado de repouso absoluto na teoria da relatividade. Qualquer observador pode ver a si mesmo em repouso enquanto encara outros referenciais como estando em movimento. A dilatação do tempo sempre afeta o relógio do "outro" observador encarado como estando em movimento em relação àquele tomado como em repouso. Bergson raciocinou que, como não existe referencial absoluto e os referenciais são inerciais (não sofrem aceleração) na teoria da relatividade especial, as situações dos observadores são simétricas e intercambiáveis; portanto, a pluralidade de tempos deve ser encarada como matematicamente, e não fisicamente, real. E se os muitos tempos fossem encarados como estritamente matemáticos, então poderiam ser tornados consistentes com a existência de um tempo real de duração.[26] Foi aí que ele se equivocou.

Bergson focou no que era chamado de paradoxo dos gêmeos. Um dos gêmeos permanece na Terra enquanto seu irmão viaja para o espaço exterior num foguete perto da velocidade da luz, e então volta para a Terra na mesma velocidade. De acordo com a teoria da relatividade especial, quando ambos comparam seus relógios (construídos identicamente e sincronizados no começo da viagem), mais tempo se passou para o gêmeo que permaneceu na Terra, que parece estar biologicamente mais velho que seu irmão.[27] Bergson, contudo, refutou que esse seria o caso ou que essa seria a maneira correta de interpretar a teoria da relatividade especial. Ele argumentou que enquanto as situações dos gêmeos fossem estritamente idênticas e não houvesse aceleração (desse modo desprezando abstratamente a aceleração requerida para mudar de sentido e retornar à Terra), o relógio que retorna não mostraria maior lentidão na volta à Terra.[28] Em outras circunstâncias, nas quais as situações dos gêmeos fossem diferentes, haveria diferenças em seus tempos. Na opinião de Bergson, os tempos de relógio eram meras atribuições matemáticas, não fisicamente reais.

Aqui Bergson estava incorreto. A teoria da relatividade especial prediz que o relógio físico do gêmeo em viagem terá marcado menos tempo quando os irmãos compararem relógios, e que o gêmeo viajante terá envelhecido menos, como consequência da teoria postular que o espaço-tempo tem uma geometria de Minkowski, e não uma geometria galileana.[29] Além disso, agora a dilatação do tempo foi confirmada em experimento como fenômeno físico.[30]

Bergson argumentou duas coisas, uma incorreta e outra correta. A primeira, que a dilatação do tempo não é fisicamente real. Isso foi um erro. A segunda, que ninguém vivencia a dilatação do tempo de seu próprio referencial. A dilatação temporal existe apenas em relação a outro referencial e só pode ser vista de fora. Isso significa que a dilatação do tempo não é uma medida de tempo de alguém de dentro do seu próprio referencial. Um referencial não é domínio da experiência.[31] Em vez disso, é uma abstração e pode ser especificada somente em relação a outro referencial. Isso não foi um erro. Cada gêmeo vivencia apenas seu próprio tempo.

Bergson insistiu que o gêmeo viajante não experimentaria subjetivamente qualquer dilatação temporal, que ele não sentiria o tempo desacelerando. Para discernir a ocorrência da dilatação temporal, é preciso colocar-se fora do seu referencial e comparar as leituras dos relógios. Pode-se objetar que Bergson ignorou a dependência da experiência em relação à atividade cerebral, que também desacelera no gêmeo viajante em relação ao gêmeo que ficou em casa.[32] Portanto, o fluxo de consciência do viajante transcorre mais lentamente em relação ao seu irmão que permaneceu na Terra. Mesmo assim, isso não é perceptível subjetivamente para o viajante. O ritmo de passagem do tempo mais lento existe ou é o que é somente em relação ao outro referencial na Terra. Então não faz sentido dizer que o irmão "vivencia" um tempo diferente. Suas experiências de duração permanecem particulares para eles. Nas palavras de Bergson, um gêmeo que "vivencia um tempo diferente" é uma "aparição", uma "visão mental" ou uma "imagem", aparecendo da perspectiva do irmão gêmeo na Terra.[33] Nisso, Bergson estava correto. Seu equívoco foi inferir que a dilatação do tempo calculada de fora do referencial que a sofre não é real e que os dois gêmeos não podem realmente estar em dois tempos diferentes fisicamente medidos.

Ele achava que a medição de um intervalo não poderia mais se qualificar como medição de um intervalo de *tempo* se perdesse sua ligação com a duração. Era isso que ele achava que acontecia com os tempos diferentes da relatividade especial. Para Bergson, não havia duração na dilatação do tempo. A dilatação se manifesta somente como uma diferença entre leituras de relógio, ou uma diferença entre linhas do tempo (o trajeto único de um objeto, aproximado como um ponto, através do espaço-tempo) computadas pelo físico. Contudo, ninguém vivencia o ritmo diferente de passagem do tempo como tal. Isso não pode ser vivenciado diretamente porque a dilatação desaparece e reaparece no referencial original logo que a pessoa se transporta mentalmente para o referencial em que está ocorrendo a dilatação temporal. Nas palavras de Bergson: "Os tempos da relatividade especial são definidos de forma tal como sendo, todos, exceto um, tempos nos quais nós não existimos. Não podemos estar neles, porque trazemos conosco, aonde formos, um tempo que expulsa os outros, assim como a lanterna de um pedestre expulsa o nevoeiro e o faz recuar a cada passo."[34]

Mais uma vez, Bergson estava ao mesmo tempo certo e errado. Estava certo sobre a dilatação temporal ser computada a partir de fora do referencial, não vivenciada subjetivamente. Entretanto, estava errado sobre o "tempo próprio" — o tempo medido por um relógio acompanhando a linha de mundo dentro de um referencial — não poder se basear na duração própria daquele referencial. Ao contrário, o tempo próprio pode ser entendido como um tempo mensurável baseado na passagem local ou na duração. Assim, como diversos filósofos recentemente sugeriram, a ideia de Bergson de duração é inteiramente compatível com a teoria da relatividade especial, se entendermos duração como a passagem do tempo local ou próprio.[35] Mais ainda, quando o tempo próprio é entendido como uma abstração matemática baseada na experiência de duração, agora entendida como passagem local, torna-se possível conciliar a perspectiva da teoria da relatividade especial com a experiência de duração.

O físico David Mermin também aborda essencialmente esse ponto em uma discussão do tempo e o problema do agora a partir da perspectiva do QBismo (que discutimos no capítulo anterior):

> O problema do Agora surge da duradoura exclusão da física clássica da experiência do sujeito observador, junto com uma inapropriada identificação do formalismo da física com a realidade do mundo natural. Que exista tal coisa como o momento presente é uma parte real e inegável da experiência de cada um de nós. O fato de termos um formalismo útil que representa nossa experiência e parece não conter o Agora não significa que o Agora seja uma ilusão. Significa que não devemos identificar o formalismo com a experiência que esse formalismo foi construído para descrever.[36]

Voltemos, agora, à questão sobre se a duração é múltipla ou uma. A resposta é: ambas as coisas.

A duração é múltipla porque é sempre situada: a passagem do tempo sempre é dada a partir de alguma perspectiva experienciada no universo, nunca de fora dele. Cada linha de mundo reflete uma exclusiva passagem e possível experiência de duração. Melhor ainda, cada linha de mundo representa a destilação de um fluxo duracional exclusivo, já que uma linha de mundo é uma abstração matemática, uma "invariante estrutural", ao passo que a duração é concreta. Dado que não existe limite superior não arbitrário para o número de linhas de mundo e tempos próprios associados a elas, o universo está repleto de tempos e ritmos duracionais potenciais.[37]

O ponto determinante que merece ser enfatizado é que "não pode haver algo como uma visão aérea temporal do universo que desconsidere os ritmos discordantes de passagem constituídos pelas trajetórias disparatadas através do espaço-tempo".[38] Esse ponto refuta o objetivismo de um ponto cego — a premissa de que pode haver tal visão externa aérea (ou de um olho divino).

Contudo, a duração também é uma. Tempos mensuráveis e ritmos duracionais podem diferir, mas a passagem temporal em si é imensurável e resiste à análise e à explanação. O tempo medido sempre pressupõe o mesmo fato impossível de ser eliminado da duração ou da passagem temporal vivenciada. Em jargão filosófico, duração é um exemplo de "facticidade", algo que precisa ser aceito, mas para o qual não se pode dar nenhuma razão ou fundamento. Em termos budistas, a duração exemplifica "talidade", um caráter concreto de ser para o qual não se pode dar fundamento conceitual algum. Como disse Whitehead, a natureza, como término da consciência sensorial, é um processo, e "não pode haver explicação dessa caracterização da natureza", embora possamos identificá-la e descrever suas relações com outras características.[39] Toda medição de um intervalo temporal é uma medida do tempo que se passou, o tempo que se passou pressupõe duração, e não se pode reconstituir a duração a partir do tempo medido.

Em retrospecto, podemos ver que Bergson e Einstein não se entenderam e se expressaram mal em sua troca de ideias. Uma infelicidade.

Combinar as percepções de Bergson e Einstein pode nos ajudar a suplantar o Ponto Cego. Como argumentaremos agora, essa combinação é particularmente necessária no caso da concepção de ponto cego da teoria da relatividade como algo que sustenta a imagem de um "universo em bloco" no qual o tempo é uma ilusão.

Um universo em bloco atemporal?

Nas teorias da relatividade especial e geral, Einstein mostrou que o ritmo de fluir do tempo pode diferir de um observador para outro, dependendo do seu estado de movimento relativo em velocidades constantes (relatividade especial) e devido a diferenças em seu campo gravitacional local (relatividade geral). O tempo avança resolutamente para todo observador, ainda que mais devagar, relativamente, para aqueles que se movem em velocidades maiores ou em campos gravitacionais intensos. O tempo da relatividade permanece ordenado, pois causa precede efeito. Em Newton, as equações da relatividade permanecem ambíguas no que diz respeito a um sentido de direção único do tempo. Não distinguem passado de futuro. Quando passamos de Newton para Einstein, o tempo perde seu ritmo de fluxo absoluto mas mantém silêncio em relação ao que diferencia passado de futuro. A mecânica, relativista ou não, não tem memória. Entretanto, a duração, o tempo da experiência, inclui essencialmente a memória, como disse Bergson.

Muita confusão surge do fato de que as teorias da relatividade de Einstein podem ser formuladas num continuum espaço-tempo quadridimensional, em que o tempo parece adquirir um status igual ao do espaço. No entanto, tal equivalência não é bem o caso. A liberdade de movimento no espaço — podemos andar para qualquer lugar que desejarmos, norte ou sul, leste ou oeste, subir a montanha ou descer para o vale — não é refletida na dimensão tempo. Ali, ainda estamos restritos pela cadeia causal, onde os eventos se sucedem de forma ordenada. Pode-se parar de andar e ficar na mesma posição no espaço, mas não se pode parar de viver no tempo.

Matematicamente, e para uma geometria plana, a diferença entre espaço e tempo está encapsulada no espaço-tempo quadridimensional de Minkowski, cujo quadrado da distância invariante *ds* entre dois eventos no espaço-tempo é $(ds)^2 = -c^2(dt)^2 + (dX)^2$. Nessa equação, *c* é a velocidade da luz, *t* é o tempo e *X* é a posição num espaço tridimensional (as variantes *d* indicam que esses segmentos são minúsculos). A variável do tempo *t* aparece multiplicada pela velocidade da luz, uma vez que "*c* multiplicado por *t*" tem dimensões de espaço. A diferença de sinal entre o tempo espacializado e as três dimensões de espaço é crucial.[40]

No espaço de Minkowski, a distância *ds* entre dois eventos (ocorrendo em dois pontos no espaço e dois instantes no tempo) é a mesma para todos os referenciais inerciais. É isso que significa "distância invariante no espaço-tempo". A causalidade é implicitamente embutida nessa formulação, salvaguardada pela velocidade da luz, porque o quadrado da distância entre dois eventos não pode ser negativo. Matematicamente, $(ds)^2 \geq 0$. A menor distância possível, $(ds) = 0$ (nula, ou separação do cone de luz), acontece apenas em $dX/dt = c$, isto é, quando um "objeto" está se movendo na velocidade da luz. A teoria determina também que apenas "objetos" sem massa podem fazer isso. Qualquer outra velocidade, sendo menor que a velocidade da luz, tornará o quadrado da distância invariante $(ds)^2$ positivo. É assim que o ordenamento temporal é construído.[41]

O que parece arbitrário nessa estrutura é a definição do presente, ou do "agora". Pode-se escolher qualquer tempo para ser o agora, o momento em que o relógio começa seu tique-taque. Tanto a teoria especial da relatividade como a geral adicionam uma localidade a essa arbitrariedade que era estranha à visão de mundo newtoniana: a teoria especial, com a arbitrariedade dada pelos movimentos relativos de observadores se movendo com velocidades constantes; a teoria geral, com distorções locais do fluxo temporal em virtude de variações do campo gravitacional, isto é, fluxos temporais diferentes em regiões com diferentes concentrações de massa.

Essa aparente arbitrariedade do fluxo do tempo e do significado do agora tem inspirado alguns cientistas e filósofos a propor que não existe um agora em constante mudança. Em vez disso, toda mudança é ilusória.[42] Dessa maneira, eles usam ferramentas teóricas da teoria da relatividade de Einstein para fazer eco a filósofos pré-socráticos como Parmênides e Zenão. Atendendo pelo nome de eternalismo, a noção central diz que, exatamente como o diagrama que mostra o todo do espaço-tempo parece refletir uma realidade atemporal de existência, é a nossa estreita visão tridimensional da realidade que cria noções de passado e futuro. Na plenitude da glória das quatro dimensões, não existe fluxo do tempo. Tal visão tem sido frequentemente chamada de teoria do universo em bloco: todo o espaço-tempo é um bloco quadridimensional imutável.[43] Segundo essa teoria, toda a história cósmica e a totalidade do futuro constituem um único bloco no espaço quadridimensional, e a nossa experiência do fluxo temporal é ilusória. Nas palavras de Hermann Weyl, físico, matemático e filósofo: "O mundo objetivo simplesmente *é*, ele não *acontece*."[44]

A teoria do universo em bloco exemplifica o Ponto Cego. Como é possível formular coerentemente uma concepção da realidade contemporânea de todos os eventos contidos no universo em bloco sem adotar uma perspectiva impossível, como a perspectiva de um olho divino, externa à passagem da natureza e ao universo?[45] Além de ser objetivista, a teoria do universo em bloco bifurca a natureza em espaço-tempo objetivamente real e tempo psicológico ilusório, substituindo sub-repticiamente o tempo pelo espaço (a duração pelo tempo espacializado), e trata uma representação matemática abstrata como se fosse um ser concreto (a falácia da concretude deslocada). A teoria rouba da natureza a passagem e o tempo de duração. Ela reifica o espaço-tempo transformando o processo do devir em uma coisa. Nas palavras de Bergson:

"Adicionando uma dimensão [tempo] ao espaço no qual nós acontecemos de existir, podemos indubitavelmente imaginar um *processo* ou um *devir*, percebido no velho espaço, como uma *coisa* nesse novo espaço. Contudo, ao substituir o que percebemos como *sendo feito* pelo *completamente feito*, nós [...] eliminamos o devir inerente ao tempo."[46] A teoria do universo em bloco confunde uma imagem matemática com o que está sendo retratado; confunde o mapa com o território.[47]

O fluxo do tempo é palpável, mesmo que a teoria da relatividade nos mostre que o ritmo do nosso fluxo de tempo não é universal e sim local para nós como observadores. Assim, se nosso objetivo é oferecer um mapa da realidade, temos duas alternativas: oferecer um mapa que invoque uma abstração para descartar o fluxo do tempo ou oferecer um mapa no qual o fluxo do tempo seja parte inerente da nossa experiência e de uma natureza não bifurcada. Qual seria o propósito de um mapa que descarte o fluxo do tempo? Aonde ele nos levaria? Será que nos ajudaria a entender melhor o tempo ou nos conduziria a dilemas intratáveis?

Uma das lições da nossa discussão de Bergson e Einstein é que não pode haver uma visão aérea temporal do universo, uma visão que voe para fora e acima das disparatadas trajetórias através do espaço-tempo e dos diferentes ritmos de duração. A teoria do universo em bloco renuncia a essa percepção, empurra a física de volta para uma visão de mundo de um ponto cego e permanece encalhada com o intratável enigma de ser incapaz de explicar a temporalidade do tempo — a passagem do tempo, seu fluxo e sua irreversível direcionabilidade. Por esses motivos, a teoria do universo em bloco é essencialmente regressiva. Ela reinstala o Ponto Cego em vez de nos ajudar a ir além dele.

Costuma-se dizer que Einstein acreditava que o tempo é uma ilusão, com base num comentário críptico feito por ele numa carta por ocasião da morte de seu querido amigo, o engenheiro suíço-italiano Michele Angelo Besso. Em uma carta endereçada ao filho e à irmã de Besso, Einstein escreveu: "Agora ele partiu deste estranho mundo um pouco antes de mim. Isso não significa nada. Para nós, físicos crédulos, a distinção entre passado, presente e futuro é apenas uma obstinada ilusão."[48]

Contudo, esses comentários são ambíguos. Por um lado, Einstein não estava se dirigindo a físicos e filósofos.[49] A carta expressava seu pesar e desejo de consolar a família de Besso, e ele parecia estar pensando sobre sua própria morte que se aproximava (ele morreu um mês e três dias depois). Por outro lado, ofereceu conforto recorrendo à sua posição de cientista para opinar sobre questões metafísicas e espirituais. Como "físico crédulo", ele conhece a natureza verdadeira, oculta, do tempo, apesar do testemunho contrário da sua experiência. Devemos conceder a Einstein seu consolo, mas não devemos ignorar a difícil situação que enfrenta por tratar o tempo como uma ilusão.

Duração, passagem, fluxo do tempo: essas são coisas essenciais para a maneira como vivenciamos o mundo. A ciência seria impossível sem elas. Qualquer ciência que tente atribuir o fluxo do tempo a uma ilusão subjetiva induz a uma amnésia da experiência, elimina a base sobre a qual se assenta. Imaginar que podemos abstrair e nos afastar do fluxo do tempo para conseguir uma visão objetiva da realidade é substituir a passagem da natureza por um símbolo sem vida. Há uma importante diferença entre como podemos ser enganados pela experiência sensorial — que as teorias de Einstein tentam corrigir ao focar em invariantes observacionais — e descartar totalmente a experiência como irrelevante para a nossa descrição da realidade.

Portanto, a tarefa é reimaginar um mapa da realidade que inclua, implicitamente, um sentido de direção do tempo que abrace todas as escalas de comprimento, da atômica e molecular até a humana e a cósmica. De fato, como sugerimos na próxima seção, nossa própria experiência do tempo carrega dentro de si a história inteira do universo.

O surgimento do tempo cósmico

No capítulo 3, vimos que a termodinâmica atribui a seta do tempo à perda de informação que ocorre quando um número grande de moléculas interage mutuamente. Rastrear os detalhes de cada colisão requer uma precisão de descrição no espaço de fase que é inatingível, mesmo em princípio. Isso é crítico. Nenhuma medição pode ser tão precisa quanto se deseja. Essa limitação fundamental compromete a tarefa de mapeamento da realidade. Pequenos erros em medições se propagam, informação se perde e a reversibilidade é essencialmente impossível. Falando com franqueza, não podemos saber tudo, nem mesmo sobre sistemas relativamente simples. Esquecer essas limitações representa outro aspecto da amnésia da experiência no Ponto Cego, dessa vez da experiência científica e suas inerentes limitações.

Existe uma segunda complicação, igualmente fundamental, dos nossos esforços para mapear a realidade, uma complicação que não depende das nossas limitações de medição. Sistemas com um grande número de partículas são caóticos: perturbações mínimas, ainda que muito distantes, afetam o sistema de modo a tornar impossível predizer seu comportamento deterministicamente (o famoso efeito borboleta em previsões climáticas). Uma pulga saltando longe no universo levaria o caos a um gás de átomos depois de aproximadamente trinta e três colisões, em menos de um milionésimo de segundo. O minúsculo efeito levaria um longo tempo para alcançar o gás, mas uma vez alcançado, é rápido como um raio.[50] Temos, portanto, uma combinação de duas limitações fundamentais: caos — perturbações que levam a mudanças independentes de nós — e os limites físicos de precisão nas medições.

Ainda assim, alguém pode argumentar, não poderíamos ao menos imaginar um ser perfeito ou um dispositivo milagroso capaz de registrar a velocidade, a localização e o ângulo de colisão de cada molécula com precisão infinita? Tal ser seria uma síntese do demônio de Laplace, que conhece a localização e o momento linear precisos de toda partícula no universo, e dessa maneira seus valores passado e futuro para qualquer dado instante; e do demônio de Maxwell, capaz de seguir toda partícula em seu curso e intervir de modo a fazer decrescer a entropia. Esse ser não poderia perfeitamente reverter os movimentos e assim diminuir a entropia e alterar a seta do tempo? Para esse ser, o passado e o futuro seriam igualmente acessíveis e controláveis.

Esses feitos, contudo, permanecem impossíveis até mesmo para tal ser, a menos que sejam violadas três leis fundamentais da física.

Primeiro, o tal ser precisaria ser onipresente e onisciente — saber os detalhes de todas as medições individuais de posição e o momento linear instantaneamente através do espaço. No entanto, como isso poderia ser possível, considerando que cada medição é uma interação numa região do espaço em dado instante do tempo? Em outras palavras, a própria noção de causalidade e a finitude da velocidade da luz impedem que tais medições ocorram em qualquer sentido remotamente realista. O naturalismo se choca com o sobrenatural.

Em seguida, teria de ser capaz de medir as posições e velocidades de cada molécula e potencialmente interferir com suas trajetórias sem gerar entropia. No entanto, como isso poderia funcionar e trabalhar no sistema (manipular moléculas) sem produzir entropia? Isso violaria a segunda lei da termodinâmica.

Finalmente, existe uma incerteza quântica. Vale lembrar que o tratamento de Boltzmann e Gibbs da mecânica estatística requer a definição de espaço de fase, composto de pequenas células representando uma região do espaço (como um minúsculo cubo) e velocidades (mais precisamente, momentos lineares). Quando introduzimos esse conceito de espaço de fase nos capítulos 2 e 3, abordamos a granulação grossa ou o turvamento intrínseco à definição do tamanho de uma célula no espaço de fase. Qual é o tamanho mínimo que uma célula consegue ter? Classicamente, depende da precisão dos nossos aparelhos de medida. Argumentos como o que vimos anteriormente, invocando um ser mágico capaz de medir grandezas físicas com a máxima precisão desejada, de modo a espremer o tamanho de uma célula num espaço de fase do tamanho de um ponto, não passam de fabulação, um exercício teórico que tenta (e fracassa em) escapar do Ponto Cego. Por fim, à medida que o tamanho da célula encolhe, os limites da incerteza quântica proibindo medições de posição/momento linear com a máxima precisão desejada começarão a ter importância. O turvamento quântico é o limite final da granulação grossa.[51]

A granulação grossa, portanto, desempenha um duplo papel na nossa compreensão da realidade física. Existe um turvamento intrínseco ao próprio tecido do mundo, uma característica fundamental da realidade física no nível quântico; e há um turvamento que brota da maneira como interagimos com o mundo físico, mediante as limitações das nossas medições e da coleta e armazenamento de dados. Se aceitamos a relação entre a seta do tempo e a perda de informação, isso significa que a entropia em sistemas fechados cresce e o tempo tem um sentido de direção único do passado para o futuro.

Será que podemos elevar essa noção de colisões moleculares ou atômicas a escalas macroscópicas? Em outras palavras, é possível ampliar a irreversibilidade do tempo da escala molecular para a macroscópica? Afinal, o tempo flui em todo lugar rumo ao futuro, mesmo que em diferentes ritmos relativos, dependendo do campo gravitacional local ou do movimento relativo de observadores de objetos. O tempo é intrínseco a todas as criaturas vivas, de bactérias unicelulares a pinheiros milenares; estrelas nascem, evoluem e morrem; galáxias se afastam umas das outras à medida que o universo se expande. O tempo parece correr para a frente através de todas as escalas espaciais, desde o muito pequeno até o muito grande, do quântico ao cósmico.

Até onde podemos dizer, não há lugares no universo em que o tempo flua para trás. Isso tem sido verdade antes de os humanos começarem a fazer medições e pensar sobre o tempo. No entanto, devido ao nosso acoplamento com o mundo por meio da experiência, o que podemos dizer acerca do passado pré-humano depende da narrativa que construímos no presente, ancorada no que podemos medir da natureza. Nossa imagem do passado reside no presente, e a história que podemos contar sobre o passado é necessariamente incompleta. Ela continua restringida pelas limitações que mencionamos. Esquecer essas limitações enquanto extrapolamos da física moderna para o passado distante amplifica os erros e concepções errôneas de um ponto cego a respeito do tempo e das limitações da ciência, conforme veremos adiante. Se compreender o sentido de direção do tempo é desafiador, compreender a origem do tempo amplia ainda mais as dificuldades.[52]

Tomemos como ponto de partida uma pergunta. O que liga a seta do tempo através de todas as escalas físicas conhecidas, da subatômica à cosmológica? A ligação é a própria história do universo, como agora a relatamos, desde a bola de fogo primeva logo após o Big Bang, 13,8 bilhões de anos atrás, até o espaço em expansão que forjou átomos, estrelas, galáxias e a vida na Terra (e possivelmente em outros lugares). A descoberta de uma história cósmica, alinhada com a datação do nosso próprio planeta em mais ou menos um terço da idade do cosmo, representa uma profunda mudança na nossa perspectiva sobre o tempo. Durante milhares de anos, a regularidade dos movimentos celestes locais nos permitiu ordenar o fluxo do tempo em períodos de horas, dias e anos, escalas de tempo com as quais podemos nos relacionar e que não são tão diferentes do nosso tempo de vida. Contudo, as modernas técnicas de datação e desenvolvimentos em observação astronômica e espectroscopia em todas as janelas do espectro eletromagnético aumentaram agora o relógio cósmico para bilhões de anos. O velho cosmo do ser, um receptáculo estático para tudo que existe, transformou-se num universo do devir, pontuado por drásticas alterações na natureza das estruturas materiais, abrangendo desde partículas subatômicas a gigantescos aglomerados galácticos e além. Essas alterações nas propriedades da matéria determinam como o universo se expande e, desse modo, como o tempo cósmico flui. Os tipos de materiais que preenchem o universo determinam, por meio de sua interação gravitacional, a rapidez com que o universo se expande.[53] A maior descoberta da cosmologia moderna — a expansão do universo — redefiniu a nossa experiência de tempo, que agora pode ser vista como profundamente enredada com a história do próprio cosmo.

Tais afirmações sobre a taxa de expansão do universo são possíveis porque interagimos com a mudança que mensuramos. De fato, a própria ideia de tempo cósmico como medida para a evolução de um universo em expansão — o tempo como é medido por um relógio em repouso relativamente ao universo em expansão e zerado no instante do estado inicial do universo — é uma abstração. Ela não pode se tornar inteligível sem nos remeter, em última análise, à nossa experiência do tempo como duração, como nos mostraram Bergson e Whitehead. Como o mítico Ouroboros, a serpente que engole a própria cauda fechando-se num círculo, nossa experiência do tempo depende do fluxo do tempo cósmico que medimos por meio da nossa experiência do tempo. Não podemos nos desenredar da história cósmica porque ela é também a nossa história. Estamos no universo e o universo está em nós. Ficamos presos num loop estranho.

Enigmas cosmológicos

Quando Edwin Hubble descobriu, em 1929, que galáxias distantes estavam se afastando umas das outras com velocidades proporcionais a sua distância, o próprio universo ganhou uma plasticidade e uma história ao mesmo tempo. Doze anos antes, Einstein aplicou sua teoria da relatividade geral ao universo como um todo.[54] Seu cosmo imaginário era bem diferente do que Hubble viu com seu telescópio. Assumindo um universo tridimensional esférico sem fronteiras — como podemos visualizar em uma superfície bidimensional de uma bola — e um cosmo estático, Einstein resolveu as equações de sua teoria da relatividade geral para encontrar a geometria de um universo esférico autogravitacional, lançando a cosmologia relativista dos dias de hoje. Mas para a sua decepção, a solução que encontrou era instável contra colapsos. Como saída, Einstein acrescentou um termo extra, que veio a ser conhecido como a constante cosmológica, para equilibrar suas equações. Cinco anos depois, em 1922, o russo Aleksander Friedmann, um meteorologista que virou cosmólogo, mostrou que era possível remover a premissa de um cosmo estático para obter soluções que variavam com o tempo e descreviam ou um universo em perene expansão, ou um universo que chegaria a um tamanho máximo e então colapsaria sobre si mesmo, estabelecendo o ciclo de um Big Bang para um "Big Crunch" (um "grande esmagamento").

Passando para a cosmologia moderna, sabemos agora que o universo vem se expandindo desde sua infância, 13,8 bilhões de anos atrás. Não temos os detalhes do que realmente aconteceu perto do começo, e abundam especulações. Por exemplo, na relatividade clássica, existe uma inevitável singularidade quando se chega de volta ao começo, $t = 0$, dado que grandezas físicas tais como densidade de energia e temperatura divergem para o infinito à medida que a distância entre objetos tende a zero. Para evitar isso, os efeitos quânticos são convocados para mudar a narrativa à medida que nos aproximamos da singularidade. Se — potencialmente — a própria estrutura do espaço-tempo flutuasse, a singularidade seria literalmente borrada e apagada.

No entanto, é essencial lembrar que não sabemos — nem temos qualquer indício a partir de observações — se flutuações quânticas extrapoladas para o espaço-tempo são um passo válido. Tais flutuações são de fato determinantes para nossa presente compreensão de campos quânticos como atores fundamentais da realidade material (os blocos construtivos do universo, como alguns gostam de chamá-los). Esses atores são as doze partículas fundamentais do Modelo Padrão da física de partículas (seis léptons e seis quarks), do bóson de Higgs e das partículas que carregam as três forças conhecidas da natureza (eletromagnetismo e as forças nucleares forte e fraca). A gravidade, desprezível nas distâncias subatômicas descritas pelo Modelo Padrão, é adicionada como a quarta força, com a premissa implícita de que, da mesma forma que as outras três, também seja quantificável e que a partícula que a transporta, o gráviton, seja uma partícula sem massa. Isso é plausível, mas com certeza não um fato conhecido. É plausível porque a gravidade, como as outras três forças conhecidas, é descrita por uma teoria de campo. Se a gravidade é um campo, por que não quantizá-la?

Essa premissa, embora plausível, é problemática. Quantizar a gravidade não é algo direto, porque a gravidade é inerentemente diferente de outros campos de radiação e matéria. Esses outros campos são definidos como tendo valores no espaço-tempo, ou seja, em cada ponto no espaço e no tempo. Quando tais campos são quantizados, espaço e tempo permanecem puntiformes. Qual seria, porém, o aspecto de uma teoria quântica do campo eletromagnético e dos campos nucleares forte e fraco num espaço-tempo quantizado? Ninguém sabe, e as opiniões divergem.

Nossas atuais teorias de campo são descrições efetivas de granulação grossa de como as partículas interagem no espaço-tempo, e são espetacularmente úteis para descrever os resultados dos experimentos que agora somos capazes de executar. O problema é que tal evidência experimental vale em energias quinze ordens de grandeza menores do que as próximas ao Big Bang. Claramente, qualquer extrapolação da física corrente nesse valor deve ser tomada com enorme cautela. Entretanto, frequentemente não é. Praticantes da física pegam aquilo que sabemos nas nossas atuais energias dos aceleradores e tacitamente assumem que a realidade será de natureza similar num ambiente completamente distinto, um ambiente sobre o qual não temos informação alguma. Mediante a substituição sub-reptícia, esquecem que campos são apenas modelos do mundo, não o mundo em si. Teorias de campo são mapas, não o território. Mapas podem ser efetivos somente quando desenhados com base nas partes conhecidas do território. Partes desconhecidas não são mapeáveis, daí a expressão "Aqui há monstros" para regiões desconhecidas nos velhos mapas medievais.

O esquecimento dessas advertências de cautela conduz a um pensamento do tipo ponto cego, levando em particular para um objetivismo injustificado. Como teorias de campo são efetivas nas energias que podemos testar, parece natural extrapolá-las para energias muito mais altas, das quais não temos dados. O que mais seria possível fazer para avançar o conhecimento científico? Contudo, é perigoso esquecer como essas extrapolações amplificam as limitações que já são problemáticas em teorias efetivas atuais. Considerando que aquilo que podemos dizer sobre a realidade física é, em última análise, irredutivelmente baseado na experiência, toda extrapolação entrando em territórios sem dados precisa ser criticamente examinada. Se não houver testes empíricos para validar as hipóteses, tudo que nos resta é esperar sua compatibilidade com as partes do universo que podemos testar em energias muito mais baixas. Logo, é arrogância considerar tais teorias como finais em algum sentido genuíno, mesmo que isso seja feito com frequência. Declarar que temos, ou que estamos perto de ter, uma compreensão final do mundo subatômico e da natureza quântica do espaço-tempo é má ciência e má filosofia. Esse modo de pensar ilustra quão perdida pode ficar a busca por ordem na natureza uma vez que o objetivismo do ponto cego toma conta.

Na prática, aplicar ao campo gravitacional a mesma receita usada para quantizar os três campos de força conduz a severos becos técnicos sem saída. Tentativas de ultrapassá-los — em particular, candidatas atuais para uma teoria quântica da gravidade, tais como a gravidade quântica em loops e as supercordas — não têm se mostrado convincentes, apesar de sua bela estrutura formal e mais de cinco décadas de diligentes esforços empreendidos por milhares de físicos talentosos. Em particular, a falta de detecção de qualquer indício de supersimetria, um ingrediente essencial da teoria das supercordas, tem deixado em solo instável a sua candidatura a uma teoria unificada fundamental da realidade.[55]

É claro que o fracasso não deve ser um empecilho para futuros esforços. Só o encontramos quando procuramos. No entanto, é precisamente nessas situações em que é tentador extrapolar que devemos proceder com pleno reconhecimento do Ponto Cego. Há limitações fundamentais para até onde nossas teorias podem chegar quando tentamos descrever a realidade. Como argumentamos, qualquer teoria muito além da realidade percebida e mensurada que proponha uma visão da estrutura do espaço e do tempo segundo o ponto vista de Deus, a partir de lugar nenhum e de tempo nenhum, radicalmente alheia a como nos encontramos no mundo, acabará sendo como a caça a um fantasma. Existe um limite para até onde podemos ir sem dados e sem um guia. Tal extrapolação, acrescida a uma expectativa de finalidade explanatória, estabelece de antemão uma concepção objetivista da realidade separada do ato de conhecer. Isso é um erro. A ciência é baseada naquilo que percebemos do mundo, então a atenção ao ato de conhecer e suas limitações deve temperar qualquer concepção da realidade. Décadas atrás, Isaiah Berlin nomeou a insistência na verdade de uma explicação final de "Falácia Jônica", referindo-se à antiga tradição jônica da filosofia natural, que começou com Tales, que dizia que tudo é água (ver capítulo 2).[56] Talvez a gravidade seja simplesmente diferente das outras forças e não possa ser consistentemente formulada em distâncias muito curtas. Muitos na comunidade da física estão começando a pensar que talvez seja esse o caso.[57]

Agilizando as coisas

Então, o que podemos dizer com confiança sobre a história do universo? Na realidade, muita coisa. Felizmente, para construir uma narrativa do tempo em escala cósmica, não precisamos de todos os detalhes do que acontece no Big Bang, ou muito perto dele. O que precisamos saber é que o universo tem uma história que, como qualquer outra, se desenrola no tempo, afetando direta ou indiretamente todas as escalas físicas. Toda estrutura material existente, de núcleos atômicos a aglomerados de galáxias, de estrelas e planetas a criaturas vivas, surge e é sustentada por uma troca termodinâmica de energia livre disponível que é transformada em entropia. Para que existam estruturas ordenadas, a energia livre precisa estar disponível de modo que o trabalho possa ser realizado, levando inevitavelmente a um crescimento da entropia, conforme dita a segunda lei da termodinâmica. O que isso significa é que a entropia do universo no passado distante precisava ser menor do que a entropia agora. De outra forma, nenhuma estrutura tal como estrelas poderia ter se formado e, consequentemente, nenhum planeta rico em água ou criaturas vivas. Um universo de alta entropia teria estado preenchido por uma radiação gasosa informe e quase nada mais. Podemos até dizer que a vida é o que eventualmente ocorre num universo velho, rico em hidrogênio, que começa num estado de baixa entropia. Pelo menos, essa é a nossa história.

Experimentos atuais no Centro Europeu de Física Nuclear (CERN) estão sondando a física em um trilionésimo de segundo após o Big Bang. Nesse momento da história cósmica, o universo estava preenchido em sua maior parte com algo que se aproxima bastante de um fluido de radiação, composto de partículas sem massa (como fótons e, potencialmente, grávitons) e partículas elementares efetivamente sem massa (como neutrinos e muitos outros).[58] Esse fluido primordial ainda não exibia concentrações de massa como estrelas ou galáxias.[59]

Até onde precisaremos recuar rumo a esse passado de baixa entropia depende simultaneamente da nossa crescente compreensão dos processos físicos que aconteceram muito cedo durante a infância cósmica e da nossa tolerância para a física teórica especulativa. Para propósitos práticos, não precisamos ir longe demais no passado. Em vez disso, podemos explorar dois eventos cruciais na história cósmica.

O primeiro grande evento cósmico ocorreu cerca de 50 mil anos após o Big Bang, quando o universo passou pela transição de ser dominado por radiação para ser dominado por matéria. Em outras palavras, as partículas massivas que existiam venceram a radiação sem massa (como fótons e neutrinos) para determinar a rapidez com que o universo se expandiria.[60] Se, naquela época, a matéria escura — partículas desconhecidas que contribuem para a composição do universo — se movesse com velocidades bem abaixo da velocidade da luz (a chamada matéria escura fria), a atração gravitacional teria levado principalmente nuvens ricas em matéria escura a começar a se aglutinar. Esses caroços aglutinados foram as sementes do que viriam a ser estrelas, galáxias e aglomerados de galáxias centenas de milhões de anos mais tarde. Pense numa porção de crianças escorregando para dentro de um enorme buraco: os bocados de matéria escura produzem buracos gravitacionais, e a matéria comum escorrega para dentro deles. A aglomeração gravitacional é um processo lento que usa a energia potencial para espremer a matéria em volumes menores. Quanto mais espremidas, mais depressa essas partículas e outros objetos se movem, causando um aumento na entropia.

O segundo grande evento cósmico ocorreu cerca de 400 mil anos após o Big Bang, quando fótons se desacoplaram de elétrons e prótons para se tornar o que hoje é a radiação de fundo de micro-ondas. Os prótons e elétrons se juntaram para formar os primeiros átomos de hidrogênio — matéria como a conhecemos. Esses átomos lentamente flutuaram em direção a poços gravitacionais escavados pelos caroços de matéria escura e começaram a ser espremidos. Como em sua maioria agora os fótons haviam se desacoplado da matéria, quase não havia opressão de radiação para se contrapor ao processo gravitacional de espremer.[61] Cerca de 200 milhões de anos após o Big Bang, nasceram as primeiras estrelas.

O resto é história, ainda que complicada e dramática. O tempo todo, a energia livre é puxada por si mesma para se transformar em estruturas materiais progressivamente mais complexas, à medida que a entropia aumenta aos trancos e barrancos. Surgem sistemas planetários e a química explode em incontáveis possibilidades até que, em pelo menos um mundo e potencialmente outros mais, junções moleculares capazes de autoprodução e iniciativa metabolizam energia e se reproduzem ao mesmo tempo que aumentam a entropia ao seu redor (ver capítulo 6). Algumas dessas junções moleculares, podemos supor, evoluem até serem capazes de pensar e fazer perguntas sobre suas origens, tendo sua curiosidade guiada por uma aguda consciência da passagem do tempo dada na experiência de duração.

Primórdios confusos

Para que a narrativa que descrevemos funcione, é necessário dar um passo crucial. Devemos assumir que o universo começou em um estado de baixa entropia no passado remoto, encapsulado num fluido de radiação uniforme. A radiação apresenta entropia mais baixa do que matéria aglutinada, especialmente buracos negros. Contudo, será que tal pressuposição é razoável? Claramente, se considerarmos muitos inícios possíveis para o universo, exemplos com entropia mais elevada são muito mais comuns. Uma condição inicial de baixa entropia é um evento raro, mas necessário para que nossa atual narrativa faça sentido.

Essa necessidade de um estado inicial de baixa entropia vem sendo chamada de "hipótese do passado".[62] Foram muitas as tentativas de abordar o assunto em modelos teóricos. Uma rota tem conectado o início do tempo com uma fase antes do Big Bang em que o tempo corria para trás, uma espécie de universo espelhado.[63] Outra possibilidade é considerar que as leis da física possam ter variado desde muito cedo, antes de o universo entrar no seu curso atual.[64] Pesquisadores também têm considerado que o universo passa por uma sucessão de fases de expansão e contração, atingindo o estado de uma espécie de "rebote" que nunca espreme o espaço até um tamanho problematicamente pequeno.[65]

Até hoje, nenhum desses modelos foi amplamente aceito pela comunidade científica como solução para o problema da baixa entropia. Da perspectiva da nossa crítica do Ponto Cego, podemos ver por quê. As três tentativas aqui listadas extrapolam a física corrente para o início do tempo em si. Outros modelos fazem o mesmo, ainda que não possamos confiar em qualquer extrapolação atual que vá até os tempos primordiais, considerando que não temos informação empírica suficiente para fundamentar nossas especulações. É claro que entendemos que o ponto da especulação é forçar os limites do conhecimento atual para situações em que ele possa ou não ser válido, de modo a obter algum nível de compreensão de hipóteses viáveis. Especular é preciso.

Mesmo assim, propor modelos do início cósmico pressupõe implicitamente que a matematização do tempo como variável contínua (ou discreta) terá utilidade à medida que chegarmos perto de $t = 0$ ou bem perto disso. Os modeladores assumem que as mesmas leis físicas que se aplicam no limite dos nossos experimentos atuais em altas energias se aplicam à medida que recuamos para cada vez mais perto do início do tempo, onde energias são milhares de trilhões de vezes mais altas. Ironicamente, cenários atuais para abordar o mistério da seta do tempo às vezes usam nossa ignorância da natureza do tempo perante a singularidade cósmica para propor soluções para o problema do tempo: o Ponto Cego torna-se um princípio orientador para traçar novas ideias que levam, como se poderia esperar, a becos sem saída.

O multiverso (um hipotético grupo de universos múltiplos ou paralelos) é um exemplo. Há essencialmente duas maneiras diferentes de pensar sobre o multiverso em cosmologia: uma a partir dos modelos chamados inflacionários, outra a partir da teoria das supercordas.

No caso da inflação, assume-se que o universo primordial estava preenchido por um campo escalar determinado pela taxa de expansão cósmica. "Inflação" refere-se a um breve período de expansão exponencialmente rápida onde o campo escalar, muitas vezes chamado de inflação, é deslocado do seu mínimo de energia. Esse excesso de energia se traduz numa efetiva pressão negativa que guia a expansão exponencial. Os detalhes não são importantes aqui. O multiverso emerge desse quadro quando se adicionam efeitos quânticos à dinâmica da inflação.

Imagine o campo rolando para baixo na sua curva de energia como uma criança num escorregador. Contudo, como esse é um campo no universo primordial, flutuações quânticas são importantes e podem jogar o campo ainda mais para baixo ou mais para cima na curva de energia. Quanto mais energia o campo tem, mais depressa o universo se expande. Como resultado, em diferentes regiões do universo, esse campo estará fazendo coisas diferentes. Em algumas regiões, será jogado para baixo, enquanto em outras será jogado para cima. O resultado líquido é uma proliferação de regiões cósmicas, cada uma se expandindo numa taxa diferente, cada uma gerando um tipo diferente de universo. A soma total dessas regiões, em número cada vez maior, é o multiverso em cosmologia inflacionária. Nós supostamente habitamos um deles, para sempre separados dos nossos cosmoides vizinhos.

Na teoria das supercordas, o multiverso emerge da consideração de que essas teorias são formuladas em espaços com seis dimensões espaciais adicionais. Essas dimensões estão enroladas num espaço minúsculo, com complicada geometria. A teoria efetiva diz que aquilo que "vemos" nas nossas três dimensões espaciais habituais é diretamente determinado pelos detalhes da geometria dessas dimensões adicionais. Uma geometria diferente "ali" significa um tipo diferente de física aqui. O multiverso das cordas surge como uma forma de paisagem de geometrias possíveis. Cada universo se origina de um espaço extradimensional com sua própria geometria particular. Acontece que essa geometria também determina os valores dos parâmetros físicos no nosso universo, tais como a massa do elétron ou os quarks, seus spins, e assim por diante. Dessa forma, cada universo na paisagem terá um tipo de física diferente. No nosso acontece de existirem valores maduros para um universo de vida longa, cheio de estrelas, e, pelo menos aqui, neste planeta, vida. Os proponentes desse tipo de multiverso alegam que ele responde a uma pergunta fundamental sobre o nosso universo: Por que ele é "sintonizado" para a vida? Não é bem isso, dizem eles; é que simplesmente "ganhamos" na loteria cósmica.

Consideremos esses dois multiversos sob a lente da nossa crítica do Ponto Cego. O multiverso inflacionário se baseia numa série maciça de extrapolações: que existia um campo escalar em tempos muito precoces; que era modelado com um perfil de energia de um tipo específico; que era satisfeita a condição de baixa entropia; e que os efeitos quânticos de fato fizeram o que o modelo alega que são capazes de fazer. Embora convincente, nenhuma dessas premissas se apoia em qualquer base empírica firme. São extrapolações das condições conhecidas em experimentos atuais, removidas para bem longe da fornalha de um universo a 10^{36} segundos após o Big Bang. Variações desse cenário simples requerem extrapolações similares. Obviamente, não é errado extrapolar, conforme ressaltamos antes. É errado, porém, construir narrativas explanatórias grandiosas com um nível surpreendente de confiança baseado nessas extrapolações. Isso é objetivismo e substituição sub-reptícia em ação. O fato de o modelo adquirir certo nível de consistência com observações correntes (o assim chamado modelo Lambda-CDM) está a uma enorme distância de sua validação. Consistência é o mínimo que se pode esperar de uma extrapolação; não é prova de que a extrapolação seja válida como modelo de realidade física.

O multiverso das cordas é ainda mais drástico. Nele, não só temos a extrapolação de campos com comportamentos que nos são familiares a partir de condições que prevalecem muito mais tarde, mas também as seguintes premissas adicionais: (1) o espaço tem seis dimensões extras; (2) a supersimetria, uma hipotética nova simetria da natureza que dobra o número de partículas, é válida; (3) o substrato ontológico da realidade física não são partículas nem campos, mas cordas vibrando; (4) as muitas topologias do espaço com seis dimensões extras de fato se correlacionam com diferentes tipos de universo na paisagem, sendo o nosso um deles; e (5) existem apenas quatro forças fundamentais da natureza e nesse cenário elas podem ser unificadas numa única força.

O multiverso das cordas combina diversas ideias enganosas de um ponto cego, em especial a falácia da concretude deslocada — a falácia de confundir um edifício teórico, matemático, altamente especulativo e abstrato, com a natureza em si. O multiverso das cordas é herdeiro direto do platonismo na física moderna. Sintetiza a crença — pois se trata de uma crença — de que a matemática é uma representação precisa dos segredos de uma descrição "monoteogeométrica" da realidade física: a simetria é entendida como beleza, que nesse sentido matemático é o caminho para a verdade. A teoria das cordas também sintetiza a espiral de abstração que caracterizou a mecânica clássica à medida que ela foi passando de Newton para Hamilton e Poincaré, mas com a diferença crítica e fundamental de que sua realidade postulada está muito distante da validação empírica. A teoria das cordas é o ápice do Ponto Cego na física moderna, uma ilustração da confusão entre abstração matemática e natureza, contra a qual Whitehead nos advertiu.

No futuro, provavelmente obteremos mais informação empírica sobre o passado distante do universo, os fósseis da cosmologia. Esses dados com certeza nos ajudarão a fundamentar nossos modelos que tentam construir uma narrativa das condições físicas perto do início. Não obstante, não podemos realisticamente esperar ter uma ponte ligando nossa experiência de tempo, o ingrediente essencial em qualquer medição do tempo, às condições iniciais que puseram o universo em seu curso. Tal ponte precisaria nos levar para fora do reino do tempo e espaço, para fora do universo e para além da ciência que conhecemos, dando-nos uma perspectiva quase divina, que já vimos ser uma ficção.

Concluímos este capítulo com algumas considerações sobre a questão do início do tempo. Culturas ao longo de todo o globo têm sido fascinadas com a origem de todas as coisas e criado narrativas míticas que tentam dar sentido àquelas perguntas que talvez sejam as mais difíceis de serem feitas: Como o universo começou? Qual é a origem do tempo? Por que existe algo em vez de nada? Mitos da criação são uma ponte do incognoscível para o cognoscível. Muitos deles ligam a ideia da causa que deu início a todas as causas a uma intervenção sobrenatural. Postulam uma causa primeira na forma de um Deus ou divindade. Outras tradições veem o universo como não tendo tido um início. Vemos uma divergência semelhante em filosofias sistemáticas posteriores. Desse modo, enquanto Aristóteles introduziu seu motor imóvel eterno como a causa primeira do sistema causal único do universo, filósofos budistas indianos medievais, tais como Dharmakīrti e Ratnakīrti, argumentaram que a simples ideia de algo ser eterno e ao mesmo tempo ser capaz de atuar como causa, ou mais genericamente a ideia de uma causa primeira que não era em si efeito de alguma outra coisa, é contraditória.[66]

A ciência, é claro, não pode usar a intervenção sobrenatural nem argumentos a priori em relação à necessidade de uma causa primeira; então o problema da causa primeira esbarra contra uma parede resistente. Ainda assim, alguns cientistas vêm alegando ter resolvido o problema da causa primeira ao adicionar efeitos quânticos ao espaço-tempo clássico numa "cosmologia quântica". Esses modelos são elegantes e cativantes, mas não têm poder explanatório. São todos consequência do Ponto Cego, de elevar muitas premissas físicas de trabalho ao nível de axiomas, e criar mapas fabulistas que são mais como dispositivos interpretativos úteis do que mapas genuínos da realidade. Muitos conceitos são necessários para criar tais modelos de cosmologia quântica — campos, energia, espaço-tempo, leis de conservação, hamiltonianas, minissuperespaço, equações de Wheeler-DeWitt — e nenhum deles é justificado a priori. Modelos são mapas, e mapas funcionam bem somente quando os cartógrafos conhecem o terreno que estão mapeando. Os modelos de cosmologia quântica vivem nas regiões dos mapas que dizem "Aqui há monstros". Podemos aceitar que são fabulações ou, alternativamente, aceitar que certas questões transgridem as fronteiras da ciência. Quem decretou que a ciência precisa ser capaz de responder a todas as perguntas sobre a realidade? Se o que podemos dizer do mundo depende da nossa experiência do mundo, descrever o que está além de qualquer possibilidade de confirmação vivencial pertence ao reino dos deuses, não das pessoas.

III

VIDA E MENTE

6

Vida

Vida no Ponto Cego

A vida é uma surpresa, pelo menos da perspectiva da física e da química. Se um sistema avançado de IA recebesse todas as leis da mecânica, todas as equações do eletromagnetismo e todas as tabelas para todas as cadeias de reações químicas possíveis, ainda assim não fica claro se essa IA acabaria tropeçando nos tipos de sistemas que chamamos de "vivos". Pior ainda, se lhe fossem apresentados os tais sistemas, não fica claro sequer se ela os reconheceria como vivos. Conhecendo apenas as leis da física e da química, ela poderia ser simplesmente incapaz de reconhecer que os sistemas vivos — o reino da biótica — são diferentes dos sistemas não vivos — o reino da abiótica.

Nosso sistema imaginário de IA não é vivo. É uma inteligência puramente computacional, sem corpo vivo e sem metabolismo e, portanto, sem necessidade de se manter e se renovar constantemente. Seu conhecimento é limitado por ele ter certo tipo de modelo de mundo — o que os pesquisadores de IA chamam de "ontologia cognitiva", uma especificação dos tipos de coisas que existem no mundo e as relações entre elas.

Física e química exaurem sua ontologia. Como um sistema de IA como esse, incorpóreo e sem vida, seria capaz de reconhecer vida? Como seria capaz de dizer quais fenômenos são seres vivos? Como seria capaz de saber que a função do coração é bombear sangue e não produzir sons, uma vez que ambos são efeitos igualmente físicos? Como seria capaz de saber a diferença entre um processo saudável e um patológico, uma vez que as leis da física e da química não os diferenciam? Como escreve o filósofo e médico francês Georges Canguilhem: "Ao mesmo tempo que pessoas consideradas verdadeiros monstros ainda são seres vivos, não há distinção entre normal e patológico em física e mecânica. A distinção entre o normal e o patológico vale apenas para seres vivos."[1] Em suma, como o nosso sistema de IA, confinado a uma representação fisioquímica do mundo e carecendo do conceito de ser vivo, sem mencionar a experiência de estar vivo, seria capaz de focar organismos, ainda mais distinguir função e efeito colateral ou saúde e doença?

Porém *nós* sabemos que a vida existe. Experienciamos nossos corpos vivos a partir de dentro e reconhecemos outros corpos como vivos. Essa experiência acontece muito antes de aprendermos biologia e é uma condição de possibilidade para a biologia, mesmo que seja enriquecida e revista por ela. Certamente expandimos bastante nossa percepção e compreensão do mundo vivo graças à biologia, às ferramentas e aos métodos da oficina científica. Ainda assim, só a vida pode reconhecer vida, como escreve o filósofo Hans Jonas.[2] O biólogo pode validar nossa experiência de vida após o fato, e pode aprofundá-la e corrigi-la, mas não pode renegá-la. Isso é verdadeiro não só na prática, mas também em princípio: como Jonas argumenta, um deus matemático físico-químico, incorpóreo, seria incapaz de delimitar seres vivos no fluxo fisioquímico.[3] Ele perceberia somente o fluxo de átomos e moléculas, mas não a individualidade do organismo e como a organização do organismo canaliza o fluxo molecular. Sem a experiência da corporeidade e o conceito sui generis de vida, tal deus não teria como reconhecer a forma ou o padrão que demarca um organismo como um indivíduo persistente no incessante rodízio de moléculas, átomos e partículas elementares.

Esse loop estranho — que é preciso de vida para reconhecer vida — é o que o Ponto Cego esconde quando chega à biologia. Assim como a ciência da termodinâmica pressupõe nossa experiência corporal de calor, também a ciência da biologia pressupõe nossa experiência da vida. Nossa experiência perceptiva, não uma análise fisioquímica ou funcional, é o que nos possibilita, em primeira instância, discernir movimentos físicos como comportamentos — como o nadar em peixes e bactérias, voar em pássaros ou insetos, ou crescer em plantas — mesmo que nossa percepção às vezes se engane em atribuir vida a artefatos não vivos. A biologia pressupõe a própria experiência da vida. A amnésia dessa experiência define a concepção do Ponto Cego na biologia.

Neste capítulo, sairemos da física da matéria e do tempo para adentrar a biologia da vida. A ciência tem feito um progresso extraordinário em compreender a base molecular da vida por meio das descobertas do DNA, do RNA e da síntese de proteínas. Grande parte desse progresso tem se baseado em aplicar o método da microrredução (analisar o todo quanto às propriedades das suas partes). Como resultado, a perspectiva do Ponto Cego sobre a vida se apoia fortemente na metafísica do reducionismo (a ideia de que as propriedades de sistemas complexos são determinadas exclusivamente pelas propriedades de suas partes). Para a metafísica reducionista, a vida nada mais é do que maquinário molecular. Essa maneira de pensar é um caso de substituição sub-reptícia ou substituir um método às vezes útil por metafísica.

A metafísica da vida como máquina, porém, é profundamente falha. A metáfora da máquina funciona somente para partes abstraídas de seu contexto, mas não para todos inteiros que se autoproduzem e se autossustentam. Organismos, como sistemas inteiros organizados, produzem a si próprios, reparam a si próprios e geralmente mantêm a si próprios. "Autonomia biológica" é o nome para esse tipo de organização sistêmica.[4] Autoindividuação, iniciativa e autonomia dependente — "liberdade na necessidade" ou liberdade dialética, nas palavras de Jonas — fazem da vida algo diferente de qualquer outra coisa na natureza ou de qualquer coisa que fabriquemos. A metafísica da vida como máquina não captura esse modo único de ser e a maneira de se organizar, fracassando, portanto, na sua tarefa explanatória.

Além do reducionismo, outras marcas características do Ponto Cego, particularmente fisicalismo e epifenomenalismo, aparecem em tratamentos mecanicistas da vida. Na sua raiz encontra-se a bifurcação da natureza, que exige que os traços mais salientes da vida, tais como autonomia e iniciativa, sejam separados como epifenômenos dos processos moleculares mais fundamentais. Partes estreitamente definidas, tais como genes abstraídos do contexto do desenvolvimento do organismo e seu ambiente, são elevadas ao posto de essência da vida. Tais partes substituem sub-repticiamente o todo, o organismo autoprodutor e construtor do mundo, deixando-o escondido e inexplicado.

Nosso foco será em como os avanços em biologia exigem que suplantemos a concepção de vida do Ponto Cego como máquina molecular por uma perspectiva de vida que enfatize a autonomia biológica e o devir histórico com final aberto.

Incêndios, furacões e estrelas

A despeito dos espetaculares avanços em bioquímica e genética, ainda não existe consenso sobre como definir vida ou sobre como exatamente caracterizar a diferença entre seres vivos e sistemas físicos não vivos. Consideremos três sistemas físicos diferentes: incêndios, furacões e estrelas. Todos os três apresentam as propriedades termodinâmicas gerais daquelas que são chamadas "estruturas dissipativas" — sistemas que operam longe do equilíbrio termodinâmico trocando matéria e energia com seus arredores. Eles geram padrões em larga escala (tais como o ciclone e o furacão) enquanto a energia que flui através deles os desloca de seu equilíbrio. Embora estruturas dissipativas sejam abundantes em sistemas vivos, ser uma estrutura dissipativa não basta para ser um organismo: incêndios, furacões e estrelas não são organismos. Esclarecer as diferenças entre esses sistemas e organismos pode nos ajudar a pensar sobre o que é a vida e o que ela faz.

Consideremos primeiro os incêndios, que se espalham e se alimentam do seu ambiente para se sustentar. Consomem oxigênio para se manter queimando, e assim são sistemas termodinâmicos abertos, como os seres vivos. Dadas as condições corretas, os incêndios se multiplicam, muitas vezes com consequências devastadoras, mas nós sabemos que incêndios são diferentes de organismos. Nós não chamaríamos a combustão de oxigênio de um processo metabólico. Diferentemente de uma célula, o incêndio não tem um limite físico produzido internamente. Em termos geométricos, um incêndio tem uma forma física mutável, mas nenhuma unidade topológica devido a uma membrana. Também não consideraríamos a disseminação de um incêndio uma forma de reprodução — um incêndio não duplica suas estruturas e as divide em duas, como ocorre numa divisão celular. Tampouco um incêndio se replica: não serve como modelo para criar outro incêndio, como acontece na replicação por DNA. Por essas razões, incêndios não têm uma história evolucionária. Não formam linhagens com conservação e variação de características estruturais de uma geração para outra. Por fim, incêndios não são orientados para um objetivo. Se um incêndio está consumindo uma ravina rumo a uma enseada, ele continuará ardendo até ser parado pela água e eventualmente morrer. Não sairá forrageando em busca de mais combustível para se manter ardendo. Uma célula, porém, regula de forma adaptativa o fluxo de matéria e energia de modo a permanecer em um estado distante do equilíbrio, ao mesmo tempo que evita condições deletérias para si e altera o ambiente de modo a conduzir sua própria continuidade.

E quanto aos furacões? Como os incêndios, são sistemas complexos persistentes, distantes do equilíbrio, que necessitam do suporte ambiental certo para existir e se manter. Eles viajam e estão firmemente associados a condições locais de umidade, pressão e temperatura. Enquanto houver condições atmosféricas favoráveis, eles manterão sua forma básica. A Grande Mancha Vermelha de Júpiter é uma gigantesca tempestade anticiclônica que já dura pelo menos quatrocentos anos. Entretanto, como no caso dos incêndios, não poderíamos equiparar essas propriedades dos furacões com estar vivo da mesma maneira que uma célula está viva.

Acontece o mesmo com estrelas. Elas se autossustentam no sentido de que convertem energia potencial gravitacional (implodem lentamente) em pressões e temperaturas extremamente elevadas em seus núcleos, promovendo assim as reações de fusão nuclear necessárias para se sustentar. Poderíamos até mesmo dizer que estrelas são entidades que se autocanibalizam, que "comem" suas próprias entranhas para sobreviver. Estrelas existem devido a um constante cabo de guerra entre a gravidade, tentando espremê-las para dentro, e a fusão nuclear, tentando explodi-las e fragmentá-las. O impressionante é que essa situação aparentemente instável pode torná-las estáveis por bilhões de anos. Nosso Sol, uma estrela de tamanho modesto, com pouco menos de 5 bilhões de anos de idade, está aproximadamente na metade do seu "ciclo de vida" (note a nomenclatura). Estrelas se formam em regiões ricas em gases e elementos químicos chamadas "berçários de estrelas".* Quando uma estrela esgota o combustível em seu núcleo, ela "morre" numa enorme explosão, criando ondas de choque que se propagam e espalham seu material através do espaço interestelar. Quando colidem com nuvens de gás, essas ondas de choque da estrela que morre podem deflagrar a formação de novas estrelas. Num sentido livre, então, as estrelas estão se reproduzindo, até mesmo compartilhando parte da sua matéria original com as que estão nascendo.

Há poesia no ciclo de vida e morte das estrelas, que se torna significativo devido à nossa experiência da vida. Estamos tão imbuídos de

---

* Também chamadas nebulosas ou nuvens moleculares. [*N. do T.*]

vida que tendemos a vê-la por toda parte. Ainda assim, estrelas não são vivas da mesma maneira que organismos. Não têm metabolismo nem se reproduzem de modo a formar linhagens históricas de duração aberta.

Organismos são fundamentalmente diferentes de incêndios, furacões e estrelas. Não são apenas capazes de se auto-organizar e autossustentar, mas também de se autoproduzir e construir o mundo, gerando linhagem histórica por meio de reprodução e evolução. É nisso que iremos focar agora.

O desaparecimento e o retorno do organismo

Quando usamos a palavra "organismo", estamos nos referindo a um ser vivo entendido como um sistema organizado. De fato, o termo "organismo" foi introduzido no século XVIII para se referir ao tipo de organização exemplificada pelos seres vivos, em contraste com a organização exibida por máquinas. Só mais tarde, no século XIX, é que a palavra veio a se referir a seres vivos individuais.[5] Assim, o conceito de organismo contém implicitamente a ideia de que seres vivos contam com uma organização única, tornando-os diferentes tanto de coisas físicas não vivas como de máquinas.

Foi justamente essa ideia que desapareceu em meados do século XX, com a ascensão da biologia molecular e da concepção de coisas vivas como máquinas moleculares. Biólogos moleculares, usando métodos da biofísica e da bioquímica, além de conceitos e modelos explanatórios da cibernética, teoria da informação e ciência da computação, buscaram explicar todos os fenômenos biológicos com base em propriedades estruturais de macromoléculas. Anteriormente, já na década de 1930, os arquitetos da chamada síntese moderna haviam fundido a teoria da evolução por seleção natural de Darwin com a genética mendeliana, renomeando essa fusão como genética populacional. Com a subsequente identificação de genes com segmentos de DNA, o organismo como conceito explanatório desapareceu a favor de entidades moleculares, de um lado, e populações descritas com base em sua composição genética, de outro. Embora sempre houvesse dissidentes dessa abordagem, tais como o Clube de Biologia Teórica nos anos 1930 (cujos membros eram influenciados pela filosofia do processo do organismo, de Whitehead) e Barry Commoner nos anos 1960 (mais tarde conhecido pelo seu ativismo ambiental), o conceito de organismo retornou à proeminência somente perto do fim do século XX, estimulado por duras críticas à biologia molecular reducionista e à síntese moderna, além de renovado interesse no problema teórico de explicar a organização da vida.[6]

O genocentrismo, que propõe que as unidades fundamentais da vida são genes, não organismos, foi o principal alvo dessas críticas. Segundo o genocentrismo, organismos são veículos feitos pelos e para os genes. Os genes — que, estritamente falando, deveriam ser supostamente entidades funcionais abstratas obedecendo às leis da hereditariedade de Mendel — eram agora identificados com cadeias de DNA. Essa conflação de função e estrutura física levou os genes a servirem ao mesmo propósito reducionista em biologia a que os átomos serviam tradicionalmente na física.[7] Logo, durante a última metade do século XX, muitos biólogos moleculares entenderam que o seu projeto era explicar os fenômenos vivos como epifenômenos dos genes.

No entanto, nem todos os biólogos pensavam dessa maneira. Já em 1965, Barry Commoner escreveu:

> A especificidade bioquímica que governa a precisão com que efeitos herdados são transmitidos de um genitor para os filhos não se origina em nenhuma molécula, mas numa complexa rede de interações moleculares [...] O sistema complexo inteiro da célula viva, incluindo DNA e várias enzimas, é a fonte da especificidade bioquímica da célula que é transmissível na hereditariedade. Apesar da moderna "genética molecular", a teoria da célula continua válida.[8]

Em outras palavras, tudo pertinente à especificidade bioquímica — replicação por DNA, síntese proteica e metabolismo (taxas de reação, séries ligadas de reações químicas) — acontece dentro de uma célula e em virtude do contexto propício e das restrições de organização funcional da célula como um todo. Assim, a célula, como organismo unicelular ou parte de um organismo multicelular, continua sendo primordial. Como escreveu Commoner: "DNA não é um 'código' genético autossuficiente, nem o 'senhor químico' da célula [...]; em vez disso [...] a hereditariedade depende de interações multicelulares que não ocorrem em nenhum sistema menos complexo que aquele numa célula intacta; a autoduplicação é, portanto, não um atributo molecular do DNA, mas uma propriedade da célula toda."[9]

Não obstante, a estratégia reducionista de dividir o organismo (a célula) nas suas partes provou ser um método tão poderoso para investigar biomoléculas que uma verdade crucial foi esquecida: as propriedades de cada parte dependem das inter-relações das partes e do contexto das partes dentro do todo. Como resultado de negligenciar essa verdade, uma ontologia injustificada — a vida como uma máquina molecular — veio a ser substituída sub-repticiamente como um método útil de investigação.

Um efeito predominante desse caso biológico-molecular de substituição sub-reptícia é o "animismo molecular", a projeção nas moléculas da agência animada própria dos organismos. Nas palavras do filósofo Daniel Nicholson:

> Essa é a tendência de antropomorfizar moléculas chamando-as de "reguladoras", "integradoras", "organizadoras" etc., e creditá-las com efeitos regulatórios, integrativos e organizadores que na realidade surgem da atividade coordenada do sistema todo [...] O equivocado hábito de conferir papéis causais privilegiados a moléculas em explicações de fenômenos celulares brota do fracasso em compreender que tudo que acontece dentro de uma célula (por exemplo, replicação do DNA,

> síntese proteica, tráfego por membrana etc.) acontece em virtude das condições possibilitadoras proporcionadas pela organização funcional preexistente da célula como um todo.[10]

A célula cria o ambiente estável protetor, fora do qual a replicação de DNA e a síntese de proteínas não podem ocorrer, e, ao mesmo tempo, a célula é resultado desses processos moleculares.

O crescente reconhecimento de que a compreensão do todo por meio de suas partes requer a compreensão das partes por meio do todo está por trás do retorno do organismo como conceito explanatório fundamental para compreender a complexidade biológica. Processos moleculares locais que possibilitam o desenvolvimento e evolução precisam ser compreendidos no contexto globalmente organizado da célula que, para começar, os torna possíveis.

Contudo, o que de fato é essa organização global? Claramente, não é a soma das partes, porque as partes adquirem seu status como partes apenas em virtude de como estão organizadas uma em relação à outra. Então, necessitamos de uma explicação independente da organização apropriada ao organismo, que particularmente descreva como o organismo mantém sua organização produzindo, dividindo e substituindo continuamente as partes que constituem essa organização. Tal organização autoprodutora do organismo é o nosso próximo tópico.

O que torna a vida diferente: autonomia e autoagenciamento

Desde que Erwin Schrödinger popularizou a ideia em seu livro seminal *O que é vida?*, publicado pela primeira vez em 1944, cientistas têm buscado por princípios universais que tornem os sistemas vivos diferentes dos não vivos.[11] A esperança tem sido achar uma "grande teoria unificada" da vida, idealmente enunciável na linguagem da física. No entanto, setenta anos depois do aparecimento de *O que é vida?* não se encontrou qualquer teoria desse tipo, a despeito dos muitos progressos em biologia teórica e matemática. Há diferentes explicações para o fato de essa situação permanecer. Schrödinger especulou que, para a estrutura da matéria viva, "devemos estar preparados para achar um novo tipo de lei física que lá prevaleça".[12] Algumas décadas depois, o físico matemático Eugene Wigner sugeriu que a atual física microscópica, particularmente a física quântica, pode pressupor situações nas quais a vida esteja ausente, e que a física atual apenas sob essas condições especiais, não universalmente. Ele especulou que as leis da física talvez precisem ser modificadas para explicar a vida.[13] Outros cientistas, porém, sobre os quais discutiremos adiante, argumentam que a chave para a compreensão da vida é introduzir novos princípios de organização biológica que não contradigam leis fisioquímicas existentes, mas que também não sejam redutíveis a ou expressáveis com base nelas.[14] Uma coisa que fica clara é que características fundamentais da vida a colocam numa categoria separada daquela das estruturas dissipativas que não estão em equilíbrio.

Muitas dessas características giram em torno do prefixo "auto", da palavra "eu" e da expressão "si mesmo". Ser vivo é ser autoindividualizador, clivar a existência na díade eu *versus* mundo. Um sistema vivo se autoconstrói constantemente, tornando a si mesmo distinto de seu ambiente ao mesmo tempo que altera o ambiente de modo a conduzir sua própria continuidade. Em outras palavras, um sistema vivo tem autonomia e autoagenciamento: produz, mantém e regenera as partes e os processos que constituem seu funcionamento como um todo integrado, autogovernante (autonomia) e também promove condições ambientais favoráveis para sua própria existência e evita ativamente condições que a ameacem (autoagenciamento). Autonomia e autoagenciamento são aquilo que precisamos investigar para compreender como a vida difere de simples estruturas dissipativas.

Organização é o conceito-chave para conseguir abordar a autonomia biológica. Introduzida por Immanuel Kant para descrever a característica única da vida, "organização" se refere a como as partes de um organismo existem para e por meio do todo, e o todo existe para e por meio das partes.[15] As diferentes partes de um organismo desempenham papéis causais exclusivos, enquanto se inter-relacionam de modo a gerar e corporificar um todo integrado. De acordo com Kant, organismos se auto-organizam: suas partes se produzem reciprocamente e constituem um todo organizado, também uma condição para sua própria existência e operação.[16] Para usar um exemplo desconhecido de Kant, enzimas em células vivas são produzidas em vias metabólicas (série interligada de reações químicas) facilitadas por outras enzimas, que por sua vez são produzidas com a ajuda de outras enzimas, de forma cíclica e recursiva, com todas as vias metabólicas restringidas pela condição de fronteira da membrana celular, que em si mesma é um produto de vias metabólicas. Este tipo de auto-organização é qualitativamente diferente da formação de estruturas fisioquímicas dissipativas: envolve uma enorme diversidade de interações moleculares que se habilitam mutuamente e produzem umas às outras sob a condição de fronteira de uma membrana que resulta de um subconjunto dessas próprias interações.

A ideia de Kant de auto-organização biológica foi central para a biologia do século XIX, especialmente na Europa continental, e para a embriologia na primeira metade do século XX. Na segunda metade do século XX, no entanto, a ideia foi deixada de lado pela ascensão da biologia molecular e da genética — particularmente pela enganosa ideia de que os genes determinam a organização biológica. Embora tenha inicialmente moldado o olhar da biologia molecular, essa ideia é logicamente separada dela. De fato, a biologia molecular em si deixa claro que a expressão dos genes sempre ocorre dentro de um sistema biologicamente auto-organizado (uma célula) e pressupõe a presença do sistema como condição necessária para sua ocorrência. Ainda que os genes desempenhem um importante papel em criar a organização biológica, também são consequências dessa organização, não determinantes dela.

Em décadas recentes, a ideia de organização foi recuperada e colocada de volta na biologia.[17] Um passo determinante foi dado nos anos 1960 e 1970, com a ideia de que a organização biológica pode ser descrita usando o conceito de fechamento.[18]* No sentido matemático, "fechamento" significa que uma operação com membros de um conjunto sempre produz um membro do mesmo conjunto. Por exemplo, o conjunto dos números reais é fechado para adição porque a adição de dois números reais sempre produz um número real. No contexto biológico, "fechamento" significa que um processo (tal como a síntese proteica) produz elementos (tais como enzimas) que compõem e possibilitam esse processo, de modo que o processo e os elementos são mutuamente dependentes.

O psicólogo Jean Piaget foi um dos primeiros teóricos a aplicar o conceito de fechamento a processos biológicos na sua obra de 1967, *Biologia e conhecimento*.[19] Piaget descreve como um organismo precisa ser ao mesmo tempo termodinamicamente aberto a trocas com o meio ambiente e organizacionalmente fechado, no sentido de ser composto de elementos que mantêm uma organização cíclica regenerando a si mesmos por meio de cadeias de dependência mútua.[20]

Uma década mais tarde, o neurobiólogo Francisco Varela introduziu o conceito de "fechamento organizacional" e o usou para definir um sistema autônomo.[21] Para um sistema ser autônomo, os processos que o constituem devem ter fechamento organizacional. Isso significa que os processos dependem recursivamente uns dos outros para sua geração mútua como rede e, dessa forma, constituam o sistema como uma unidade. O paradigma é uma célula viva. Nas palavras de Varela, "uma célula se destaca numa sopa molecular definindo e especificando fronteiras que a separam daquilo que ela não é. No entanto, essa especificação de fronteiras é feita por meio de produções moleculares possibilitadas pelas fronteiras em si".[22] Na versão de célula única de

---

* É comum também o uso do termo em inglês, *closure*. [*N. do T.*]

autonomia biológica, os processos constituintes são bioquímicos e sua interdependência recursiva assume a forma de uma rede autoprodutora que também gera e mantém suas próprias condições de fronteira, particularmente sua membrana. A criação da membrana define o interior e o exterior, mas somente tendo um interior e o exterior é possível ter os processos que criam a membrana. Varela, junto com seu mentor e colega Humberto Maturana, chamou esse tipo de autonomia celular de "autopoiese".[23]

O biólogo teórico Robert Rosen foi outro importante cientista a utilizar o conceito de fechamento para descrever a organização do organismo.[24] Rosen usou a distinção feita por Aristóteles entre causa material (aquela a partir da qual algo é feito) e causa eficiente (a principal fonte de mudança) para afirmar que um organismo é "fechado para causa eficiente". Isso significa que qualquer coisa dentro de um organismo que seja uma causa eficiente de algum processo é materialmente produzida dentro do organismo. Em termos concretos, todo catalisador (enzima) necessário para o metabolismo é um produto do metabolismo, então nenhuma atividade catalítica externa é necessária para manter o organismo.

Por volta da mesma época, Stuart Kauffman propôs e explorou modelos do que nomeou como "conjuntos coletivamente autocatalíticos". Um conjunto de moléculas coletivamente autocatalítico é aquele que, como um todo, catalisa a formação de todos os membros do conjunto, sem nenhuma molécula catalisando sua própria formação. Dessa maneira, tal conjunto adquire "fechamento catalítico".[25]

Em trabalho posterior, Kauffman deu o passo seguinte para fundamentar termodinamicamente essas ideias naquilo que chamou "ciclo trabalho-restrição".[26] Para fazer uso de um fluxo de energia a fim de gerar trabalho em vez de calor, o fluxo de energia precisa ser restrito: seus graus de liberdade precisam de limitação. Assim, o trabalho pode ser pensado como uma liberação constrita de energia. Se um sistema usa trabalho para regenerar pelo menos algumas das restrições que tornam o trabalho possível, então ele incorpora um ciclo restrições-trabalho. Nas palavras de Kauffman, "trabalho gera restrições que geram trabalho". Esse é o caso de um organismo. Diferentemente das paredes do cilindro de um motor, cujas restrições geram combustão, as restrições que possibilitam a um organismo canalizar o fluxo de energia não são preestabelecidas e fabricadas a partir de fora. Não, são produzidas e mantidas pelo próprio organismo, que utiliza o trabalho gerado pelas restrições (tais como estrutura de membrana ou uma enzima que facilita a reação química) para gerar essas mesmas restrições (para reconstruir a membrana ou produzir enzimas). Logo, a autonomia biológica, o fato de que organismos, nas palavras de Kauffman, "agem em seu próprio nome", é termodinamicamente fundamentado no fechamento organizacional de ciclos trabalho-restrição.

Os biólogos teóricos e filósofos Maël Montévil e Matteo Mossio, em conjunto com o matemático Giuseppe Longo e o filósofo Alvaro Moreno, sintetizaram e desenvolveram essas ideias em seu trabalho de "fechamento de restrições" como a base exclusiva de organização e autonomia biológicas.[27] Eles entendem as restrições como uma estrutura que, ao mesmo tempo que atua em determinado processo, permanece sem ser afetada por ele numa escala de tempo específica. Por exemplo, o sistema vascular transporta sangue sem ser alterado pela corrente sanguínea na mesma escala de tempo, e uma enzima catalisa uma reação sem ser consumida nela. Em física, restrições são tipicamente estruturas independentes, que não dependem daquilo que restringem para sua existência e manutenção. Por exemplo, um plano inclinado restringe a forma como uma bola rola, mas o rolar da bola não contribui para a existência e manutenção do plano inclinado. Em biologia, porém, restrições (o sistema vascular, vias metabólicas) costumam depender daquilo que restringem (fornecimento de oxigênio, enzimas) para sua existência e manutenção. Em particular, num organismo, "a existência de um conjunto de restrições depende coletivamente das ações que exercem sobre os processos e dinâmicas. Quando isso ocorre, pode-se dizer que o conjunto de restrições mutuamente dependentes realiza o fechamento e, portanto, é organizado".[28] O fechamento organizacional, entendido como fechamento de restrições, "adquire uma forma de 'autodeterminação', no estrito sentido de que as condições de existência de restrições sujeitas a fechamento [...] são determinadas dentro da própria organização".[29] Portanto, o fechamento de restrições implica autonomia (autodeterminação).

Autonomia mediante fechamento de restrições é a assinatura da função biológica. A função do coração é bombear sangue, não fazer sons, porque bombear sangue contribui para o fechamento de restrições do organismo (autonomia), ao passo que fazer sons não contribui.[30] Em outras palavras, a partir da miríade de efeitos causais de dado processo, os efeitos requeridos para fechamento da restrição são os funcionais.

Além disso, autonomia (autodeterminação) também é a assinatura do autoagenciamento (ser capaz de interagir com o mundo de modo a promover condições favoráveis e evitar condições perigosas). Consideremos as bactérias, que estão entre os organismos mais antigos, menores e estruturalmente mais simples. São sistemas autopoiéticos que regulam a si mesmos de forma adaptativa entre si, modificando condições ambientais. As bactérias se comunicam por meio de sinais químicos, e assim regulam sua expressão de genes em resposta a flutuações em sua densidade populacional celular, comportamento chamado *quorum sensing* ("sensor de quórum"). Também se movem em direção ao que acham atraente e se afastam do que acham repulsivo, comportamento conhecido como quimiotaxia. Não passam por esse movimento passivamente; o movimento é direcionado de forma ativa. Bactérias dotadas de mobilidade nadam por meio de flagelos embutidos em suas membranas. Giram seus flagelos de modo a formar um propulsor que empurra o corpo da célula para a frente ou provoca um movimento aleatório desordenado. Ao se mover, são capazes de registrar mudanças ao longo do tempo na concentração de atrativos ou repelentes. As células manterão seu sentido de movimento enquanto detectarem um acréscimo no nível de nutrientes. Se o nível de nutrientes decair, elas passarão a zanzar aleatoriamente até deparar com uma orientação em que voltem a detectar um acréscimo e, nesse ponto, vão se encaminhar nessa direção. Repetindo esses comportamentos — nadar na mesma direção enquanto as condições melhorem ou não piorem e zanzar aleatoriamente quando as condições começarem a se deteriorar, ou reverter o curso ao encontrar toxinas —, as bactérias podem percorrer longas distâncias rumo a locais favoráveis e para longe de locais deletérios. O sensor de quórum e a quimiotaxia são exemplos de autoagenciamento: as células respondem ativamente ao seu ambiente e mudam sua relação com ele de modo a manter sua autonomia.[31]

Dessa perspectiva, o autoagenciamento é a capacidade de um sistema autônomo de regular suas interações com o ambiente e assegurar sua própria manutenção e autodeterminação.[32] Agentes adaptativos modulam seu comportamento em relação a condições registradas como melhores ou piores, viáveis ou inviáveis, de modo a preservar sua viabilidade.[33] Respondem ativamente a seus ambientes e entre si. Essas capacidades são as características essenciais de organismos. Diferentemente de outros sistemas físicos, tais como incêndios, furacões e estrelas, organismos são agentes autônomos e adaptativos.

Viver é criar sentido em condições precárias

Autonomia e autoagenciamento implicam criar sentido. Organismos são seres que produzem sentido. Criam mundos de relevância. Engajam-se com ambientes estruturados por suas ações e por aquilo que é relevante para sua viabilidade. Seres vivos repartem seus ambientes em coisas que têm valor positivo ou negativo, ou que são neutras, ou que não têm absolutamente qualquer significado, que caem totalmente fora da esfera da significância. Nas palavras de Varela, viver é criar sentido.[34]

Consideremos, mais uma vez, a quimiotaxia bacteriana. Bactérias nadam no sentido de um gradiente de sacarose, a qual podem metabolizar como nutriente. Sacarose significa alimento para esses organismos. De onde vem esse tipo de significado? Encarado de uma perspectiva puramente fisioquímica, o gradiente de sacarose é apenas uma concentração variável de dissacarídeos (moléculas de duas partes). Não tem qualquer significado ou valor inerente. O fato de ser alimento não é intrínseco a sua estrutura fisioquímica. Tampouco é apenas uma questão de ser capaz de se ligar a outras moléculas na membrana celular. O que ocorre é que a sacarose significa alimento somente porque a bactéria é um agente autônomo que precisa manter sua viabilidade. O significado reside não no nível molecular, mas no nível do agenciamento autônomo, isto é, no nível do organismo como um todo. Sacarose significa alimento porque contribui para a contínua autodeterminação da bactéria (fechamento organizacional). A sacarose tem significância e valor como alimento do mundo microbiano que surge com bactérias e outros micróbios. É claro que esse tipo de significância depende da estrutura fisioquímica da sacarose — no fato de ser capaz de formar um gradiente, atravessar uma membrana celular, e assim por diante. Mesmo assim, a significância da sacarose como alimento emerge somente em virtude da célula bacteriana como agente autônomo que precisa preservar sua autodeterminação e permanecer dentro da sua zona de viabilidade.

Alguns pesquisadores usam o conceito de informação semântica para descrever esse tipo de significância.[35] A distinção que importa é entre informação sintática e informação semântica. A teoria da informação, a teoria da comunicação de informação digital originalmente formulada por Claude Shannon, não é uma teoria de informação semântica (significado, sentido ou significância). Em vez disso, fornece medidas de correlações estatísticas entre eventos ou sistemas da chamada informação sintática. Quando dizemos "fumaça quer dizer fogo" ou "os anéis de uma árvore indicam idade", estamos usando "quer dizer" ou "indicam" como correlações físicas. Contudo, quando dizemos "sacarose significa alimento para uma bactéria", o termo "significa" não pode ser reduzido a correlações estatísticas de sacarose, transdução da membrana e absorção metabólica. "Informação semântica" refere-se a correlações que carregam significado para a automanutenção de um agente autônomo. A sacarose carrega significado (informação semântica) para a bactéria como agente autodeterminado (autônomo) que precisa manter sua viabilidade. A bactéria registra condições como melhora ou piora e trabalha para se manter dentro da sua zona de viabilidade. O gradiente de sacarose é uma diferença que importa para sua viabilidade. O elo entre sacarose e viabilidade (entre nadar na direção de um gradiente de sacarose e o aumento de viabilidade) tem significado (carrega informação semântica) para a bactéria como agente autônomo.

A necessidade de manter a viabilidade surge a partir do fato de ser constantemente desafiada nas precárias condições de um universo termodinâmico. Assim, a afirmação de Varela de que viver é criar sentido pode ser estendida como "*viver é criar sentido em condições precárias*".[36]

Imagine que você é muito pequena, de modo a estar levando continuamente bofetadas de moléculas de água e empurrada para fora de seu curso, enquanto o conteúdo aquoso em seu interior está em constante movimento. Assim é o meio externo e interno das bactérias, o micromundo da difusão térmica e do movimento browniano (o movimento aleatório de partículas suspensas num líquido ou gás). Como se manter coesa como ser vivo? Você depende completamente, é óbvio, das propriedades fisioquímicas de laços fortes e fracos, mas também porque é uma agente autônoma com fechamento organizacional: cada um dos seus processos constituintes é ao mesmo tempo possibilitado por, e condição possibilitadora para, um ou mais dos seus outros processos constituintes. Condições precárias são aquelas em que os processos constituintes (catálise, regulação enzimática, formação e reparo da membrana) não podem se sustentar na ausência de um fechamento organizacional em situações físicas que de outra forma seriam equivalentes.[37] Dito de forma mais simples, esses processos não podem durar fora da estrutura protetora da célula. Remova essa estrutura e esses processos tenderão a sumir ou se atrofiar. Toda a vida é precária nesse sentido. Abra uma célula e seus constituintes metabólicos se difundem de volta numa sopa molecular; tire uma formiga de uma colônia e ela acaba morrendo; remova uma pessoa de uma relação e pode ser que ela deixe de florescer. Condições precárias implicam necessidade constante de adaptação, de regular a atividade e o comportamento em condições registradas como vantajosas ou deletérias com respeito à própria viabilidade num ambiente não estacionário em constante mudança (um ambiente cujas propriedades estatísticas variam com o tempo). Como diz Ezequiel Di Paolo: "A vida não seria melhor sem precariedade; simplesmente não seria vida."[38]

O que torna a vida diferente: evolução em aberto

"Nada em biologia faz sentido exceto à luz da evolução" é o título de um ensaio de 1973 escrito pelo renomado biólogo evolucionário e geneticista Theodosius Dobzhansky.[39] Sua declaração, agora famosa, é frequentemente repetida em livros didáticos de biologia (o que foi esquecido há tempos é que Dobzhansky fez essa declaração no contexto de rejeitar o criacionismo enquanto argumentava em favor da compatibilidade entre a crença em Deus e o fato da evolução.) No entanto, a declaração necessita de qualificação das ideias anteriores sobre autonomia biológica.[40] Algumas coisas em biologia fazem, sim, sentido mesmo sem ser à luz da evolução. Em particular, a autonomia biológica, definida como fechamento de restrições, e o autoagenciamento, isto é, atuar em nome de si mesmo, são conceitos organizacionais, não evolucionários, mesmo que todos os agentes autônomos existentes sejam produtos da evolução. O ponto é conceitual: conceitos organizacionais não são redutíveis a conceitos genealógicos, e a evolução não pode ocorrer sem sistemas organizados que se reproduzem com variação.

Assim, a perspectiva evolucionária sobre a vida precisa ser combinada com a perspectiva organizacional.

Evolução, nas palavras de Darwin, é descendência com modificação. Resulta da variação, hereditariedade e seleção natural, como Darwin mostrou. Contudo, também requer sistemas autônomos (organizacionalmente fechados) que se reproduzam. A evolução biológica não poderia ter se desenrolado sem sistemas minimamente autônomos, tais como protocélulas autopoiéticas, já existentes. Um grau mínimo de complexidade organizada é requerido para que a complexidade aumente como resultado da seleção natural.[41] Portanto, organização é uma condição para a evolução. Requere-se, contudo, que a evolução vá de sistemas autônomos mínimos na forma de protocélulas autopoiéticas para agentes autônomos completos na forma de organismos. Descendência com modificação e seleção natural levaram a um aumento aos borbotões na complexidade organizacional ao longo dos éons de história de vida na Terra. Organização como a conhecemos hoje, e cuja história somos capazes de reconstruir, é resultado da evolução. A vida presumivelmente começou com protocélulas autopoiéticas simples (sistemas com fechamento restrição-catálise que produziam suas próprias membranas), efetuando a transição de um mundo abiótico para um mundo biótico, seguida da evolução de procariontes (arqueias e bactérias), eucariontes unicelulares e organismos multicelulares (animais, plantas e fungos), até a biosfera atual (ver capítulo 9).[42]

Evolução em aberto é outra característica que torna a vida diferente de outros sistemas físicos. A expressão "em aberto" significa que a evolução tem capacidade de gerar uma variedade ilimitada de sistemas vivos sem limite predeterminado sobre como realizam fisicamente o fechamento organizacional.[43] Além disso, a evolução em aberto gera não só uma variedade ilimitada de organismos como também evolutividade, a capacidade para evolução adaptativa em populações de organismos. A evolutividade também pode aumentar em complexidade à medida que evolui.

Tudo isso acontece numa escala de tempo muito maior do que os tempos de vida de organismos individuais. Acontece também em escala coletiva e planetária. Populações de organismos criam novos mundos uns para os outros, especialmente por meio de simbiose, e dos elementos do seu ciclo biológico, químico e geológico em escala global (ver capítulo 9). A vida em seu sentido mais pleno é um fenômeno histórico, coletivo e planetário. Se definirmos seres vivos como agentes autônomos (organizacionalmente fechados) com capacidade para evolução em aberto, deveremos também dizer que qualquer ser vivo, ou população de seres vivos, está necessariamente enredada na teia histórica, coletiva e planetária da vida.[44] A vida depende de autopoiese, evolução e ecopoiese — da autoprodução da célula como unidade básica de vida; da descendência com modificação e da seleção natural, levando à vasta proliferação de organismos diversificados; da produção coletiva, global; e da automanutenção da biosfera.

Organismos não são máquinas

Organismos, entendidos como agentes organizados, autônomos, capazes de criar sentido e capazes de reprodução e evolução em aberto, são fundamentalmente diferentes de máquinas.[45] Em termos gerais, uma máquina é um dispositivo que consiste em uma junção de componentes que operam de maneira coordenada segundo uma sequência prescrita de modo a produzir um resultado específico. As propriedades dos componentes são independentes do todo, e existem antes do todo. Mais ainda, o propósito ou a função da máquina é extrínseco: reside fora da máquina, em seu construtor ou usuário. Em um organismo, porém, as propriedades das partes (os componentes funcionais) dependem do todo, e as partes não existem antes do todo: componentes, tais como enzimas ou organelas, originam-se de células anteriores e são sintetizados ou produzidos dentro da célula. Além disso, um organismo, como agente autônomo, age em seu próprio nome, de modo que intrinsecamente tem um propósito: atua para seus próprios fins, tais como manter sua viabilidade em condições precárias. Logo, o propósito intrínseco deriva diretamente da autonomia e do autoagenciamento biológicos.

Máquinas são feitas sob medida para explicações redutivas, que explicam um sistema dividindo-o em seus componentes separáveis. Isso ocorre porque as máquinas são "decomponíveis".[46] Num sistema decomponível, as propriedades intrínsecas (não relacionais) de cada parte determinam sua operação independentemente das outras partes. Se o sistema é arranjado hierarquicamente, de modo que partes dentro de uma subparte interajam mais do que partes pertencentes a subpartes diferentes, o sistema é dito como "quase decomponível". Sistemas hierárquicos ou quase decomponíveis também servem bem para explicação redutiva. Em contraste, num sistema "não decomponível", a forma como as partes se comportam depende intensamente de suas inter-relações dinâmicas e do contexto mutável como um todo. Nesse caso, modelos de máquinas e explicações redutivas têm valor limitado.

A ironia é que recentes investigações em biologia molecular inspiradas pelo modelo de máquina da vida produziram dados experimentais que minam esse modelo e revelam as limitações do reducionismo molecular. Nicholson analisa quatro áreas de pesquisa onde isso ocorreu — arquitetura celular, complexos proteicos, transporte intracelular e comportamento celular.[47] Segundo a concepção da célula como máquina, a arquitetura celular é uma estrutura estática, altamente ordenada; complexos proteicos são máquinas moleculares especializadas; transporte intracelular é o movimento de substâncias por motores em miniatura propelidos por forças mecânicas; e comportamento celular (tal como expressão gênica) ocorre como resultado de um programa determinista codificado no genoma. Novos achados, porém, desafiam esse quadro e sugerem uma visão alternativa: "A arquitetura celular é encarada como um processo fluido, auto-organizador; complexos proteicos são considerados agrupamentos transientes, pleomórficos; o transporte intracelular é considerado resultante de um aproveitamento do movimento browniano; e o comportamento celular é visto como um caso probabilístico, sujeito a constantes flutuações estocásticas."[48] Em outras palavras, uma célula transforma continuamente sua arquitetura interna balanceando fluxos moleculares longe do equilíbrio; proteínas se dobram em muitos formatos (conformações) diferentes dependendo do contexto; substâncias se movem de um lado a outro direcionalmente dentro da célula, surfando a borrasca do movimento fluido aleatório que as engolfa; e o comportamento celular não se desenrola passo a passo, segundo um algoritmo, mas sim envolve eventos aleatórios, dependentes do contexto, em um ambiente sujeito à dinâmica caótica do movimento browniano. Nicholson conclui sua resenha e análise desses achados:

> A célula *não é* uma máquina, mas algo totalmente diferente — algo mais interessante e, ainda assim, mais insubmisso. É uma organização delimitada, firmemente definida, automantenedora, de processos interconectados e interdependentes; um sistema integrado, dinamicamente estável, multiescalar, de fluxos conjugados coletivamente deslocados do equilíbrio termodinâmico. Dada a sua natureza precária, a célula tem que negociar constantemente uma troca entre estabilidade estrutural e flexibilidade funcional: demasiada rigidez compromete a adaptabilidade fisiológica, e demasiada promiscuidade compromete a eficiência metabólica. A célula consegue isso reciclando e reorganizando seus constituintes em diferentes complexos macromoleculares com capacidades funcionais diversificadas, que se montam e desmontam para atender às intermináveis demandas do ambiente. O permanente embaralhar estocástico das moléculas dentro da célula e suas associações oportunistas para formar conjuntos funcionais transitórios em resposta a pistas intracelulares e extracelulares provê soluções rápidas e robustas para os problemas adaptativos confrontados pela célula, de maneira a atingir um equilíbrio ótimo entre eficácia e plasticidade.[49]

Nicholson enfatiza que toda célula, num organismo ou como organismo unicelular, é única do ponto de vista estrutural e comportamental. Não há duas células ou organismos, mesmo que geneticamente idênticos (isogênicos), que se comportem exatamente da mesma maneira. O comportamento celular incorpora um componente probabilístico essencial, e populações de células são heterogêneas. Métodos tradicionais que se baseiam em médias de população perdem de vista a exclusividade da célula como indivíduo e a variabilidade no mundo celular.

> Olhando para o futuro, à medida que a biologia celular progressivamente se transforma numa "biologia de célula única" e dedicamos cada vez mais atenção a caracterizar cuidadosamente não só células individuais, mas também moléculas individuais em células individuais, poderemos em breve nos encontrar em posição de ter de reconsiderar nossa compreensão até mesmo dos processos biológicos mais básicos.[50]

De fato, tal reconsideração já está bastante encaminhada, com biólogos, matemáticos e filósofos trabalhando juntos para compreender a vida como "baseada na física mas além da física", usando as palavras de Stuart Kauffman.[51] Para entender o que isso significa, precisamos retornar à ideia de espaço de fase, que introduzimos no capítulo 1 como elemento-chave da espiral ascendente de abstração em física matemática, e retomamos nos capítulos 3 e 5 nos nossos tratamentos do tempo e da cosmologia.

Espaço de fase revisitado

Giuseppe Longo, Maël Montévil e Stuart Kauffman argumentam que é impossível prever o espaço de fase da evolução biológica.[52] A evolução está constantemente mudando de modos que tornam impossível especificar de antemão o que é observável (grandezas físicas mensuráveis), quais são os parâmetros (graus de liberdade) e as condições de fronteira (condições iniciais e restrições) do espaço de evolução de possíveis trajetórias (vias filogenéticas). Assim, dizem eles, "o intenso sonho reducionista de uma teoria que possibilite o pleno devir do universo está errado. Com a vida, chegamos ao fim da visão de mundo da física que tem nos dominado desde Newton".[53] Em nossos termos, com a vida chegamos ao fim da visão de mundo do Ponto Cego.

Lembre-se de que o espaço de fase é um espaço abstrato no qual todos os estados e trajetórias de um sistema são representados, com cada estado possível correspondendo a um único ponto no espaço. Em mecânica clássica, o espaço de fase consiste em todos os valores possíveis das variáveis de posição e momento linear. À medida que evolui no tempo, o sistema traça uma trajetória no espaço de fase, e o espaço dessa trajetória revela aspectos da sua dinâmica.

O espaço de fase de um sistema deve ser construído antes de calcular as trajetórias dentro dele. Longo, Montévil e Kauffman se referem a isso quando dizem que o espaço é algo previsto. Na física das bolas de bilhar, por exemplo, o espaço de fase é construído ao se especificar as condições de fronteira (as superfícies da mesa de bilhar), as condições iniciais (a posição de partida das bolas) e as posições e os momentos lineares das bolas. Usando as três leis do movimento de Newton expressas em equações diferenciais, a solução para as trajetórias das bolas é dada integrando as equações, a partir de condições iniciais e de fronteira. Em outras palavras, as trajetórias são deduzidas derivando as soluções das equações. Portanto, as trajetórias no espaço de fase são implicadas (logicamente necessárias), dadas as leis e as condições iniciais e de fronteira.

Tal implicação vale até mesmo para sistemas que não podemos predizer devido ao que é conhecido como caos determinista. Desde Henri Poincaré, sabemos que essa predição é impossível para certos tipos de sistemas, tais como dois ou mais planetas e o Sol, ou as muitas bolas de bilhar (o chamado problema dos três corpos ou dos *n* corpos). Esses sistemas caóticos são não lineares (os efeitos não são proporcionais às causas), seu comportamento é aperiódico e suas trajetórias são extremamente sensíveis a minúsculas mudanças nas condições iniciais. Mesmo assim, são deterministas: seu comportamento é totalmente estabelecido pelas condições iniciais e equações do movimento. Então, embora esses sistemas não possam ser preditos (suas equações do movimento não podem ser solucionadas analiticamente), suas trajetórias no espaço de fase continuam implicadas pelas equações, dadas as condições iniciais e de fronteira.

Devemos lembrar que espaços de fase não estão "lá fora", escondidos atrás dos fenômenos, à nossa espera para que os descubramos. São construções abstratas. Os físicos chegaram ao conceito de espaço de fase ao longo de séculos analisando trajetórias (Galileu), colocando-as num espaço geométrico analítico (Descartes), especificando leis do movimento (Newton), definindo observáveis (tais como o momento linear), e elaborando progressivamente invariantes estruturais (restrições, coordenadas generalizadas). Descrevemos no capítulo 2 essa espiral ascendente de abstração devida aos avanços de Lagrange, Hamilton, Poincaré, Boltzmann e muitos outros.[54] Contudo, como escrevem Longo, Montévil e Kauffman: "Espaços físicos (de fase), portanto, não 'chegaram lá' como absolutos subjacentes aos fenômenos: eles são uma invenção nossa, notável e muito efetiva, para tornar inteligíveis os fenômenos físicos."[55]

O ponto crucial, eles prosseguem, é que esse método atinge um limite rígido no caso da vida. Espaços de fase para sistemas físicos são mapas de possibilidades conhecidas. Bolas de bilhar e planetas só podem percorrer certos caminhos dentro do espaço de fase. Vias evolucionárias, porém, não estão confinadas dessa maneira, porque o espaço de fase da evolução está mudando constantemente. Imagine a superfície de uma mesa de bilhar passando constantemente por deformação, inclusive adicionando novos buracos na mesa, em parte como função de as bolas estarem constantemente se reproduzindo e mudando de tamanho e textura. A evolução é ainda mais complexa, dada a diversidade de espécies e nichos. Organismos e ambientes se cocriam mutuamente de modo circular. Os parâmetros e condições de fronteira da filogenia se modificam constantemente em nível molecular, morfológico, comportamental e ecológico. De outro lado, as partes de um organismo podem assumir novas funções que não são determinadas de antemão: as penas originalmente ajudavam a regular a temperatura, mas então vieram a ser usadas para voar. Stephen Jay Gould e Elisabeth Vrba chamaram essa cooptação de uma característica fenotípica por parte da seleção para uma nova função de "exaptação".[56] No entanto, a evolução cria novos nichos. À medida que funções fenotípicas se alteram, abrem-se novos mundos para os organismos, e esses mundos possibilitam novos organismos, que por sua vez criam novos mundos. Nada disso é determinado de antemão segundo quaisquer "leis do movimento" biológicas. A biosfera em evolução não é "implicada" pelas leis, e sim "possibilitada" pela história.[57] A evolução ocorre por intermédio da proliferação de vias contingentes e a exploração daquilo que Kauffman chama de "adjacente possível" (as possibilidades disponíveis para a filogenia em dado momento). Não há como determinar de antemão os fenótipos e nichos que irão se cocriar mutuamente no curso da evolução. Podemos explicar retrospectivamente essa cocriação depois do fato ocorrido, mas não podemos predefinir espaços de fase nos quais essas vias cocriadas sejam trajetórias possíveis. Kauffman escreve:

> Da mesma maneira que não podemos prever as novas funções que emergem e formam o espaço de fase sempre mutável da biosfera em evolução, não podemos escrever leis de movimento para a biosfera evolutiva. Não podemos integrar as equações que não temos. Portanto, não existem leis como as de Newton que impliquem a evolução da nossa ou de qualquer biosfera entre os 10 a 22 sistemas solares estimados no universo.[58]

É isso que significa dizer que a vida não se presta a um espaço de fase.

As implicações dessa perspectiva são decisivas para o Ponto Cego, particularmente para o fisicalismo e o reducionismo. Segundo essas ideias, as leis fundamentais do universo físico governam os arranjos espaçotemporais de matéria e energia nos níveis inferiores, e todo o resto é determinado por essas leis e esses arranjos. Entretanto, a vida — para não dizer a experiência — já foge desse esquema. Se a biosfera em evolução envolve um espaço de fase em constante mudança, que continuamente se abre para novas vias de "adjacente possível", então a vida gera novas formas e possibilidades de maneiras que a metafísica do fisicalismo e do reducionismo não é capaz de capturar.[59] Nas palavras de Kauffman: "Em suma, a vida é baseada na física mas além da física. Não pode haver uma 'teoria final' para a evolução de um universo que tenha pelo menos uma biosfera em evolução."[60]

Vida além do Ponto Cego

Francisco Varela gostava de citar o poeta Antonio Machado: "Andarilho, a estrada são seus passos, nada mais; você constrói o caminho ao andar."[61] A vida assenta caminhos ao andar, nenhum deles predefinido ou implicado por condições antecedentes. Se a vida se baseia na física, mas está além da física, então precisaremos de novas ideias científicas para pensar sobre como a vida assenta caminhos ao andar.

Biólogos, juntamente com físicos, matemáticos e filósofos, estão desenvolvendo diligentemente essas novas ideias.[62] Nosso propósito aqui não é analisá-las, pois ainda se encontram em seus estágios iniciais. Em vez disso, enfatizamos que a biologia já nos trouxe até o ponto em que podemos ter o vislumbre de uma ciência da vida além do Ponto Cego. Organismos são agentes autônomos, não máquinas. A vida compreende espaços de fase impossíveis de serem previstos. A vida é autopossibilitadora, não possibilitada por leis. A vida é essencialmente histórica.

Fisicalismo, reducionismo e epifenomenalismo — pilares da visão de mundo do Ponto Cego: todos fracassam com a vida.

Encerramos com as palavras de Kauffman: "Este vasto devir emergente está além da física; no entanto, se baseia nela. Isso é a vida coconstruindo a si mesma e possibilitando sua própria e vasta diversificação evolutiva, aqui e em qualquer biosfera no universo."[63]

7

Cognição

É complicado

O século XX assistiu ao nascimento de um novo projeto científico: a ciência transdisciplinar da mente, chamada ciência cognitiva, que combina antropologia, inteligência artificial (IA), linguística, neurociência, filosofia e psicologia. Sua relação com o Ponto Cego é complicada. De um lado, a ciência cognitiva expande o Ponto Cego, penetrando no campo da mente; de outro lado, oferece uma oportunidade única de revelar e tentar ultrapassá-lo. A história da ciência cognitiva, particularmente o papel central que a IA tem desempenhado nela, evidencia essa ambiguidade.

Quando surgiu nos anos 1950, a ciência cognitiva era baseada na ideia de que a mente é, em essência, um computador: a mente é o software; o cérebro, o hardware. Cognição consiste em computações executadas pelo cérebro ou por um sistema artificial (um computador ou robô). Os cientistas cognitivos originalmente consideravam que essas computações consistiam em símbolos na forma de palavras ou frases. Pensava-se que a cognição era uma manipulação de símbolos do tipo da linguagem no cérebro, de acordo com regras lógicas. Em décadas subsequentes, essa ideia, conhecida como teoria computacional clássica da mente, passou a receber críticas vindas de uma variedade de perspectivas. A teoria da rede neural (também chamada conexionismo) propunha que as computações subjacentes ao comportamento inteligente são numéricas em vez de linguísticas e lógicas. Os processos cognitivos consistem em padrões de ativação "simbólicos" em redes neurais biológicas ou artificiais. Esse contexto é a base para o campo hoje chamado de aprendizado de máquina (*machine learning*), no qual computadores aprendem a executar tarefas (tais como categorizar objetos em imagens) sem serem explicitamente programados para tal. Uma abordagem correlata proveio da ciência cognitiva dinâmica. Ela utiliza as ferramentas da teoria de sistemas dinâmicos da matemática e da física para modelar como processos cognitivos e comportamento inteligente se desenrolam no tempo — em redes neurais ou agentes inteiros interagindo com seus ambientes, em contraste com os modelos computacionais clássicos, que desconsideram a escala de tempo na qual a computação mental ocorre. Por fim, o programa de pesquisa de cognição corpórea, particularmente a versão conhecida como ciência cognitiva enativa, enfatiza a importância do corpo e de interações com o ambiente para a compreensão da mente. A cognição não está localizada na cabeça; reside, na verdade, na relação contínua e ativa entre o agente corpóreo e o ambiente físico e social. A cognição de mundo significativo, a percepção de estar no mundo, é gerada ou encenada por meio de ação corporal situada, ou seja, através da interação entre o corpo e seus órgãos sensoriais, a mente e o ambiente físico e social onde o corpo se encontra.

Essas diferentes perspectivas tornam ambígua a relação entre a ciência cognitiva e o Ponto Cego. De um lado, a teoria computacional da mente, em especial sua implementação em IA, aumenta o Ponto Cego, substituindo sub-repticiamente o significado e a experiência de compreender por computação. De outro lado, a ciência cognitiva rapidamente se vê em necessidade de chegar a um acordo com o Ponto Cego, porque a experiência direta continua sendo a base indispensável para a compreensão da mente.

A ciência cognitiva difere da física e da biologia, as ciências que temos considerado até agora, quando se trata do Ponto Cego. Em geral, na física e biologia o observador humano pode ser deixado de lado ou ser redefinido operacionalmente por meio de algum procedimento para medir coisas, tais como a medição do tempo anotando os numerais num relógio físico. É claro que essa atitude de "colocar o observador entre parênteses" se contrapõe a limites significativos na física fundamental de tempo e matéria, e da biologia da vida, como discutimos antes. Ainda assim, a ciência cognitiva é a ciência da mente, e a observação é uma capacidade mental baseada na percepção consciente. Quando a nossa preocupação é a mente, a observação não pode ser posta de lado ou redefinida operacionalmente sem pressupor o que necessita de explicação. Então, quando fazemos ciência cognitiva, devemos confrontar e levar em conta a experiência direta. A questão é saber se suprimos ou marginalizamos a experiência, ou se reconhecemos a primazia da experiência direta e, coerentemente, tentamos reorientar a ciência da mente de modo a afastá-la do Ponto Cego. Essa questão torna-se a mais premente na neurociência cognitiva da consciência, que discutiremos no próximo capítulo.

Enquanto a ciência cognitiva clássica tentava arduamente ignorar a experiência em favor de processos computacionais não conscientes, a ciência cognitiva enativa surgiu reconhecendo a experiência corpórea como o ponto de referência inevitável para compreender a mente.[1] Teóricos da cognição enativa abraçam a primazia irredutível da experiência direta e, com coerência, empenham-se em ultrapassar o Ponto Cego em suas investigações da mente.[2] A tensão entre essas abordagens divergentes é outro sinal da ambiguidade não resolvida na relação da ciência cognitiva com o Ponto Cego. Em vez disso, nosso foco é a mais forte e mais proeminente manifestação do Ponto Cego em ciência cognitiva, que pode ser encontrada na IA.

Percepção de relevância

Pensar que a mente é, em essência, um computador, deu origem a complicados quebra-cabeças, especialmente visíveis em IA. Eles se centram em significado e compreensão, em particular sobre como entendemos a relevância.[3]

Consideremos anotações que fazemos durante uma aula. Fazer boas anotações requer concentração no que é relevante e saber ignorar o que é irrelevante. É preciso saber acompanhar uma linha de pensamento e extrair suas ideias principais ao mesmo tempo que fazemos conexões com outras coisas que sabemos. Se forem feitas perguntas, seja para obter mais detalhes, esclarecer algum mal-entendido ou revelar e explorar pressuposições e implicações do que está sendo dito, também é preciso ser capaz de discernir relevância. Finalmente, toda essa atividade é moldada e guiada por normas, por padrões racionais de como se deve pensar e falar, padrões sociais de comportamento aceitável e padrões de bom senso de um bom juízo. Entender e ser capaz de acompanhar essas normas também é parte crucial da "percepção de relevância".[4]

Apesar da moda de IA, que tende a altos e baixos junto com os sucessos e fracassos da IA ao longo das décadas, nenhum sistema de inteligência artificial chega perto de perceber relevância, e nenhuma abordagem de IA histórica ou atual consegue sequer se aproximar de ser capaz de criar sistemas que compreendam significado, tenham inteligência geral ou manifestem sequer um mínimo de senso comum.[5]

A pesquisa de IA tem diversas linhas distintas, mas entrelaçadas. Podemos distinguir entre a IA como a ciência e a engenharia de fazer sistemas computacionais, a IA como parte da ciência cognitiva, e o esforço de pesquisa focado no que às vezes é nomeado "IA forte".[6] A IA forte é o posicionamento de que um computador com o tipo certo de programa tem uma mente, e que a mente humana é uma coleção de programas rodando no cérebro. Os teóricos da IA forte buscam explicar a mente tentando construir sistemas computacionais que implementem e exemplifiquem habilidades cognitivas, tais como reconhecer faces ou traduzir idiomas, ao mesmo tempo que olham para psicólogos e neurocientistas para descobrir quais programas ou algoritmos são exemplificados no cérebro e subjazem à cognição humana.

Embora o campo do aprendizado de máquina tenha criado sistemas que realizam tarefas tais como jogar, detectar objetos em imagens e gerar texto falado ou escrito, as limitações do seu desempenho, especialmente no que diz respeito à cognição genuína e compreensão de significado, têm se mostrado prontamente visíveis com um pouco de sondagem e análise.[7] "Exemplos adversos" são um caso bem conhecido. Muitos algoritmos de reconhecimento de imagens em aprendizado de máquina podem ser enganados com modificações triviais nos pixels das imagens, que permanecem iguais para os humanos, de modo a cometer grandes erros de classificação, tais como categorizar imagens de prédios, veículos, cachorros e insetos como imagens de avestruzes.[8] Exemplos adversos indicam que esses sistemas aprendem correlações estatísticas, não conceitos de reconhecimento para objetos, e que os sistemas não têm compreensão dos objetos como tais. Além disso, nenhum sistema de IA tem algo que se assemelhe a uma inteligência ampla, de nível geral — a capacidade não só de solucionar, mas também de apresentar novos problemas integrando múltiplas habilidades cognitivas, e de recorrer a fontes múltiplas de conhecimento. Adquirir esse tipo de inteligência nem sequer é algo que se vislumbra em IA. Nos termos de Brian Cantwell Smith, os sistemas de IA são excelentes em "avaliar" (cálculo) mas são completamente desprovidos de "julgamento".[9] Fazer com que sistemas de IA percebam relevância é um problema-chave, como indicam os exemplos a seguir.

O problema do enquadramento

O "problema do enquadramento" da IA ilustra a importância da relevância e as dificuldades em obter sistemas computacionais que consigam percebê-la.[10]

O filósofo Daniel Dennett, em um artigo clássico, ilustra o problema do enquadramento com a história de um robô tentando achar baterias (sua fonte de alimentação) e movê-las para uma área de armazenamento.[11] O robô se depara com um carrinho onde há uma bateria, mas no carrinho há também uma bomba-relógio. O robô deduz corretamente que, se puxar o carrinho, a bateria virá junto, mas ele falha em perceber que a bomba também virá junto com o carrinho. Ele fracassa em discernir algo definitivamente relevante para suas ações. Os projetistas do robô tentam corrigir o problema atualizando seu programa, de modo que ele deduza não só os pretendidos efeitos de suas ações, mas também os potenciais efeitos colaterais. Agora, porém, o robô apenas fica ali sentado, calculando o número infinitamente grande de efeitos colaterais potenciais, deixando cada um de lado, até que a bomba acaba por explodir. Mais uma vez, o robô fracassou em enquadrar corretamente a situação e considerar somente informação importante de maneira oportuna. Os projetistas decidem modificar o programa de modo que o robô compute uma lista de efeitos colaterais potencialmente relevantes que precisam ser considerados. Mas quais efeitos colaterais são os relevantes? Essa pergunta reintroduz o problema original de como determinar que informação é relevante *versus* que informação é irrelevante. Mais ainda, mesmo que esse problema possa ser de alguma forma resolvido, como os projetistas devem proceder para impedir que o robô mais uma vez pare e comece a fazer cálculos infinitos, desta vez computando duas listas, uma com todos os efeitos colaterais relevantes e a outra com todos os efeitos colaterais irrelevantes?

O problema do enquadramento surge ao tentar projetar um sistema inteligente (um programa de computador ou robô) para alcançar determinado fim e agir apropriadamente em situações de mundo real. O sistema precisa ser capaz de enquadrar situações de forma correta, de modo a levar em conta tanto os efeitos pretendidos quanto os efeitos colaterais não pretendidos de suas ações. Ele precisa focar naquilo que é relevante e ignorar o que é irrelevante. Como projetar ou programar um agente de modo que ele só considere informações relevantes sem perder seu tempo com informações irrelevantes?

A história de Dennett ilustra que um agente precisa ser capaz de ignorar grandes quantidades de informação de um modo inteligente para atuar no mundo, mesmo que em situações relativamente simples. Um agente inteligente deve ser capaz de se concentrar no que é relevante sem sequer considerar a maior parte do que é irrelevante. O paradoxo é que se o agente é capaz de ignorar o que é irrelevante, então já deve, de algum modo, entender o que é relevante.

O problema do enquadramento surgiu no contexto da teoria computacional clássica da mente e na IA da primeira onda, baseada na lógica.[12] O problema ilustra a dificuldade intratável de tentar especificar relevância em termos computacionais clássicos (simbólicos) — em representações proposicionais de situações no mundo, junto com uma heurística (atalhos para resolução de problemas que encontram soluções aceitáveis, mas imperfeitas numa quantidade limitada de tempo) para determinar relevância. Seres humanos são capazes de lidar efetivamente com situações de fim aberto e em constante mudanças, nas quais qualquer coisa pode ser relevante. A relevância depende do contexto, e não há limite para o que pode ser relevante. Segue-se que a relevância não pode ser pré-especificada. Então, como poderia ser capturada num conjunto de representações do mundo semelhante a uma linguagem ao lado de um conjunto de regras heurísticas para manipulá-las? A percepção de relevância, sugere a evidência, não pode ser reduzida a regras heurísticas nem representações simbólicas.

A incapacidade de perceber relevância usando representações do tipo linguagem e heurística é uma das motivações da segunda onda de

IA, baseada em aprendizado de máquina. Nela, o objetivo é projetar sistemas que possam gerar significado e relevância para si mesmos a partir de enormes quantidades de dados, usando algoritmos de aprendizagem e equipamentos muito rápidos, de processamento paralelo. Embora o aprendizado de máquina venha tendo muito êxito dentro de certos domínios limitados de tarefas, tais como jogos, que discutiremos a seguir, os atuais sistemas carecem de muitas habilidades cruciais para percepção de relevância, tais como ser capaz de generalizar através de muitos domínios diferentes de tarefas e fazer analogias entre áreas de conhecimento e experiência. Tentar trazer esses sistemas para fora de seus limitados domínios de tarefas para que funcionem de forma autônoma no mundo cotidiano imediatamente ocasiona mais uma vez o problema do enquadramento e o problema da percepção de relevância.

A relevância de jogos

Considera-se jogar jogos como xadrez ou Go uma história de sucesso da IA, mas a maneira como computadores jogam é muito diferente de como nós jogamos, e as diferenças são reveladoras no que se refere à relevância.[13]

A IA trata os jogos como uma forma de resolução de problemas. Na ciência cognitiva clássica, a resolução de problemas era descrita como atravessar um espaço de busca a partir de um estado inicial até uma meta através de uma sequência de operações que transformam determinado estado em um estado subsequente. Para vencer um jogo de xadrez, é preciso ir de um estado inicial de posição de abertura até um estado de meta final, dar xeque-mate no oponente. O xadrez, porém, tem um enorme espaço de busca: o grande número de movimentos e posições possíveis na abertura e no meio do jogo aumenta exponencialmente a cada jogada. O número de trajetos é grande demais para qualquer computador, que dirá um ser humano, esgotar as possibilidades de busca. O revolucionário programa de xadrez da IBM, o Deep Blue, que derrotou o campeão mundial Garry Kasparov em 1997 usando hardware para propósitos especiais e força bruta no seu poder de computação, era capaz de buscar apenas cerca de vinte jogadas de antecedência e somente até uma profundidade de sete a oito movimentos. No entanto, jogadores de xadrez humanos hábeis e experientes utilizam suas capacidades de reconhecimento de padrões para boas posições e movimentos no jogo de modo a excluir grandes áreas no espaço de busca como irrelevantes, e focar apenas as regiões relevantes. Em outras palavras, eles se baseiam em maneiras de se concentrar na relevância. Em contraste, o Deep Blue computava uma árvore ramificada parcial de movimentos possíveis, usando como raiz a posição atual no tabuleiro, e então aplicava sua função de avaliação para estimar os valores das posições. Embora o Deep Blue tivesse se saído extremamente bem num jogo que requer inteligência quando jogado por humanos, seu desempenho baseava-se na força bruta do seu poder computacional e numa enorme base de dados de informação enxadrística que lhe era dada de bandeja por jogadores humanos. O Deep Blue não era um sistema de aprendizagem; sua informação sobre xadrez era programada manualmente. Tudo que o Deep Blue sabia fazer era jogar xadrez, e sua performance não envolvia nada parecido com uma compreensão humana do jogo. O Deep Blue com certeza não sabia que estava numa partida de xadrez ou que estava numa disputa com um oponente humano.

O jogo de Go tem um espaço de busca ainda maior que o do xadrez. Há cerca de 250 jogadas possíveis a partir de qualquer posição dada no tabuleiro de Go, enquanto no xadrez são aproximadamente 30. Então, até mesmo o uso de limitadas formas de força bruta na busca não é algo que funcione. Além disso, dar a programas de computador funções de avaliação para posições num tabuleiro de Go com base em critérios explícitos e bem-definidos não proporciona um jogo de alto nível. Peritos em Go dizem que, em vez disso, se baseiam em sua intuição sobre as posições no tabuleiro terem ou não "formas boas". Aqui, a percepção de relevância consiste em ser capaz de se concentrar em tais formas. Jogadores de alto nível usam suas afiadíssimas habilidades de reconhecimento de padrões, que não conseguem verbalizar como regras e conceitos explícitos. Por esses motivos, o Go apresenta um desafio bem maior para a IA que o xadrez.

Em 2016, o AlphaGo, um programa criado pela DeepMind capaz de jogar Go, derrotou o campeão mundial Lee Sedol. Ao contrário do Deep Blue, o AlphaGo baseava-se em algoritmos de aprendizado de máquina em redes neurais artificiais. Utilizava uma classe de algoritmos chamada "aprendizagem profunda" ("profunda" refere-se ao número de camadas na rede neural). O AlphaGo primeiro aprendia a encontrar padrões em jogos de humanos especialistas em Go e então realizava os mesmos movimentos dos especialistas. Seus programadores então faziam com que ele jogasse repetidamente contra versões anteriores de si mesmo para aperfeiçoar sua performance (suas chances de vencer) usando aprendizagem de reforço (um método de aprendizado de máquina em que o programa recebe recompensas por suas ações e funciona de modo a maximizar recompensas cumulativas). O resultado foi não só um programa de computador capaz de bater os melhores jogadores humanos de Go, mas um que também parecia replicar suas habilidades intuitivas de reconhecimento de padrões. Para quem olhasse de fora, o computador parecia ser capaz de distinguir posições de tabuleiro e jogadas relevantes das irrelevantes melhor do que seus adversários humanos.

Estamos chegando perto do Ponto Cego. Se o AlphaGo, ou seu sucessor mais poderoso, o AlphaGo Zero, "dominava" o Go "sem conhecimento humano" ou "orientação humana", como seus inventores alegavam, e se "replicava" ou "capturava intuição", como afirmaram alguns comentaristas, então é tentador supor que intuição e percepção de relevância são apenas uma questão de computação.[14] A ideia seria que aquilo que os jogadores de Go, baseados em sua experiência subjetiva, chamam de "intuição" consiste em computações neurais, que são subjetivamente inescrutáveis para os próprios jogadores. São as computações neurais que mandam; elas têm poder causal. A experiência de intuição é um efeito colateral posterior ao fato, um epifenômeno subjetivo de computações cerebrais. Segundo essa maneira de pensar, a experiência aparentemente direta da intuição é parte da ilusão do cérebro do usuário.

Chegamos agora ao Ponto Cego. Embora o AlphaGo constitua um marco de referência da IA, e a intuição e percepção de relevância humanas dependam inquestionavelmente de processos cerebrais subjetivamente inescrutáveis, é errado pensar que métodos de aprendizagem profunda tornem óbvia a necessidade de que redes neurais artificiais se baseiem no conhecimento humano e capturem intuição epifenomenal. Essa linha de pensamento ilustra perfeitamente o Ponto Cego, e cada passo seu é equivocado.

O AlphaGo não dominou o jogo "sem conhecimento humano", apesar do título do artigo na revista *Nature*, dado pelos seus inventores afirmando o contrário.[15] Como escrevem o psicólogo Gary Marcus e o cientista da computação Ernest Davis: "O sistema ainda se apoiava pesadamente em descobertas dos pesquisadores humanos nas últimas décadas sobre como fazer com que máquinas joguem jogos como o Go, mais notavelmente a Monte Carlo Tree Search [um algoritmo de computador projetado para programas de jogos] [...], que não tem intrinsecamente nada a ver com aprendizagem profunda. A alegação de que não havia conhecimento humano envolvido simplesmente não era factualmente acurada."[16] A incapacidade de ver que por trás e dentro do AlphaGo subjazem milênios de experiência humana jogando Go, combinados com décadas de conhecimento humano acumulado sobre como projetar programas para jogos, constitui um caso impressionante de amnésia da experiência no cerne do Ponto Cego.

O AlphaGo não replica ou captura intuição humana nem percebe relevância, porque nada sabe a respeito do Go como jogo. O AlphaGo é excelente em detectar padrões que *nós sabemos que são posições de um tabuleiro de Go*, mas o programa não sabe que suas estruturas de dados representam posições e movimento do Go. O AlphaGo não sabe que está avaliando jogadas de Go; de fato, nem sequer sabe que está jogando Go. Como escreve Smith: "É improvável que o AlphaGo e seus sucessores tenham qualquer noção do fato de que Go é um *jogo*, que ilustra uma história milenar e é jogado por experts do mundo todo — ou até mesmo, de maneira mais direta, que existe uma diferença entre o jogo particular que ele está jogando e a representação desse jogo em suas estruturas de dados."[17] Nós entendemos que o comportamento do AlphaGo se refere ao Go, um jogo que existe no mundo fora das suas estruturas de dados. No entanto, o AlphaGo não tem conhecimento de que existe um mundo externo, muito menos um mundo com jogos. Ele não tem como compreender que o que está fazendo constitui jogar um jogo. Na verdade, não tem compreensão alguma; trata-se de um dispositivo sofisticado que detecta padrões estruturais complicados e regularidades em enormes quantidades de dados, mas não tem acesso à semântica dos dados, àquilo que as estruturas de dados significam (como mapeiam algo fora do sistema). O AlphaGo não replica intuição, e sistemas de aprendizagem profunda em geral não acumulam intuição.[18] Não, o desempenho do AlphaGo em detecção de padrões, *como interpretado por nós aqui fora*, modela aspectos da intuição humana ao jogar Go simulando esses aspectos.

O AlphaGo e as redes neurais artificiais de aprendizagem profunda em geral não fornecem evidência de que a intuição seja epifenomenal. Ao contrário, a experiência da intuição é como devemos esperar que a percepção de um agente corpóreo, altamente habilidoso, seja organizada de maneira que a vejamos como eficaz para atuação no mundo. Suponhamos que fôssemos criar uma jogadora de Go artificial, uma expert, que soubesse estar jogando Go. Para ter esse tipo de conhecimento, ela teria de saber e entender numerosos elementos sobre o mundo, inclusive entender a si mesma como agente na comunidade de jogadores de Go e o mundo como um todo. Deveríamos esperar que seu funcionamento interno, profundo, fosse subjetivamente inescrutável para ela, precisamente porque seria orientada para o mundo. Deveríamos esperar que ela percebesse posições no tabuleiro de Go intuindo-as como tendo "boas formas" e que seu modo intuitivo de percepção fosse uma maneira eficaz, em termos causais, para que sua cognição se organizasse em relação ao mundo. Sem ser organizada para intuição, não seria capaz de perceber relevância — não só no micromundo do jogo de Go mas também em relação ao mundo como um todo.

Mais que um jogo

Xadrez e Go são especiais. Têm estados, regras, movimentos e peças perfeitamente definidos, e os jogadores têm acesso à informação sobre essas características o tempo todo. Xadrez e Go constituem seus próprios universos separados, abstratos. Os seres humanos podem habitar mentalmente ambos os universos, entendendo-os não só como sistemas formais (como estruturas abstratas, perfeitamente definidas) mas também como jogos tendo significado. Os humanos conseguem se alternar entre jogar cada um dos dois, inclusive ao mesmo tempo. O AlphaGo não consegue fazer nada disso. A cientista da computação Melanie Mitchell escreve: "[...] até mesmo a versão mais geral, AlphaZero, não é um sistema único que aprendeu a jogar Go, xadrez e *shogi*. Cada jogo tem sua própria rede neural convolucional separada que precisa ser treinada a partir do zero para aquele jogo particular. Diferentemente dos humanos, nenhum desses programas consegue 'transferir' nada do que aprendeu sobre um jogo para auxiliá-lo a aprender um jogo diferente."[19]

A capacidade humana de generalizar de uma área do conhecimento para outra, ou usar uma velha habilidade para adquirir uma nova, envolve ser capaz de abstrair e formar analogias atravessando domínios muito diferentes de pensamento e ação. Nas palavras de Mitchell: "É possível mostrar a uma rede neural profunda milhões de imagens de pontes, por exemplo, e ela provavelmente seria capaz de reconhecer uma imagem nova de ponte sobre um rio ou algo assim. Contudo, jamais conseguiria abstrair a noção de 'ponte' para, digamos, nosso conceito de uma ponte que atravesse o abismo entre os gêneros."[20] Essa capacidade de abstrair e formar analogias é determinante para a percepção de relevância.[21] Embora a pesquisa em aprendizado de máquina sobre "transferência de conhecimento" e aprendizagem aberta em ambientes e agentes virtuais continue a avançar, está longe de produzir sistemas que possam fazer analogias significativas no mundo real.[22]

Nem todos os jogos são como xadrez e Go, universos abstratos perfeitamente definidos e autocontidos. As regras de jogos de adivinhação, por exemplo, variam amplamente de um lugar a outro, e esses jogos não se dividem em estados discretos e definidos, porque dependem de atuação e mímica física, contínua e improvisada. Brincar de adivinhar está mais perto da ação no mundo real. Mitchell escreve (recorrendo a um artigo de Gary Marcus) que brincar de adivinhação "requer sofisticada compreensão visual linguística e social, muito além das habilidades de qualquer sistema corrente de IA. Se fosse possível construir um robô capaz de adivinhar charadas tão bem quanto, digamos, uma criança de 6 anos, então acho que poderíamos dizer com segurança que foram conquistados vários dos 'mais desafiadores domínios' para a IA".[23]

Ao contrário de um jogo de tabuleiro, o mundo não vem pré-configurado em estados prontos para uso, governados por regras precisas sobre como agir com um conjunto limitado e definido de elementos. Tomemos uma atividade diária tal como preparar o jantar. Apesar de ser uma atividade de rotina, preparar o jantar não pode ser delimitado de maneira que consista em ações e estados definidos com uma moldura clara ao redor que determine relevância. Preparar o jantar envolve uma enorme quantidade de ações, objetos e estados possíveis, dependendo do contexto social, das normas culturais, do que decidimos fazer, de onde estamos cozinhando, dos ingredientes disponíveis e de quanto tempo temos. Você é *sous chef* num restaurante elegante? Ou voluntária numa cozinha comunitária? Está participando de um concurso num programa de culinária? Ou fazendo o jantar para sua família? Está em casa ou acampando? Eis algumas possibilidades: você não tem todos os ingredientes que deseja, então precisa improvisar, decide tentar algo novo, então consulta receitas na internet, o que significa inibir seu impulso de checar seus e-mails, as mídias sociais e as notícias. Seu telefone toca enquanto você está no fogão e você precisa resolver se vai atender ou não. Sua companheira chega, aborrecida com alguma coisa que lhe aconteceu no trabalho, então você precisa dividir sua atenção para escutá-la enquanto tenta cozinhar. Ocorre um apagão, então você precisa planejar tudo de novo. Ou o alarme de incêndio do prédio dispara e você tem que largar tudo que está fazendo e sair imediatamente. Em situações de vida real, não há como especificar antecipadamente o que pode acontecer e o que pode acabar se mostrando relevante. Não há como colocar limites em situações do dia a dia para especificar o que cai dentro e o que cai fora desses limites.[24]

Dirigir um veículo nos dá outro exemplo de como a ação no mundo cotidiano, mesmo quando governada por leis e regras, não é bem-definida. Embora haja regras explícitas para dirigir nas ruas, há também numerosos comportamentos e convenções não mencionados que variam bastante de uma cultura para outra: pense em dirigir em Atenas ou Tel Aviv e compare com dirigir em Los Angeles ou Manhattan. O desafio de projetar carros autônomos que possam funcionar de maneira sensível a certos contextos indica a complexidade dessas convenções não explicitadas, bem como a impossibilidade de capturá-las em regras bem-definidas. Há também o problema de como lidar com a longa lista de situações improváveis e, portanto, difíceis de prever, que não aparecem nos dados de treinamento para sistemas de aprendizado de máquina supervisionada. Mitchell escreve: "São situações nas quais o veículo não foi treinado, e que podem ocorrer raramente de maneira individual, mas que, em conjunto, com frequência ocorrem quando há muitos veículos autônomos espalhados [...] Motoristas humanos lidam com tais situações usando o senso comum — particularmente, a capacidade de entender e fazer previsões sobre situações novas por analogia com situações que o motorista já entende."[25] Em outras palavras, motoristas humanos percebem o que é relevante; carros autônomos, não.

Um modo de tentar contornar o problema é remodelar o ambiente de modo a tornar sua estrutura o mais bem-definida e definitiva possível, de modo que tecnologias como carros autônomos possam funcionar nela de forma adequada. Podemos pensar que estamos fazendo sistemas artificiais com sua própria e genuína autonomia, mas na verdade estamos refazendo nosso ambiente de maneira a se encaixar nas limitações dos nossos aparelhos não tão autônomos, como permitir que carros autônomos operem apenas em áreas geocercadas (áreas geográficas definidas por uma fronteira virtual) com extensiva infraestrutura de apoio.[26] Nossa incapacidade de ver que, na realidade, já estamos remodelando nosso mundo da vida para apoiar nossos dispositivos, em vez de criar sistemas genuinamente cognitivos, é um caso do Ponto Cego.

Assumir que o mundo cotidiano consiste em estados definidos que necessitam ser computacionalmente representados dentro da cabeça é outro exemplo de Ponto Cego. Como o problema do enquadramento e as limitações cognitivas das redes neurais de aprendizagem profunda indicam, a premissa de que o mundo cotidiano consiste em estados com fronteiras determinadas é um erro. Essa premissa é na realidade um caso de substituição sub-reptícia, de substituir o mundo cotidiano fluido e impreciso por estados computacionais.

O ponto cego computacional

Dois aspectos inter-relacionados do que chamaremos de ponto cego computacional vieram agora à luz. Um é a substituição sub-reptícia do mundo cotidiano por modelos computacionais; o outro é não conseguir ver como somos levados a refazer o mundo de modo que ele se encaixe nas limitações dos nossos sistemas computacionais. Ambos nos impedem de ver como nossa experiência do mundo se relaciona com nossas construções computacionais.

O ponto cego computacional jaz no fundo da história da ciência cognitiva. Foi a razão básica para o fracasso da primeira onda de IA, baseada na lógica. A premissa subjacente à primeira onda de IA era que o mundo consiste em determinados estados, objetos, propriedades e eventos (como posições, peças e movimentos num jogo) e que essa percepção requer deles uma representação computacional dentro do sistema. Pressupunha-se que a inteligência podia ser inserida em um sistema, fazendo-o perceber "objetos discretos, bem-definidos, de média escala, exemplificando propriedades e se colocando em relações não ambíguas".[27] No entanto, nós não percebemos o mundo nesses termos, mas sim como se fosse composto de situações fluidas, de final aberto, que solicitam e permitem ações.[28] Se lembrarmos a metáfora do mapa e do território, nossa percepção sensória do mundo é o território, e representações computacionais de objetos e eventos por funções matemáticas e lógica binária são o mapa. A IA da primeira onda tentou construir inteligência dentro de um sistema, dando-lhe uma percepção tecnocientífica do mundo e fazendo com que percebesse o mundo com base em uma ontologia computacional baseada na lógica, como se a substituição sub-reptícia fosse verdade. Em vez de perguntar como chegamos a achar o mundo cotidiano perceptivamente significativo, a IA da primeira onda começava com representações teóricas e reconstruções abstratas do mundo cotidiano, assumindo que o mundo já existe pronto para uso nesses termos.[29] Esse é um caso de falácia da concretude deslocada, de tratar modelos computacionais abstratos — os mapas — como se fossem concretamente reais — o território. Em suma, a IA da primeira onda usava uma versão computacional do Ponto Cego como sua planta para construir sistemas inteligentes (sem saber que estava fazendo isso). Os fracassos da IA da primeira onda em prover um arcabouço explanatório plausível para a mente e construir qualquer coisa remotamente semelhante à inteligência genuína testemunham os efeitos deletérios do Ponto Cego sobre a ciência da mente.

A IA da segunda onda, com aprendizado de máquina, foge dessa forma de ponto cego computacional apenas para sucumbir a ele em outra forma. A inteligência é agora vista com a capacidade de achar padrões ou correlações estatísticas em grandes quantidades de dados inseridos, mas esses dados e os próprios métodos de aprendizagem fazem parte do Ponto Cego.

Consideremos primeiro a parte da tradição de aprendizado de máquina, que reconhece o ponto cego computacional em sua forma de IA baseada na lógica. A pesquisa da rede neural artificial e biológica, remontando à era cibernética pré-IA, havia muito considerava que a inteligência requer a capacidade de perceber relevância na rica e intricada teia de relações que une a experiência e o mundo antes de serem conceitualizados em pensamento e linguagem. Por exemplo, a teoria de ressonância adaptativa, criada por Stephen Grossberg e Gail Carpenter nos anos 1980 e desenvolvida continuamente ao longo das últimas décadas, utiliza aprendizagem supervisionada, na qual o sistema tem que gerar suas próprias categorias a partir de dados de entrada sem exemplos anteriores, para modelar a capacidade do cérebro de gerar significado perceptivo num ambiente dinâmico, não estacionário (um ambiente cujas propriedades estatísticas variam com o tempo).[30] Essa abordagem abre uma janela para uma visão alternativa dos tipos de coisas que existem como relevantes para a cognição — uma ontologia cognitiva alternativa —, diferentes da ontologia computacional, baseada na lógica, da primeira onda.[31] O mundo não consiste em estados, objetos, propriedades e eventos nítidos, bem-definidos. Nós chegamos a esse tipo de divisão mediante abstração intelectual; esses compartimentos habitam nossos modelos especializados na oficina científica, não o mundo de modo geral. Nas palavras de Smith, são "uma *conquista* da inteligência, não um veículo no qual a inteligência se locomove".[32] Substituir a constituição subjacente da inteligência por suas realizações de alto nível constitui um caso de substituição sub-reptícia. A ontologia cognitiva alternativa é que o mundo consiste em elementos e relações ricamente diferenciados e entrelaçados, que nós separamos segundo nossas sensibilidades perceptuais e projetos práticos e teóricos. Inteligência e percepção de relevância emergem a partir de um plano de fundo inconsciente de atribuição pré-conceitual de significado sustentada por nossos corpos culturalmente configurados e socialmente situados. É precisamente essa perspectiva que estabelece a ponte da teoria da rede neural para a ciência cognitiva enativa (como discutiremos na próxima seção).

No entanto, a IA da segunda onda em grande parte perdeu de vista essa perspectiva. Por exemplo, as atuais redes de aprendizagem profunda se apoiam em métodos de aprendizagem supervisionada, na qual humanos rotulam de antemão os dados de treinamento (conferem aos dados etiquetas com nomes de categorias) e fornecem ao sistema modelos de pares input-output de modo que possa aprender a como mapear a partir de novos inputs para os outputs corretos, ou em aprendizagem autossupervisionada, na qual a rede é treinada a predizer uma parte oculta da sequência de inputs. O sistema não só se apoia em conhecimento humano já codificado mas também acaba por codificar vieses humanos historicamente sedimentados. É o que acontece, por exemplo, com vieses de raça e gênero em dados de treinamento de aprendizado de máquina, particularmente em conjuntos de dados de linguagem e imagem, e as classificações e predições sexistas e racistas, tudo bem-documentado.[33] A cientista cognitiva Abeba Birhane escreve: "Quando sistemas de aprendizado de máquina 'captam' padrões e agrupamentos, isso costuma resultar em identificar normas, convenções e estereótipos mantidos histórica e socialmente."[34]

Os chamados sistemas de reconhecimento facial ilustram bem o ponto. Esses sistemas tendem a ser mais acurados em imagens de rostos brancos masculinos do que em imagens femininas ou não brancas. Já classificaram rostos asiáticos como se estivessem "piscando" e deixaram de lado rostos de pessoas de pele escura ou, ainda, num caso notório, rotularam uma selfie de dois afro-americanos como se pertencessem a "gorilas".[35]

Apesar do nome, sistemas de reconhecimento facial, apropriadamente falando, não "reconhecem" faces. Como escreve Smith, "sistemas de aprendizado de máquina aprendem mapeamentos entre (i) imagens de faces e (ii) nomes ou outra informação associada com as pessoas de quem são as faces. Nós humanos costumamos conhecer os referentes dos nomes, reconhecer que o retrato é o retrato da pessoa a quem nomeia etc., e assim os sistemas podem ser usados *por nós* para 'reconhecer' de quem são os retratos".[36] De maneira similar, os modelos de linguagem em grande escala (*large language models* — LLM), modelos estatísticos complexos de como as palavras e orações em seus dados de treinamento se correlacionam, não compreendem conceitualmente o mundo exterior com base na experiência do mundo real.[37] Assim como o AlphaGo não tem conhecimento de que suas estruturas de dados pertencem a um jogo no mundo, o ChatGPT (um chatbot construído com base em LLMs) não sabe que suas estruturas e seus dados pertencem a imagens de rostos, muito menos a pessoas reais que existem no mundo.

Além de dividir os dados de alimentação em nossas categorias tendenciosas e exageradas, tais como categorias exclusivas, discretas, de gênero binário ou orientação sexual, os sistemas de aprendizado de máquina também encontrarão e aprenderão associações estatísticas irrelevantes para a tarefa a ser executada, se existir essa informação nos dados de treinamento.[38] No contexto humano, isso é uma falha em percepção de relevância.

Essas limitações da IA de segunda onda indicam um ponto geral crucial. Não existe algo como um conjunto de dados neutro e "sem valores".[39] Como escreve Kate Crawford, estudiosa de IA: "Todo conjunto de dados usado para treinar sistemas de aprendizado de máquina, seja no contexto de aprendizagem supervisionada ou não supervisionada, seja visto como sendo tecnicamente tendencioso ou não, contém uma visão de mundo. Criar um conjunto de treinamento é pegar um mundo quase infinitamente complexo e variado e fixá-lo em taxonomias compostas de discretas classificações de pontos de dados individuais, processo que requer escolhas inerentemente políticas, culturais e sociais."[40]

Temos argumentado que o ponto cego da visão que a IA tem da mente é a experiência e a compreensão do significado. Aqui, a substituição sub-reptícia assume a forma de substituir a genuína inteligência corpórea por computação; a falácia da concretude deslocada assume a forma de tratar modelos computacionais como se fossem concretamente reais; a bifurcação da natureza assume a forma de pensar que a intuição humana (ou a experiência da percepção de significado ou relevância) é um epifenômeno subjetivo de computações cerebrais objetivas; e a amnésia da experiência assume a forma de esquecer que experiência e vieses humanos jazem profundamente sedimentados em modelos de IA.

Todavia, o ponto cego computacional se estende ainda mais longe. A inteligência artificial ou o aprendizado de máquina costuma ser considerado, tanto na cultura popular como na ciência, uma ciência de "inteligência pura" e um domínio inteiramente técnico que transcende a natureza. Essa imagem é desmentida pela dependência fundamental da IA em relação à natureza física e ao conhecimento humano coletivo, socialmente organizado. Como escreve Crawford, "a IA é tanto corpórea quanto material, feita de recursos naturais, combustível, trabalho humano, infraestruturas, logística, histórias e classificações".[41] É fundamentalmente uma "indústria extrativa", que "depende da exploração de energia e recursos minerais do planeta, trabalho barato e dados em escala".[42] No lado do hardware, a IA requer a mineração de minerais terrestres raros, tais como o lítio para baterias, e exige petróleo e carvão para alimentar enormes minas; no lado do software, a IA demanda enormes quantidades de consumo de energia produzida por carbono para rodar programas de alta performance de visão computadorizada, reconhecimento de imagens e processamento de linguagem. Além disso, como argumentamos anteriormente e conforme observa Crawford, "sistemas de IA não são autônomos, racionais ou capazes de discernir qualquer coisa sem treinamento extensivo, computacionalmente intensivo como grandes conjuntos de dados ou regras e recompensas predefinidas".[43] Por essas razões, a IA ou aprendizado de máquina não transcende de maneira alguma a natureza, e de forma alguma constitui uma ciência e uma tecnologia de "inteligência pura" extra-humana. A incapacidade de compreender essas questões com clareza e a retórica por eles desmentida são os efeitos em larga escala do ponto cego computacional.

Além do ponto cego computacional

Podemos agora voltar à ambígua relação entre ciência cognitiva e o Ponto Cego, introduzida no início deste capítulo. A ciência cognitiva encontra-se numa encruzilhada. Pode pegar um caminho que nos revele e ajude a ir além do Ponto Cego ou seguir um caminho que o reforce. Vamos considerar uma opção de cada vez.

De um lado, a pesquisa com redes neurais, especialmente quando informada por uma ciência cognitiva enativa, sugere que ser um sistema cognitivo é dar sentido a um mundo múltiplo, imensamente intricado e estatisticamente não estacionário, em vez de representar (espelhar internamente) um mundo bem-definido, dado de antemão e estacionário.[44] Para uma ciência cognitiva enativa, o corpo vivo é o nó crítico da cognição, e o atributo-chave do corpo é ser capaz de autoindividuação. O corpo vivo, por intermédio da capacitação mútua de suas partes, faz de si mesmo algo distinto de seu entorno imediato e, dessa maneira, molda seu ambiente para torná-lo um mundo de relevância. Cognição é criar sentido, usando o slogan enativo. Os cientistas cognitivos Ezequiel Di Paolo, Elena Clare Cuffari e Hanne De Jaegher escrevem: "Cognição não é sobre transpor um mundo de significação predefinida para o interior de um agente. Diz respeito a agentes se movendo dentro do mundo e modificando-o individual ou coletivamente de maneiras que sejam significativas segundo as formas de vida de sua enação."[45] Dessa perspectiva, a importância da pesquisa sobre redes neurais não supervisionadas é que elas esclarecem como a cognição, como instrumento para criar sentido, funciona em agentes móveis e adaptativos num mundo não estacionário e inesperado (em contraste com um mundo estacionário e controlado). Usando termos de Grossberg, esclarecem a "inteligência adaptativa autônoma".[46]

Esta perspectiva pode ajudar a revelar o Ponto Cego chamando atenção para como nossos conceitos, classificações e categorias não são estruturas prontas que refletem ou existem em determinado mundo, à parte da nossa experiência. Em vez disso, sofrem enação; são proporcionadas pelos nossos modos de percepção e ação, e por nossas práticas sociais. Rastrear como isso ocorre no cérebro e no resto do corpo é uma tarefa central da ciência cognitiva enativa. Logo, a ciência cognitiva enativa oferece meios de nos ajudar a ultrapassar o Ponto Cego, particularmente na sua forma computacional.

Por outro lado, quando nos afastamos dessa perspectiva, como ocorre tipicamente em IA e aprendizado de máquina, caímos de volta no ponto cego computacional, confundindo, como ressaltamos antes, o mapa com o território. Por exemplo, caímos na ideia de que os conjuntos de dados usados para treinar sistemas de aprendizado de máquina refletem o mundo como ele realmente é em si mesmo num nível pré-conceitual, e que o sistema está aprendendo como categorizar e reconhecer características do mundo. Esquecemos que os conjuntos de dados e o treinamento do sistema já incorporam modos humanos de conceitualização, junto com seus vieses, e dependem de uma enorme infraestrutura humana de produção de conhecimento. Perdemos de vista o fato de que, nas palavras de Crawford, "razão computacional e trabalho corpóreo estão profundamente interligados: sistemas de IA ao mesmo tempo refletem e produzem relações sociais e compreensão do mundo".[47] Finalmente, esquecemos que sistemas de IA não sabem nada sobre o mundo como tal; em vez disso, detectam correlações estatísticas nos dados que lhes fornecemos, sem compreensão do que reside por trás dessas correlações.

As apostas são altas. Brian Cantwell Smith destaca os riscos daquilo que estamos chamando de ponto cego computacional: "(i) que passemos a nos basear em sistemas de avaliação em situações que exijam julgamento genuíno; e (ii) que, ficando indevidamente impressionados pela destreza da avaliação, mudemos nossas expectativas sobre a atividade mental humana em direção a uma mentalidade de avaliação."[48] Como Smith, em vez disso acreditamos "(i) que aprendamos a usar sistemas de IA para que eles se encarreguem das tarefas nas quais são excelentes, não para outras tarefas que estejam além de sua capacidade; e (ii) que fortaleçamos, em vez de enfraquecer, nosso compromisso com o julgamento, desapego, ética e o mundo".[49] Isso requer que reconheçamos e nos libertemos do ponto cego computacional.

A ciência cognitiva é ao mesmo tempo suscetível e sintonizada ao Ponto Cego. O caminho que ela seguirá depende de nós.

8

Consciência

Comece onde você está

Vamos começar com um exercício que você pode executar neste exato momento.[1] Use o dedo indicador para apontar alguma coisa que esteja vendo perto de você. Note que aquilo que você está apontando tem forma, cor e textura. Agora aponte para seu pé, e lentamente vá subindo o dedo e apontando corpo acima, percebendo as formas, cores e texturas das suas roupas, membros e tronco. Por fim, vire o dedo de modo a apontar para o seu próprio rosto, diretamente entre os dois olhos. Deixe de lado seus preconceitos e crenças sobre como as coisas são. Em vez disso, apenas observe a aparência visual das coisas. Para o que seu dedo está apontando?

A sua primeira tendência provavelmente será dizer seu rosto. No entanto, fixando-se estritamente no aspecto visual das coisas, você tem a impressão de que está apontando para um rosto? Você vê a ponta do seu dedo no centro do seu campo de visão, mas não vê o seu rosto. Não vê nenhuma forma, cor ou textura no lugar para onde seu dedo está apontando. Aliás, não vê absolutamente nada ali. Parece haver uma ausência de qualquer coisa visual naquele ponto.

Contudo, também não é bem assim. A ausência visual para a qual seu dedo aponta parece diferente daquela acima do horizonte. Essa ausência está completamente fora do seu campo visual, mas seu dedo parece estar apontando para onde seu campo visual se origina. O lugar que está sendo apontado, embora você não o veja, parece presente, ao contrário daquele que se encontra além do horizonte, que parece completamente ausente.

Descrever essa sensação de presença acaba sendo traiçoeiro. Você pode se sentir tentado a dizer que o que provoca a sensação de estar presente é simplesmente você, aquele que está olhando para o dedo. Mesmo assim, você não vê a si mesmo nesse ponto. Você não parece estar ali, dotado de qualquer característica que o identifique, ao contrário do que ocorre quando aponta para seus membros ou tronco ou para sua imagem no espelho. Embora identifique visualmente o dedo que aponta como sendo seu, não há nada para identificar visualmente no lugar para onde seu dedo está apontando. O "você" que se sente presente ali não é um "você" observado; não, é um "você" como alguém que observa ou, mais simplesmente, um "você" que está se observando. Mesmo a palavra "você" pode estar dizendo demais, porque a sensação de presença parece ser simplesmente uma sensação de estar cônscio por meio da visão. Anexar um pronome pessoal a essa sensação exige um passo a mais de pensamento, um passo que envolve o conceito de si mesmo. Melhor é simplesmente dizer que o dedo aponta para a aparente origem ou fonte do ver ou da consciência visual conforme vivenciada de dentro.

Você pode dizer: "Esse ponto-fonte é simplesmente o meu olho [ou um ponto entre os olhos]." Estritamente falando, porém, não é esse o aspecto visual das coisas. Como aponta Ludwig Wittgenstein, "na realidade você *não vê* o olho. E nada no campo visual lhe permite inferir que aquilo esteja sendo visto por um olho".[2]

Visualmente falando e sem se olhar no espelho, você parece, para si mesmo, como se não tivesse cabeça: há uma lacuna ou abertura no lugar de uma cabeça. E ainda assim essa lacuna não é um mero vazio. Ao contrário: como a consciência está lá, podemos chamar esse espaço de "espaço-consciente".[3] Esse espaço não está vazio; está preenchido com seu campo visual e tudo dentro dele.

Talvez você diga: "Posso parecer visualmente sem cabeça para mim mesmo, mas eu sei que tenho uma cabeça, porque posso tocá-la com a minha outra mão [aquela outra, que não tem o dedo apontando]. E sei que a minha cabeça contém um cérebro, que é na realidade a origem ou fonte da minha consciência."

No entanto, agora você trocou a visão pelo tato. Então, se quiser se manter no espírito do exercício, precisa perceber como as coisas são somente pelo toque. Prestando atenção a como as coisas parecem só por meio do tato, sua cabeça continua sendo a origem da sua consciência, mais do que o seu braço ou sua mão, que você também pode tocar? Na verdade, quando você toca sua cabeça, o ponto de origem ou fonte da consciência muda para sua mão. É claro que uma mão pode tocar a outra, mas as duas mãos nunca estão tocando e sendo tocadas mutuamente ao mesmo tempo; em vez disso, alternam seus papéis espontaneamente.[4] Assim como o olho não vê a si mesmo em seu campo visual, a mão não toca a si mesma em seu campo táctil. Quanto ao cérebro, ele não aparece diretamente em lugar algum na sua experiência, nem mesmo como uma ausência cuja presença é sentida de forma peculiar, como a aparente origem do campo visual. Se nada no campo visual lhe permite inferir que ele esteja sendo visto por um olho, com certeza nada no campo visual lhe permite inferir que esteja sendo visto por um cérebro.

O exercício do dedo apontando, que provém do escritor inglês Douglas Harding, tem intenção de induzir a uma reversão da atenção.[5] Habitualmente, a seta da atenção aponta para o mundo, o que inclui o seu corpo. Nossa atenção é tipicamente investida no mundo, nos vários objetos da consciência, e salta de uma coisa para a outra. O exercício do dedo apontando é um truque e deixa a consciência em relevo e a ressalta. Trata-se de um auxílio para notar que existe uma diferença experiencial entre prestar atenção a um ou outro objeto da consciência, mesmo ao próprio corpo, que você também vivencia subjetivamente, e prestar atenção à consciência. Consciência, entendida como ela mesma e seus objetos, é o tópico deste capítulo.

Transparência

Como o tópico da consciência está repleto de controvérsias, já precisamos lidar com uma objeção para nossa maneira de delinear a consciência. Alguns filósofos têm negado que a consciência possa ser distinguida experiencialmente dos objetos da consciência.[6] Eles dizem que a consciência é transparente, isto é, que enxergamos seus objetos diretamente através dela, como se estivéssemos olhando o exterior através de uma vidraça limpa.[7] Por exemplo, quando vemos um pôr do sol, eles alegam que temos consciência apenas das cores do céu, que são qualidades perceptíveis do objeto, mas não de qualquer qualidade da visão ou da consciência visual. Além disso, se tentarmos prestar atenção à nossa consciência visual, tudo que podemos descobrir são qualidades daquilo que vemos, mas não qualquer qualidade da nossa visão. Quando escutamos uma melodia, podemos ouvir apenas as notas, mas nenhuma qualidade da nossa audição. Em geral, segundo esse ponto de vista, consciência e atenção não contribuem em nada para como a experiência se faz sentir ou parece separada dos objetos e das propriedades que apresentam.

Nós acreditamos que esse ponto de vista está errado.[8] Quando você vê seu dedo apontando para onde os outros enxergam o seu rosto, você está consciente do dedo, mas também consciente do ato de ver. É claro que está prestando atenção ao dedo; então, sua consciência de ver não é explícita, mas sim implícita ou tácita. Entretanto, você pode guiar mentalmente a sua atenção à consciência visual, como ilustra o exercício de apontar o dedo. Quando se faz isso, a sensação de estar consciente se intensifica, independentemente do objeto.

Uma intensificação similar da consciência ocorre num sonho lúcido. Quando você percebe que está sonhando, torna-se cônscio do seu estado de sonho como tal e pode dirigir sua atenção precisamente para a consciência onírica, não importa com o que esteja sonhando.[9] O exercício de apontar o dedo induz a uma lucidez análoga na percepção, de modo que você pode dirigir sua atenção à consciência perceptiva como tal, independentemente daquilo que esteja percebendo. A partir dessa perspectiva de "testemunhar", há uma clara diferença entre qualidades experienciais da consciência, tais como estabilidade, tranquilidade e estado de alerta, e qualidades experienciadas do objeto, tais como cor.[10]

As tradições meditativas asiáticas são relevantes aqui. Em certos estilos de prática meditativa budista, aprende-se inicialmente a ancorar a atenção a um objeto vivencial, tal como a respiração, ao mesmo tempo que se está vigilante para qualquer distração.[11] Vigilância requer estar consciente das características da experiência em andamento pertinentes não ao objeto, mas às qualidades da consciência, tais como estabilidade, estado de alerta e tom afetivo (se a experiência é agradável, desagradável ou neutra). Em termos psicológicos, tal vigilância requer um tipo de metaconsciência — uma consciência da consciência. Necessariamente, para esses estilos de prática, cultivar a metaconsciência não envolve tomar uma atitude explícita, introspectiva ou para dentro, porque isso significaria fazer da consciência o objeto. Em vez disso, depois de ter conseguido um grau de estabilidade de atenção, desvia-se a atenção da âncora (o objeto da experiência) ao mesmo tempo que se permanece num estado de "mera não distração". Essa atitude eleva a saliência das qualidades da consciência fora do objeto (as qualidades que não estão amarradas ao objeto) de modo que possam ser notadas sem focar na consciência como objeto. Somos capazes de espiar a consciência com o canto do olho, por assim dizer, sem mirá-la explicitamente. Podemos sustentar um tipo não objetificador de metaconsciência, "a espiã da consciência plena", que não apresenta a consciência como objeto.

Essa perspectiva é facilmente relacionada com o exercício de apontar o dedo, especialmente pelo fato de o próprio Harding estar escrevendo a partir de um tipo semelhante de perspectiva meditativa.[12] O dedo serve como âncora inicial de atenção. Contudo, por causa da maneira peculiar em que está apontando, ele provoca uma reversão de atenção, afastando-se de si mesmo para a consciência. O que impede o desvio da consciência para um objeto é a experiência de estar "sem cabeça", o encontro com o "espaço-consciente" que não é um objeto e que está preenchido com o mundo visual. A consciência não se revela separada dos objetos da consciência, e ainda assim é claramente distinguível deles. Por fim, após sensibilizar-se para a consciência em contraste com seus objetos, não é mais necessário depender do exercício de apontar o dedo. Em vez disso, basta "simplesmente sentar-se", pegando emprestadas as palavras do filósofo zen Dōgen, num estado de consciência aberta.[13]

A epoché

Façamos agora o exercício de apontar o dedo no sentido inverso. Começando da origem do seu campo visual, você olha para baixo e vê seu tronco e seus braços e pernas se estendendo a partir do aparente ponto de origem da consciência por meio da visão. Agora seu corpo, e na verdade todo o resto que você vê, parece contido dentro da consciência. Como afirma Robert Sharf: "A topografia desse espaço é parecida com a torção de uma faixa de Möbius, que é ao mesmo tempo unilateral e bilateral, o que equivale a dizer que é impossível determinar onde termina o sujeito e começa o objeto."[14] Ao mesmo tempo, a consciência está intrinsecamente aberta ao que está além dela, ao mundo externo ao seu alcance, de modo que a consciência exibe ao mesmo tempo fechamento (como uma faixa de Möbius ou uma garrafa de Klein) e transcendência (ela aponta intrinsecamente para além de si mesma e amplia constantemente seu alcance).[15]

Quando olhamos as coisas dessa maneira, estamos efetivamente realizando uma versão do que os fenomenólogos, seguindo Husserl, chamam *epoché*, um termo que vem do ceticismo na Grécia Antiga e significa "suspensão de juízo" ou "retenção do assentimento".[16] Costumamos julgar que os objetos existem "lá fora", independentes de nós. Os fenomenólogos chamam essa perspectiva de "atitude natural". O primeiro passo para adotar uma atitude apropriadamente fenomenológica em relação à experiência ou consciência é abster-se da atitude natural. O ponto não é negar a atitude natural, mas sim adotar uma forma diferente de olhar as coisas. No intuito de examinar o mundo estritamente como é revelado para a consciência, o fenomenólogo coloca entre parênteses os postulados do dia a dia sobre o mundo como existente fora da consciência. O objetivo é investigar as coisas especialmente como estão correlacionadas com a maneira como as apreendemos conscientemente. A *epoché* é o ato mental de suspender nossa dependência na atitude natural, que assume que os objetos "simplesmente estão aí", de modo que a atenção possa ser direcionada exatamente para a maneira como as coisas se manifestam na consciência. Esse tipo de atenção focaliza a estrutura correlacional da consciência e seus objetos (consciência e objetos da consciência). Assim, a *epoché* requer essencialmente o mesmo tipo de metaconsciência (consciência da consciência) que aparece no exercício de apontar o dedo e em certos tipos de meditação.

Na atitude natural, assumimos que a realidade "simplesmente está aí". Encarada fenomenologicamente, porém, a realidade é aquilo que se revela a nós como real, seja na percepção cotidiana, seja na investigação científica. A ideia não é que a realidade não existiria se não fosse pela nossa consciência ou que a realidade é feita de consciência — a ideia é que não temos meio de capturar o que a realidade realmente significa fora da nossa capacidade de apreender algo como real; tal apreensão envolve essencialmente o funcionamento da consciência. A *epoché* é um "exercício espiritual" e filosófico para ganhar acesso à consciência como condição de possibilidade para a inteligibilidade da realidade, para que a própria ideia de realidade seja significativa.[17]

A primazia da consciência

A *epoché* traz para o primeiro plano o que chamaremos de primazia da consciência.[18] Não há como se colocar fora da consciência e medi-la em relação a alguma outra coisa. Tudo que investigamos, inclusive a consciência e sua relação com o cérebro, reside dentro do horizonte da consciência.

A metáfora do horizonte é significativa. A linha do horizonte é um limite que não conseguimos cruzar, porque ela vai sempre recuando à medida que nos aproximamos dela. É uma linha aparente e viaja conosco. Em certo sentido, o horizonte está "lá fora": é o ponto mais distante que o olho consegue ver antes que a superfície da Terra se curve sob nossa vista. Em outro sentido, o horizonte está "aqui dentro": é uma estrutura da percepção e não existe separado da mente.

A metáfora do horizonte revela uma forma de pensar sobre a consciência que chamaremos de concepção baseada no horizonte [*horizontal conception*].[19] A consciência é o horizonte para a revelação do mundo: o mundo aparece e se faz presente para nós de dentro do horizonte da consciência. A consciência é o horizonte de qualquer coisa que possamos perceber, sobre a qual possamos pensar e investigar, inclusive quando estamos fazendo ciência. Podemos observar, imaginar e investigar somente dentro do horizonte da consciência, e qualquer coisa que determinemos como sendo real ou factual obtém essa determinação de dentro do horizonte da consciência.

A maioria dos cientistas e filósofos não olha para a consciência dessa maneira. Em vez disso, a consciência é encarada como apenas mais um fenômeno no mundo. É claro que os teóricos discordam acerca da natureza desse fenômeno. Alguns sustentam que a consciência é produzida pelo cérebro ou é idêntica a um estado do cérebro; outros sustentam que é algo não físico, impossível de ser reduzido à natureza física. Alguns dizem que é um tipo de ilusão cognitiva, enquanto outros argumentam que é um dos ingredientes fundamentais da realidade, que uma descrição puramente física não consegue capturar. Mesmo assim, apesar dessas diferenças, a ideia geral é que a consciência é um fenômeno no mundo, e que pode ser diferenciada de outros fenômenos.

A concepção baseada no horizonte é diferente. Em vez de ser apenas um fenômeno no mundo, a consciência também é entendida como uma precondição de revelação do mundo. Consciência é o horizonte dentro do qual está presente qualquer fenômeno do qual podemos falar ou para o qual podemos apontar. Isso inclui qualquer coisa que sejamos capazes de indicar sobre estados particulares de consciência em relação ao cérebro. A consciência como fenômeno no mundo sempre se mostra dentro da consciência como horizonte.

Ao mesmo tempo, a consciência baseada no horizonte não é nada em si mesma ou totalmente por si mesma, porque nada mais é que a revelação ou manifestação do mundo. Revelação e manifestação implicam um destinatário, alguém para quem algo é revelado ou manifestado. Por essa razão, os fenomenólogos muitas vezes descrevem a consciência como "dativa de manifestação" (manifestar é manifestar *para*). A consciência é o receptor da manifestação de presença, incluindo todas as formas em que ausências, tais como aquilo que está além do horizonte, são intimadas para dentro da presença. Usando termos filosóficos budistas, podemos dizer que a consciência baseada no horizonte é "vazia" de "próprio ser", por ter "surgido de forma dependente" com a manifestação do mundo.

Podemos agora dizer mais detalhadamente a que nos referimos com primazia da consciência.[20] A consciência baseada no horizonte não é algo que temos, da mesma maneira que temos uma sensação de dor ou uma impressão visual de cor. É algo que vivemos. É um modo de ser ou uma forma de existência. Assim, há *primazia existencial*. A consciência também tem *primazia cognitiva*. Como ilustra a nossa parábola da temperatura e como argumentamos ao longo deste livro, a experiência consciente é ao mesmo tempo o ponto de partida e a fonte última de validação para adquirir conhecimento, particularmente conhecimento científico. Por fim, a consciência tem *primazia transcendental*. Uma coisa é transcendental quando é condição a priori da possibilidade de conhecimento (uma condição não fornecida pela experiência, mas pressuposta por ela). Consciência não é simplesmente mais um objeto do conhecimento, mas também, e de maneira mais fundamental, é o meio pelo qual qualquer objeto é cognoscível. Por isso é impossível reduzir a consciência a qualquer objeto ou domínio de objetos: qualquer explicação de consciência com base em um objeto específico, tal como o cérebro, ou até mesmo em uma totalidade dos objetos, já pressupõe consciência como aquilo pelo qual os objetos são individualizados e inteligíveis. Como dissemos no início desta seção, não há como se colocar fora da consciência e explicá-la exaustivamente com base em alguma outra coisa.

Alguns pensadores, antigos e modernos, foram adiante para inferir, a partir desses tipos de pensamentos, que o universo, a natureza ou a realidade *é* essencialmente consciência ou, de algum modo, feito de consciência. Isso não procede logicamente. Essa ideia adicional dá um salto especulativo além daquilo que podemos conhecer ou estabelecer com base nas considerações preliminares sobre a consciência conforme experienciada de dentro e como precondição irredutível do conhecimento científico. Além disso, como veremos agora, esse salto especulativo quebra o que chamaremos de primazia da corporeidade, que é tão inegável quanto a primazia da consciência.

A primazia da corporeidade

Anteriormente, dissemos que o cérebro não se mostra diretamente em nenhum lugar na nossa experiência. Podemos agora inverter essa questão. Existe uma dependência próxima inegável de estados da consciência em relação ao cérebro, mas essa dependência é inescrutável de dentro do horizonte da consciência em primeira pessoa. Estar desperto e perceber coisas à nossa volta, estar dormindo e sonhar, "simplesmente nos sentar" em consciência aberta e pura ausência de distração: esses modos de consciência dependem do cérebro, mas vivenciá-los de dentro não revela nada dessa dependência. De modo geral, vista de dentro, a consciência baseada no horizonte não revela diretamente tudo de que ela depende.

É claro que algumas tradições filosóficas e espirituais negam isso e afirmam que é evidente que a natureza interna da consciência, às vezes chamada "consciência pura", não depende de nada mais que ela mesma, e portanto constitui a principal fundação do ser. No entanto, pensar que essa metafísica é consequência da experiência de consciência pura constitui uma inferência inválida. Não importa quão básica e autossubsistente a consciência possa parecer de dentro; não significa que seja de fato dessa maneira. A forma aparente de alguma coisa não revela necessariamente como essa coisa é, mesmo no caso da consciência. Não quer dizer que inexistem experiências genuínas de "consciência pura", estados nos quais a consciência é experienciada como tendo uma qualidade fenomenal invariante, distinta de seus objetos variáveis. Significa, porém, que tais experiências, em si mesmas ou tomadas de acordo com seus próprios termos, não revelam suas origens ou fontes, ou tudo de que dependem.

Podemos levar essa questão adiante. A consciência, no sentido de consciência imediata, precisa ter fonte fora de si mesma. Qualquer coisa que se possa pensar, inclusive "este dedo está apontando para um espaço-consciente" ou "isto é um sonho", é significativa graças a conceitos de que dispomos e sabemos como usar, e esses significados não se originam conosco. Qualquer coisa que façamos, inclusive "simplesmente nos sentar" e "não pensar" em meditação, tem significado e só é possível graças a um composto de práticas sociais e culturais, que se estende muito além de nós, e que é anterior e continuará a existir depois de nós. Até mesmo a metaconsciência, a habilidade de sintonizar e monitorar mentalmente a própria consciência, origina-se e desenvolve-se pelo fato de termos internalizado uma perspectiva externa de nós mesmos quando éramos crianças interagindo com outros. Por fim, qualquer tentativa de negar que nossa consciência imediata tenha fontes externas é incoerente, porque essa negação não pode ser pensada ou declarada exceto mediante os recursos conceituais e linguísticos fornecidos pela nossa herança social e nossa evolução cultural e biológica. Mesmo que fôssemos os últimos sobreviventes de uma peste universal, nossa mente e nossa capacidade para a metaconsciência seriam inerentemente sociais.

Tais questões descrevem o que chamaremos de primazia da corporeidade. Não há como "sair fora" da corporeidade, dos nossos corpos vivos e inerentemente sociais e culturais. Como escreve Merleau-Ponty: "O corpo é o veículo do ser no mundo."[21] O corpo é o meio do mundo se revelar via consciência.

Um loop estranho

Agora nos deparamos com um loop estranho.[22] A consciência baseada no horizonte incorpora o mundo, inclusive nosso corpo vivenciado de dentro, enquanto a corporeidade incorpora a consciência, inclusive a consciência em sua intimidade imediata. A primazia da consciência e a primazia da corporeidade se englobam mutuamente. Precisamos examinar esse loop estranho, que desaparece de vista no Ponto Cego.

Na verdade, já encontramos esse loop estranho na nossa discussão de tempo e cosmologia e na nossa discussão da vida. Nossa experiência de tempo depende do fluxo do tempo cósmico que medimos por meio da nossa experiência do tempo, e somente a vida pode conhecer a vida. Como Ouroboros, a serpente que engole a própria cauda, estamos no universo e o universo está em nós. Esse é o loop estranho.

Merleau-Ponty aborda esse loop estranho quando escreve *Fenomenologia da percepção*: "O mundo é inseparável do sujeito, mas de um sujeito que nada mais é que uma projeção do mundo; e o sujeito é inseparável do mundo, mas de um mundo que ele mesmo projeta."[23] Esse enunciado pretende criar um caminho entre dois extremos. Um é a ideia de que existe um mundo apenas para ou na nossa consciência (idealismo). O outro é a ideia de que o mundo existe pronto e vem pré-dividido em tipos ou categorias desvinculadas da experiência (realismo). Em vez desses dois extremos, Merleau-Ponty propõe que cada um dos dois termos, o sujeito consciente e o mundo, faça do outro o que ele próprio é, e que ambos formem inseparavelmente um todo maior. Em termos filosóficos, sua relação é dialética.

O mundo do qual Merleau-Ponty está falando é o mundo da vida, o mundo que somos capazes de perceber, investigar e dentro do qual atuamos. O sujeito projeta o mundo porque traz para primeiro plano o mundo como um espaço de significado e relevância. Contudo, o sujeito pode projetar o mundo somente porque é inerente a um corpo já orientado para e envolvido com um mundo que o ultrapassa. O sujeito corporal não apenas está no mundo, mas também é do mundo. O sujeito corporal é uma projeção do mundo, um meio de o mundo se auto-organizar localmente e se autoindividualizar de modo a constituir um ser vivo.[24]

Pode ser que você queira dizer que o universo — todo o cosmo ou toda a natureza — incorpora o mundo da vida; então o loop estranho pertence apenas a nós e ao nosso mundo da vida, não a nós e ao universo total. Contudo, colocar o loop estranho em quarentena dessa maneira não vai funcionar. É verdade que o nosso mundo da vida é uma parte minúscula de um cosmo imensamente mais vasto. O cosmo contém nosso mundo da vida, mas também é verdade que o mundo da vida contém o universo. O que estamos querendo dizer é que o universo sempre é revelado a nós a partir de dentro do mundo da vida. O mundo da vida estabelece o horizonte dentro do qual qualquer coisa é observável, mensurável e pensável. Assim, o mundo da vida e o universo estão eles próprios presos num loop estranho.

Merleau-Ponty tem esse loop estranho em mente quando questiona:

> Pois a que exatamente nos referimos ao dizer que o mundo existia antes da consciência humana? Pode ser que nos referíssemos a que a Terra emergiu de uma nebulosa primitiva onde as condições para a vida não haviam sido reunidas. Contudo, cada uma dessas palavras, assim como cada equação em física, pressupõe *nossa* experiência pré-científica do mundo, e essa referência ao mundo *vivido* contribui de modo a constituir a significação válida da afirmação. Nada jamais me levará a entender o que poderia ser uma nebulosa, que não pode ser vista por ninguém. A nebulosa de Laplace não está atrás de nós, na nossa origem, e sim à nossa frente no mundo cultural.[25]

Merleau-Ponty não está negando que haja um sentido perfeitamente legítimo em podermos dizer que o mundo existia antes da consciência humana. Na verdade, ele se refere à "significação válida" dessa afirmação. Está dando um argumento num nível diferente, o nível do significado. Os significados dos termos em enunciados científicos, incluindo equações matemáticas, depende do mundo da vida, como ilustram a nossa parábola da temperatura e a nossa discussão da dependência do tempo do relógio em relação ao tempo vivido. Além disso, o universo não vem pronto e pré-dividido em tipos de entidades, tais como nebulosas, independentemente de cientistas que investigam e que julgam útil conceitualizar e categorizar coisas dessa maneira, de acordo com suas capacidades perceptuais, ferramentas observacionais e propósitos explanatórios no mundo da vida e na oficina científica. A própria ideia de nebulosa, um corpo distinto das nuvens interestelares, reflete nossa maneira humana e científica de dividir perceptiva e conceitualmente fenômenos astronômicos. É a isso que Merleau-Ponty se refere quando diz que não é possível entender o que seria uma nebulosa que não pode ser vista por ninguém. Nada carrega intrinsecamente dentro de si a identidade "nebulosa". Essa identidade depende de um sistema conceitual que informa a (e é informado pela) observação. Não obstante, a última sentença de Merleau-Ponty é exagerada. Dado o sistema conceitual da astrofísica e da teoria da relatividade geral, a nebulosa de Laplace *está sim* atrás de nós em tempo cósmico, mas não está *apenas* atrás de nós. Está também à nossa frente no mundo cultural, porque a própria ideia de nebulosa é uma categoria humana. O universo contém o mundo da vida, mas o mundo da vida contém o universo. E esse é o loop estranho.

Podemos agora apreciar que o mundo da vida tenha o mesmo tipo de primazia que a primazia da consciência e a primazia da corporeidade. Melhor ainda, a primazia do mundo da vida incorpora a primazia da consciência e a primazia da corporeidade. Não podemos nos colocar fora do mundo da vida, porque o carregamos conosco para todo lugar que vamos. O que quer que saibamos sobre o universo é sabido a partir de dentro do mundo da vida. Ao mesmo tempo, abrimos constantemente novas vistas com novos horizontes do mundo da vida, particularmente em ciência (mas também em arte, religião e filosofia). Então, deve sempre haver algo que transcenda o mundo da vida, algo que esteja além dele e forneça uma fonte para possibilidades sempre novas de revelação e manifestação a partir de dentro. Chamamos essa fonte "natureza".[26] O mundo da vida é inerentemente aberto a essa fonte que o transcende. O mundo da vida exibe ao mesmo tempo fechamento (qualquer ação dentro dele resulta em outra ação dentro dele) e transcendência (ele é intrinsecamente aberto àquilo que está além dele). O mundo da vida e o universo se abarcam mutuamente.

O Ponto Cego esconde o loop estranho a ponto de nos esquecermos dele. Caímos sob o feitiço de pensar que é possível captar a consciência a partir de uma perspectiva puramente externa, uma perspectiva fora do loop estranho no qual a consciência nos coloca. Em outras palavras, pensamos que podemos compreender a consciência dentro da estrutura de reducionismo, fisicalismo e objetivismo; ou, se isso falhar, postulando um dualismo de natureza física *versus* consciência irredutível que poderíamos, de algum modo, captar fora desse loop estranho. Estamos agora prontos para ver por que essas maneiras de pensar não funcionam e por que as razões para seu fracasso vão mais fundo do que aquilo que os filósofos chamam de "o problema difícil da consciência".

O problema difícil é um artefato do Ponto Cego

O problema difícil da consciência é dito como sendo o problema de explicar como um sistema físico, tal como o cérebro, dá origem à experiência consciente.[27] A expressão "dar origem a" é vaga, porque uma parte do problema é descobrir com exatidão qual supostamente seria a relação explanatória entre um sistema físico e a experiência consciente. Embora a expressão "dar origem a" sugira uma relação causal, talvez a relação seja de identidade (ser consciente é idêntico a certo tipo de estado físico) ou de realização (ser consciente realiza-se em certo tipo de estado físico). Em todo caso, o problema, em termos gerais, é explicar como e por que a experiência consciente é gerada num sistema físico, conforme descrito nos termos objetivos da ciência, quer a descrição seja baseada em processos eletroquímicos em neurônios e sinapses, processos computacionais ou informacionais em redes neurais, ou efeitos quânticos em sistemas biológicos ou na matéria em geral.

O atual problema difícil da consciência é um artefato do Ponto Cego. O problema é relacionado ao problema mente-corpo que surgiu com a ciência moderna. Já em 1866, Thomas Henry Huxley, o biólogo inglês do século XIX conhecido como "Buldogue de Darwin", observou: "Mas o que é a consciência, nós não sabemos; e como é possível que alguma coisa tão notável como um estado de consciência surja como resultado de excitação do tecido nervoso é tão inexplicável quanto a aparição do Gênio quando Aladim esfrega sua lâmpada, ou quanto qualquer outro fato definitivo da natureza."[28] Algumas décadas depois, William James, em seu *Principles of psychology* [Princípios de psicologia] (1890), cita palavras de mesmo efeito do físico irlandês John Tyndall em seu discurso de posse, em 1868, da Seção de Física da Associação Britânica para o Progresso da Ciência: "A passagem da física do cérebro para os fatos correspondentes da consciência é impensável. Reconhece-se que um pensamento definido e uma ação molecular definida no cérebro ocorrem simultaneamente; nós não temos o órgão intelectual, nem aparentemente qualquer rudimento do órgão, que nos possibilitaria passar, por um processo de raciocínio, de um para o outro."[29] Por que haveria de ocorrer algum processo cerebral em qualquer experiência consciente? Esse é o problema difícil da consciência, também conhecido como lacuna explanatória.[30]

O problema remonta ao surgimento da ciência moderna no século XVII, particularmente à bifurcação da natureza, a divisão da natureza em realidade externa, física, concebida como uma estrutura matematizável e dinâmica, e aparições subjetivas, concebidas como qualidades fenomenais alojadas dentro da mente. A versão moderna inicial da bifurcação foi a divisão entre "qualidades primárias" (tamanho, forma, solidez, movimento e número), que se acreditava pertencerem às entidades materiais em si, e "qualidades secundárias" (cor, sabor, cheiro, som, quente e frio), que se acreditava existirem apenas na mente e serem causadas pelas qualidades primárias impingindo-se aos órgãos dos sentidos e dando origem a impressões mentais. Essa divisão criou imediatamente uma lacuna explanatória entre os dois tipos de propriedades. John Locke, em seu monumental livro de 1869, *Ensaio acerca do entendimento humano*, apresentou o problema que Huxley voltaria a enunciar aproximadamente duzentos anos mais tarde. Nas palavras de Locke: "Estamos tão longe de saber qual figura, tamanho ou movimento de partes produz uma cor amarela, um sabor doce ou um som agudo, que não podemos de modo algum conceber como algum *tamanho, figura ou movimento* de qualquer partícula pode produzir em nós a ideia de algum *sabor, cor ou som* qualquer que seja; não existe ligação concebível entrecruzando um e outro."[31]

Gottfried Wilhelm Leibniz (cujas numerosas realizações incluem a criação independente do cálculo mais ou menos na mesma época que Newton, inventando calculadoras mecânicas, documentando e refinando o sistema de números binários e sendo provavelmente o primeiro filósofo europeu a escrever com seriedade e simpatia sobre a filosofia chinesa) levantou um problema semelhante em seu *Monadologia*, publicado em 1714:

> Se imaginarmos que haja uma máquina cuja estrutura a faça pensar, sentir e ter percepções, poderíamos concebê-la ampliada, mantendo as mesmas proposições, de modo a entrar nela da mesma maneira que se entra num moinho. Assumindo que, ao inspecionar seu interior, apenas encontremos partes que se empurram umas às outras, jamais encontraremos algo para explicar uma percepção.[32]

"Percepção" era o termo genérico de Leibniz para estados mentais. Ele argumenta que quando inspecionamos um sistema mecânico, o que é mais fácil de fazer quando o imaginamos ampliado de modo a examinar seu interior, não acharemos nada que explique a presença de estados mentais (sensações, percepções e pensamentos).

Embora o argumento do moinho de Leibniz não tratasse especificamente da consciência, e sim de estados mentais em geral, é fácil imaginar uma versão contemporânea de seu argumento aplicada ao cérebro e à consciência. Agora somos capazes de entrar no cérebro e ver sua estrutura e dinâmica interior graças à neurofisiologia celular e molecular, e às tecnologias de neuroimagem. Temos agora muitos "conectomas", mapas ou esquemas de ligação abrangentes de conexões neurais no cérebro. Existe alguma coisa nesses modelos do cérebro que explique a presença da consciência? Vamos supor que pudéssemos registrar a imagem da atividade física das redes neurais que compõem o cérebro em qualquer escala espacial e temporal que desejemos. Embora fôssemos capazes de estabelecer correlações precisas entre a atividade cerebral e as experiências, essas correlações não são suficientes para explicar as experiências — tanto o fato da sua ocorrência quanto suas qualidades específicas. A atividade física e computacional das redes neurais se encontra do outro lado de uma divisão conceitual e explanatória em relação à experiência direta de um céu azul, um devaneio de verão ou simplesmente se sentar em silêncio e meditar. Esse abismo é a lacuna explanatória.

Apesar dos impressionantes e ininterruptos avanços na física, na biologia e na neurociência desde a bifurcação da natureza, que começou com o surgimento da ciência moderna, não foi feito nenhum progresso fundamental na ciência para superar o abismo entre consciência e modelos físicos. Embora modelos físicos e biológicos sejam cada vez mais sofisticados e alimentados por crescentes quantidades de dados, o abismo permanece. O problema que Huxley e Tyndall evidenciaram no século XIX é o mesmo que os filósofos Thomas Nagel e David Chalmers identificaram no século XX e que persiste até hoje.[33] De fato, é difícil ver como qualquer avanço na compreensão de processos físicos, descritos em termos completamente objetivos em qualquer escala ou nível, permite cruzar o abismo. Essa situação deveria nos levar a desconfiar de que o problema difícil da consciência é construtivamente embutido na metafísica de um ponto cego e não é solucionável em seus termos.

Como temos visto ao longo deste livro, a metafísica de um ponto cego surge quando tomamos erroneamente um método como sendo a estrutura intrínseca da realidade. Concebemos um poderoso método explanatório que abstrai afastando-se da consciência, ao mesmo tempo que esquecemos que o método continua sendo fundamentalmente dependente da consciência. Como ilustrado pela nossa parábola da temperatura e a discussão sobre o tempo, começamos por substituir fenômenos concretos e tangíveis por construções matemáticas abstratas e idealizadas (a substituição sub-reptícia). Como essas construções são muito úteis, esquecemos que elas constituem abstrações e, em vez disso, as tomamos pela realidade concreta (a falácia da concretude deslocada). À medida que ascendemos a espiral de abstrações, passamos a encarar resíduos altamente destilados da experiência como se fossem, em essência, entidades não experienciais que constituem o tecido objetivo da realidade (a reificação das invariantes estruturais). Por fim, a experiência consciente — a fonte originária do método — é totalmente perdida de vista, escondida no Ponto Cego (a amnésia da experiência). O resultado é um quadro da realidade desenhado em termos fisicalistas, reducionistas e objetivistas, do qual a consciência foi totalmente excluída.

Se agora dermos meia-volta e tentarmos recuperar a consciência dentro da visão de mundo de um ponto cego, usando o mesmo método pelo qual a excluímos desde o início, deparamo-nos com uma situação impossível e sem sentido. Alegar que a consciência pode ser explicada de forma reducionista por seus resíduos estruturais abstratos em física e neurociência inverte todo o procedimento de gerar conhecimento científico, que começa a partir da experiência direta e está sempre em dívida com ela. Essa jogada é absurda em princípio, porque tenta substituir a subjetividade excluída no início por uma abstração criada em termos completamente objetivos.[34] Ela falha em reconhecer a primazia da consciência no conhecimento, impossível de ser eliminada.

Há somente algumas poucas opções para tentar lidar com a consciência dentro do confinamento da visão de mundo de um ponto cego. Em última análise, são todas insatisfatórias, porque nunca chegam a um acordo com a necessidade de reconhecer a primazia da consciência e o loop estranho no qual nos encontramos. A primeira opção é mudar o assunto ao focar em um problema diferente, tal como quais aspectos da experiência consciente convivem com quais aspectos da atividade cerebral. A segunda opção é entrincheirar a bifurcação da natureza num dualismo metafísico, constituído de realidade física e propriedades mentais irredutíveis. Dependendo de quão disseminadas se acredite que sejam tais propriedades mentais, a posição resultante é ou um dualismo naturalista, que postula princípios adicionais ligando processos físicos a propriedades mentais irredutíveis para explicar como a experiência consciente surge do cérebro, ou um pampsiquismo, que toma a consciência como sendo característica fundamental do mundo físico.[35] A terceira opção é dizer que a consciência é uma ilusão, posição conhecida como ilusionismo. Independentemente da abordagem escolhida, permanecemos dentro do âmbito do Ponto Cego, fazendo mais da mesma "ciência normal", injetando um "ingrediente extra" dualista ou pampsiquista numa visão de mundo de um ponto cego que de outra maneira continuaria imutável e preservada, ou recusando-nos a encarar a consciência exceto como um tipo de ilusão cognitiva, escolha que exacerba o Ponto Cego.[36] No restante deste capítulo, damos uma olhada mais detalhada nessas opções e explicamos por que necessitamos de uma abordagem radicalmente diferente além do Ponto Cego.

Bancando o cérebro

A abordagem padrão na neurociência da consciência é ignorar o problema difícil de como a consciência é gerada no mundo físico e focar no mapeamento de propriedades experienciais da consciência em propriedades funcionais do cérebro.[37] O termo "correlatos neurais da consciência" refere-se a esse tipo de mapeamento.[38] Como exemplo, sabe-se que as propriedades de estar desperto e perceber conscientemente detalhes visuais estão intimamente correlacionadas com padrões coordenados, em grande escala, de atividade neural através de áreas corticais espalhadas.[39] Redes cerebrais similares em grande escala estão ativas quando sonhamos, mas não durante o sono profundo.[40]

A topografia cerebral dessas redes, no entanto, permanece uma questão de debate. Quais serão as áreas cerebrais mais intimamente correlacionadas com a percepção consciente: as sensoriais, que estão na parte de trás da cabeça, ou as cognitivas, na parte da frente?[41] O debate também diz respeito à consciência perceptiva ser essencialmente um fenômeno sensório ou um fenômeno cognitivo, compreendendo atenção e memória. O assunto se cristalizou num debate entre paradigmas de "não relato" *versus* "relato".[42] O modo tradicional de investigar os correlatos neurais da consciência é utilizar relatos verbais sobre percepção como padrão para determinar os conteúdos da consciência. Contudo, relatos verbais confundem os conteúdos da percepção com os processos cognitivos de atenção e memória requeridos para tornar esses conteúdos relatáveis (é preciso prestar atenção a alguma coisa e mantê-la na memória para relatá-la). Paradigmas de não relato tentam remover essa confusão primeiro usando relatos para encontrar indicadores neurofisiológicos e comportamentais da consciência (tais como medições eletrofisiológicas e imagens cerebrais, junto com movimentos oculares e dilatação das pupilas) que subsequentemente possam ser utilizados na ausência de relatos. Cada lado desse debate, porém, tem sido capaz de prover evidência empírica para sua posição (para a percepção consciente estar essencialmente ligada à atenção e memória ou não ser dependente delas). Como resultado, não existe um único correlato neural da consciência, de concordância geral, e continua havendo uma discordância insolúvel sobre o que é a consciência (se é fundamentalmente uma capacidade cognitiva ou sensória).

Outra propriedade experiencial da consciência é o senso de si mesmo (*self*), a sensação de ser sujeito da experiência e agente da ação. O senso de si mesmo não é uma coisa só — inclui muitos elementos diferentes, tais como o eu corporal, o eu mental vivenciado em memória e antecipação, o eu como linha de história pessoal (o eu narrativo) e o eu social. Cada um desses aspectos pode, por sua vez, ser analisado em distintas facetas. Por exemplo, o eu corporal inclui a sensação de propriedade ("este corpo é meu"), autoagenciamento ("eu estou fazendo este movimento"), autolocalização ("eu estou no meu corpo") e percepção egocêntrica ("eu estou vendo o mundo através dos meus próprios olhos"). O senso de si mesmo é uma construção, feita de tipos diferentes de autoexperiência que se integram. Suas características e integração também podem ser mapeadas em vários sistemas no cérebro e no resto do corpo.[43]

Mapear a partir de propriedades da consciência para propriedades do cérebro tem produzido modelos frutíferos e descobertas experimentais. É uma estratégia de pesquisa importante na neurociência da consciência. O problema surge quando se diz que tal abordagem eventualmente fará desaparecer o problema difícil da consciência ou a lacuna explanatória.[44] Isso é um equívoco. Estabelecer mapeamentos detalhados da experiência para o cérebro é uma coisa; explicar o que torna esses mapeamentos possíveis, e como e por que se sustentam, é outra coisa. Como observa Michel Bitbol, pensar que resolver esses problemas de mapeamento finalmente servirá como solução (ou dissolução) do problema difícil é como pensar que se pode alcançar o horizonte caminhando longe o suficiente.[45] Não importa quão detalhados sejam os mapeamentos entre experiência e cérebro, eles não bastam para explicar a origem física ou geração da consciência. A experiência consciente é um dado da relação de mapeamento; não é explicada por ele. Explicar o lado experiencial do mapeamento requer um tipo diferente de explicação.

A pesquisa sobre correlatos neurais da consciência enfrenta problemas adicionais quando é tomada como estratégia para lidar com o problema difícil ou a lacuna explanatória. A menos que saibamos a natureza e a estrutura precisas da consciência, não podemos determinar as condições sob as quais ela ocorre. Poderia a consciência existir de alguma forma em organismos sem cérebro ou sistema nervoso?[46] No momento atual, não temos meio de responder a isso de forma definitiva. Embora saibamos que o cérebro é necessário para capacidades cognitivas intimamente associadas com a consciência em nós, não sabemos se essas capacidades cognitivas são essenciais à consciência ou se são alheias a ela. A pesquisa sobre correlatos neurais tem sido incapaz de decidir tal questão, como já vimos. Consideremos a senciência, a capacidade de sentir. Será que ela requer capacidades cognitivas, como atenção seletiva e memória de curto prazo, ou é separada delas? Haverá uma forma mínima ou nuclear de senciência, uma sensação de estar vivo, que pertença a todos os organismos? Ou será que a senciência emerge em algum ponto da evolução? Não existe consenso sobre essas questões. Mesmo que muitos neurocientistas digam que a consciência é restrita a animais com cérebro, trata-se, na melhor das hipóteses, de uma premissa ou hipótese de trabalho, não um fato estabelecido.[47]

Se já soubéssemos que propriedades experienciais e cognitivas são necessárias para a consciência e são exclusivas do cérebro, então mapeá-las no cérebro ajudaria a nos concentrar na origem física — mesmo que ainda não entendêssemos como um sistema físico como o cérebro pode gerar consciência. No entanto, não sabemos essas coisas, e uma desafiadora circularidade surge quando tentamos descobri-las.[48] Para determinar a extensão da consciência no mundo natural, necessitamos de uma teoria validada; mas, para chegar a tal teoria, necessitamos nos basear em premissas sobre quanto a consciência está disseminada na natureza. Ter uma teoria da consciência validada requer determinar quais propriedades experienciais e cognitivas são essenciais para a consciência, mas essa determinação depende de premissas a respeito de que tipos de organismos são conscientes. Dificilmente podemos ignorar esses desafios se estivermos tentando responder à pergunta de como a consciência surge na natureza.

Alguns teóricos fazem uma analogia entre a neurociência da consciência e a biologia da vida.[49] Assim como a vida não é uma coisa só — inclui metabolismo, crescimento, automanutenção, reprodução, evolução e assim por diante —, a consciência não é uma coisa só. E assim como foi feito progresso na compreensão da vida explicando suas diferentes propriedades, então o progresso sobre consciência será feito mapeando seus diferentes aspectos e formas no cérebro.

Entretanto, essa analogia só vai até certo ponto. Não é o caso de o problema da vida ter sido resolvido pelo tipo de compreensão mecanicista que os defensores da estratégia de mapeamento para o cérebro e a consciência têm em mente. Ao contrário, mal se começou a explicar organismos como agentes capazes de autodeterminação com espaços de fase não previsíveis (ver capítulo 6). Além disso, a impressão de que a biologia resolveu completamente o problema da vida deriva em parte de termos excluído o problema da consciência do problema da vida. Isso, porém, é apenas empurrar com a barriga. Ser consciente é parte e parcela dos processos de autorregulação em organismos conscientes.[50] Precisamos explicar como o surgimento de organismos conscientes ocorreu, inclusive se a senciência é coetânea com a vida ou um evento evolucionário posterior, e se o surgimento da consciência foi acidental ou inevitável do ponto de vista evolutivo. Então os problemas da vida e da consciência ficam entrelaçados. Mais ainda, assim que tentamos remover o problema da consciência do problema da vida, a distinção entre ambas se torna saliente. A consciência é subjetiva e experiencial, enquanto a vida biológica é construída como inteiramente objetiva. A distinção não está apenas no fato de termos de colher dados sobre estados experienciais subjetivos no caso da consciência, mas não no caso da vida. Está também no fato de que os fenômenos são conceitualizados de maneiras diferentes. Em outras palavras, empregamos arcabouços conceituais diferentes para compreendê-las — o arcabouço de estrutura, função e dinâmica objetivas de um lado, e o arcabouço e a experiência subjetiva de outro. Sim, podemos fazer um mapeamento entre esses dois arcabouços, mas isso ainda deixa intocadas as questões sobre o que torna o mapeamento possível e como explicar a geração da consciência no mundo natural.

O cérebro não é apenas um sistema que prevê

O "processamento preditivo", uma teoria popular que descreve o funcionamento do cérebro como um sistema cognitivo, foi proposto como forma de responder a essas perguntas e explicar como o cérebro gera a experiência perceptiva.[51] De acordo com essa teoria, o cérebro faz constantemente predições relativas aos sinais sensoriais que recebe, baseado em hipóteses sobre causas ocultas, inobserváveis dos sinais "lá fora" no mundo. O cérebro funciona de modo a minimizar as diferenças entre suas predições e os sinais sensórios que entram. Sinais sensórios servem como erros de predição que o cérebro usa para atualizar e revisar suas hipóteses e predições, que ele aplica à rodada seguinte de sinais. Acredita-se que esse ciclo de predição, atualização de hipótese e nova predição funcione segundo os princípios da teoria da probabilidade bayesiana (discutida no nosso tratamento do QBismo no capítulo 4), de modo que esse ponto de vista também é descrito como hipótese do "cérebro bayesiano". Em suma, de acordo com a teoria, há a percepção dos resultados da feitura e revisão de predições do cérebro diante de sinais sensórios entrantes tratados como sinais de erros — e o que percebemos é o conteúdo das predições do cérebro à medida que ele funciona de modo a minimizar erros de predições sensoriais.[52]

O processamento preditivo foi desenvolvido como uma teoria sobre como o cérebro funciona na percepção, não uma teoria sobre a consciência. No entanto, a ideia de que aquilo que percebemos, o conteúdo da nossa experiência perceptiva, seja o conteúdo do modelo preditivo interno do nosso cérebro tem a pretensão de prover um elo com a experiência consciente. Segundo esse ponto de vista, nós não percebemos o mundo diretamente; em vez disso, experienciamos o conteúdo do modelo de mundo exterior criado pelo nosso cérebro. O neurocientista Anil Seth descreve essa ideia dizendo que a experiência perceptiva é "alucinação controlada", uma expressão que remonta ao pesquisador britânico de IA do século XX Max Clowes e possivelmente ao físico e médico alemão do século XIX Hermann von Helmholtz.[53] O neurocientista Rodolfo Llínas, em 1994, também descreveu a percepção como um sonho controlado — sonhar com restrições sensoriomotoras presentes, em tempo real.[54] A ideia básica é que a alucinação acontece quando as predições ou expectativas do cérebro dominam a percepção enquanto não são restringidas por sinais sensórios. A percepção ocorre quando as predições são rigidamente restringidas por sinais sensórios, de modo que o cérebro revise constantemente suas predições à luz desses sinais. A ideia de que a percepção seja alucinação controlada (e a alucinação seja percepção descontrolada) foi oferecida como meio de estender o processamento preditivo — inicialmente uma teoria sobre como o cérebro funciona — para uma teoria sobre como o funcionamento do cérebro explica a experiência perceptiva.

No entanto, dizer que a percepção consciente é a alucinação controlada do cérebro não explica a consciência. Embora a teoria do processamento preditivo revise os termos pelo lado do cérebro do mapeamento cerebral da experiência, ela não explica como o cérebro, entendido como um processamento preditivo, é suficiente para a experiência de ser consciente em primeira pessoa. É verdade que a teoria requer mais do que determinar quais padrões de atividade cerebral se ajustam a quais experiências conscientes. Precisamos também determinar quais aspectos do processamento preditivo do cérebro se ajustam a quais experiências conscientes. Além disso, podemos adquirir conhecimento do mapeamento experiência-cérebro ao manipular o processamento preditivo cerebral e dessa forma alterar a experiência. Podemos também manipular a experiência subjetiva para ver como o processamento preditivo se altera. Ainda assim, por que um sistema de processamento preditivo incorporaria um ponto de vista experiencial? Por que haveria ele de ser conscientemente consciente? O que há de especial no processamento preditivo para que ele seja suficiente para a consciência? A teoria não consegue dar uma resposta.

Sejamos claros aqui a respeito desse assunto. Não se trata de saber se a teoria do processamento preditivo fornece modelos úteis da função cerebral. Claramente fornece. Mesmo assim, alegar que o cérebro nada mais é do que um sistema de processamento preditivo é um exagero, dado o estado corrente da evidência e dos desafios metodológicos na testagem de modelos.[55] O conceito de "cérebro bayesiano" também é um exagero. Como observa o neurocientista Luiz Pessoa, ninguém chama o cérebro de "cérebro newtoniano" por podermos usar equações diferenciais para modelá-lo, então o simples fato de podermos usar teoria da probabilidade bayesiana para modelar aspectos da função cerebral não o torna um "cérebro bayesiano".[56] O mapa não é o território, e a matemática também não.[57] Tampouco a questão é se a teoria do processamento preditivo é útil para identificar e refinar nosso entendimento dos correlatos neurais da consciência.[58] A questão é se a teoria explica a consciência ao explicar como o cérebro gera a experiência. A teoria resolve o "problema da geração" para a consciência — o problema de como um sistema físico pode produzir a experiência consciente?[59] A resposta é não.

Sentimo-nos compelidos a insistir nesse ponto, porque alguns neurocientistas alegam outra coisa. Eles deixam de afirmar que a teoria do processamento preditivo é útil para refinar o mapeamento experiência-cérebro para afirmar que ela fornece um modelo mecanicista do que são as experiências conscientes e como elas são geradas no mundo natural. Dizem que nossa percepção consciente do mundo "nada mais é que o melhor palpite do nosso cérebro para as causas ocultas de seus insumos sensórios sem cor, sem forma e sem som" e que "a experiência específica de ser você (ou eu) não é outra coisa senão o melhor palpite para as causas de sinais sensórios autorrelacionados".[60] Essas afirmações do tipo "nada mais é que" vão muito além do que qualquer teoria de processamento preditivo cientificamente estabelece. Não são afirmações científicas, mas sim metafísicas. Voam diante da lacuna explanatória entre modelos de processamento preditivo do cérebro e a experiência consciente da pessoa — e exemplificam o Ponto Cego.

Dizer que a experiência perceptiva é o melhor palpite do cérebro sobre o mundo exterior oculto cria problemas intratáveis, que caracterizam o Ponto Cego. Estamos empacados predizendo dentro das nossas cabeças. A tarefa dos nossos sentidos não é revelar o mundo, inclusive nossos corpos, e sim indicar erros naquilo que palpitamos que ele seja com base nos nossos modelos presos ao crânio. O predicamento preditivo é essencialmente solipsista: a experiência imediata nos apresenta nossas próprias predições internas, privadas, que atualizamos apenas registrando nossos erros sobre um mundo externo, para sempre oculto. Essa é a versão da neurociência cognitiva para a bifurcação da natureza.

Não há nada cientificamente obrigatório em relação a esse quadro da percepção. Ao contrário, outras teorias científicas da percepção o rejeitam. A psicologia ecológica de James J. Gibson e seus seguidores entende a percepção como uma atividade do animal inteiro, não como um episódio dentro da sua cabeça.[61] O conteúdo da percepção é o desenho do ambiente junto com aquilo que esse desenho proporciona ao animal, não um modelo no cérebro. Processos cerebrais facilitam a percepção, mas a percepção não é um processo cerebral. A percepção é uma forma pela qual o animal, dadas suas capacidades sensórias e motoras, está relacionado com o mundo. A ciência cognitiva enativa compartilha desse ponto de vista.[62] Tanto a psicologia ecológica quanto a ciência cognitiva enativa se empenham em criar uma ciência da percepção que não bifurque a natureza.

A teoria do processamento preditivo distorce a experiência perceptiva. Não percebemos predições e sinais de erros, ainda que o nosso cérebro faça uso deles. Nós percebemos o mundo. Como podem as adivinhações do cérebro, e a atualização dessas adivinhações, serem equivalentes ao senso concreto de presença compartilhada que vivenciamos na percepção? Na verdade, o cérebro não faz realmente adivinhações ou predições; isso é modo de falar, baseado em como modelamos o cérebro em contextos particulares e sob premissas específicas. Uma coisa é investigar como processos cerebrais que modelamos em termos preditivos podem possibilitar nossa experiência perceptiva do mundo; outra coisa é declarar que o conteúdo da nossa experiência perceptiva é a mesmíssima coisa que o conteúdo de um modelo preditivo no cérebro. A equivalência é injustificada. Ela substitui sub-repticiamente o conteúdo da experiência perceptiva por um modelo do conteúdo de processos cerebrais e sofre também da falácia da concretude deslocada. Toma o modelo abstrato e idealizado do cérebro em terceira pessoa como sendo o fenômeno concreto da experiência perceptiva do mundo em primeira pessoa. Por fim, confunde níveis de descrição. Assim como não percebemos imagens retinais, não percebemos predições e sinais de erros. Continua havendo uma discrepância fundamental entre modelos de processamento preditivo e a experiência perceptiva.[63]

Contudo, as coisas ficam ainda piores. A teoria do processamento preditivo se autossabota quando a aplicamos ao conhecimento perceptivo, particularmente ao nosso conhecimento perceptivo do cérebro. Se a percepção "nada mais é que" o melhor palpite do nosso cérebro sobre as causas ocultas de seus insumos sensórios, então isso deve se aplicar igualmente à nossa percepção do cérebro. O cérebro físico, portanto, que se supunha ser objetivo e fora do modelo, bem como a fonte da consciência, agora acaba se revelando um conteúdo dentro do modelo preditivo. Portanto, quando fazemos neurociência, não estamos realmente estudando o cérebro físico, pelo menos não diretamente. Estamos estudando, de dentro do modelo, nossos "palpites" sobre uma coisa oculta, inobservável, que chamamos "o cérebro". Esse ponto se generaliza. Qualquer coisa que percebamos é apenas um "palpite" feito de dentro do modelo. O modelo incorpora tudo que é percebido como estando além dele. O modelo engole sua própria base física.[64] Aquela base externa torna-se apenas mais uma hipótese dentro do modelo.

Poderíamos tentar resistir a essa conclusão dizendo que todo modelo precisa de um sistema físico que possa gerá-lo, então por isso deve haver um cérebro físico fora do modelo, ou pelo menos uma realidade física externa. Estritamente falando, essa não é uma consequência lógica.

Por tudo que sabemos, o mundo exterior ao modelo poderia ser inteiramente mental, como pensam os filósofos idealistas, ou inteiramente matemático, como sustentam os platônicos. Se não há meio de saber o que está fora do modelo, não há meio de estabelecer o que é a realidade externa e que conceitos se aplicam a ela.

Nossa intenção ao apresentar esse argumento não é mergulhar em profundas questões metafísicas sobre a relação entre as aparências e as coisas em si (para usar termos kantianos). Em vez disso, queremos ressaltar que a teoria do processamento preditivo, quando apresentada como explicação fisicalista de geração da consciência, poda a si mesma porque não tem direito à noção de cérebro físico, externo ao modelo, na qual se baseia. O fracasso em enxergar que a teoria postula uma fonte física da consciência que transgride a teoria, e que a teoria não consegue explicar, é outro exemplo do Ponto Cego.

A teoria do processamento preditivo — extrapolada como teoria da experiência perceptiva ou da consciência em geral — se autossabota de outra maneira. A teoria torna impossível explicar a ciência e, portanto, a própria teoria. A ciência depende de conhecimento perceptivo compartilhado na oficina científica e no mundo da vida, mas essa teoria reduz o conhecimento perceptivo compartilhado para cada pessoa — ou melhor, cada cérebro — coordenar seu próprio modelo privado com outros modelos privados. Da perspectiva de qualquer modelo dado, a existência de qualquer outro modelo é apenas uma conjectura. Cada observador se baseia apenas em sinais de erros privados para achar seu caminho pelo mundo. Não existe meio digno de crédito para explicar o conhecimento científico com base nesse arcabouço solipsista.

A raiz desses problemas intratáveis é pensar que nós somos nossos cérebros e que o perceber tem lugar apenas dentro deles. É como dizer que um pássaro é suas asas, e que voar tem lugar dentro delas.[65] Um pássaro precisa de asas para voar, mas o voo não está dentro das asas. Voar é uma relação entre o animal inteiro e seu ambiente. Nós precisamos do cérebro para perceber, mas perceber não está dentro do cérebro. Perceber é uma relação entre nós mesmos e o mundo. Quando derrubamos a distinção entre nós mesmos e nossos cérebros, criamos uma falsa imagem de nós mesmos como presos dentro de nossas cabeças, como se estivéssemos numa sala sem janelas, tendo que adivinhar o que está se passando lá fora e trabalhando apenas com as discrepâncias entre os nossos palpites e os sons que ouvimos chegar do outro lado da parede.[66] No entanto, não estamos dentro de nossas cabeças.[67] Não somos redutíveis aos nossos cérebros. O cérebro é um órgão de percepção, não o observador. O observador é a pessoa ou animal inteiro, concebido no mundo.

Informação integrada vindo ao resgate?

Outra teoria que se propõe a responder à questão de como um sistema físico pode gerar consciência é a teoria da informação integrada na consciência (*integrated information theory* — ITT).[68] Os teóricos da ITT acreditam que devemos começar a partir da fenomenologia, isto é, do exame de como a consciência aparece experiencialmente. Em vez de tentar inferir a consciência como algo que começa pelos sistemas físicos, devemos começar pela experiência consciente e determinar que tipos de propriedades os sistemas físicos devem ter para serem conscientes. Diferentemente dos fenomenólogos, que pacientemente exploram as formas pelas quais experienciamos a consciência, os teóricos da ITT começam imediatamente a tentar identificar propriedades vivenciais essenciais da consciência que acreditam ser indubitáveis e verdadeiras em toda experiência consciente concebível.

Cinco propriedades essenciais são identificadas e servem como os "axiomas" da teoria, traduzidos em "postulados" acerca das propriedades essenciais do substrato físico da consciência:

1. Existência intrínseca (cada experiência existe a partir de sua própria perspectiva intrínseca ou não relacional).
2. Composição (cada experiência é composta de múltiplas distinções fenomenais).
3. Informação (cada experiência é informativa no sentido de que difere de outras experiências possíveis).
4. Integração (cada experiência é unificada).
5. Exclusão (cada experiência é definida em conteúdo).

"Físico" em ITT é entendido abstratamente como poder causa-efeito — como as partes de um sistema se influenciam mutuamente ou como um sistema responde a todas as possíveis perturbações de seu estado. Essa noção é empregada para traduzir os axiomas fenomenológicos em postulados físicos. Por exemplo, o axioma de que cada experiência existe a partir de sua própria perspectiva intrínseca é traduzido no postulado de que o substrato físico da experiência deve existir com seu próprio poder causa-efeito intrínseco, independente de fatores extrínsecos.

"Informação integrada", também conhecida como Fi ou Φ, é definida nesse nível causal de elementos interagindo. Giulio Tononi, o inventor da teoria, descreve a informação integrada como "a quantidade de informação gerada por um complexo de elementos, acima e além da informação gerada por suas partes", levando em conta suas interações dinâmicas e causais.[69] Em termos gerais, a informação integrada é a informação além daquela disponível a partir da soma das partes do sistema e que não pode ser localizada nas partes do sistema.

A tese central da ITT é que "a consciência é informação integrada".[70] O nível ou quantidade de consciência presente num sistema físico é dito como correspondendo à quantidade de informação integrada (Φ) gerada pelos elementos do sistema. O caráter qualitativo específico de toda experiência consciente é dito como sendo idêntico a uma estrutura causa-efeito intrínseca (uma estrutura que existe em si mesma, independente de outras coisas). Isso pode ser descrito como uma "forma" no espaço de relações informacionais (relações causa-efeito possíveis) entre os elementos do sistema. Por fim, em relação ao cérebro, a ITT especifica como redes neurais funcionais correlacionadas com estados conscientes nos estados de vigília ou sonho têm grande quantidade de informação integrada (Φ) comparada com os estados do cérebro quando a consciência é atenuada ou está ausente, como no sono profundo ou sob anestesia.[71] A teoria também visa especificar como determinados tipos de estruturas causais do cérebro, entendidas como informação integrada, espelham (apresentam uma correspondência um para um) as propriedades essenciais da consciência (como visto nos axiomas da teoria).

A ITT oferece um interessante estudo de caso do Ponto Cego. Alguns aspectos da teoria apontam para além do Ponto Cego, enquanto outros o reforçam intensamente.

De um lado, o conceito e as medidas de informação integrada abriram novas perspectivas sobre sistemas complexos além do reducionismo clássico. Por exemplo, os teóricos da ITT demonstraram como medidas de informação integrada de causalidade de sistemas em nível macro podem suplantar explicações de sistemas complexos baseadas na causalidade dos elementos do sistema em nível micro.[72] Em outras palavras, as medidas de informação integrada do sistema como um todo podem ter poder explanatório maior do que explicações no nível das interações causais entre as partes. Conceitos e medidas de informação integrada também têm sido usados para mostrar como delimitar a fronteira entre uma unidade integrada e seu ambiente e esclarecer aspectos de organização biológica.[73]

Contudo, a tese essencial da ITT, de que a informação integrada *é* consciência, confunde o mapa com o território. É um caso surpreendente de substituição sub-reptícia — substituir a experiência por informação integrada — e da falácia da concretude deslocada — tratar a informação integrada, que é uma abstração a partir do nosso conhecimento de interdependências causais, como se fosse concretamente real.

Uma coisa é dizer que a informação integrada pode estar intimamente associada com aspectos da consciência e que é possível usar medidas da informação integrada como medidas da complexidade das redes neurais associadas com esses aspectos da consciência. Outra coisa é dizer que a consciência é idêntica à informação integrada. Os teóricos da ITT acreditam que essa identidade é consequência de sua alegação de que existe um isomorfismo (uma correspondência estrutural um para um) entre os componentes da estrutura causa-efeito de um sistema físico e as qualidades abstratas da experiência especificadas nos axiomas da ITT. Porém, mesmo que houvesse um isomorfismo, em vez de uma mera analogia ou semelhança formal, como na verdade é o caso, a alegação de identidade não seria consequência lógica. Um isomorfismo é uma relação que se sustenta apenas para objetos abstratos distinguidos unicamente em virtude de sua estrutura, e isomorfismo não implica necessariamente igualdade ou identidade. A experiência consciente é um fenômeno concreto, não um objeto abstrato. A estrutura abstrata da consciência não esgota o que a consciência é.

A ITT compreende corretamente que, quando investigamos a consciência, temos que começar com a fenomenologia. Contudo, também compromete imediatamente essa percepção com substituição sub-reptícia. No início, a teoria substitui os fenômenos reais da consciência por uma estrutura axiomático-dedutiva, necessariamente baseada em abstração e idealização. Essa substituição ignora os achados básicos da fenomenologia. Como Husserl — que, vamos lembrar, foi um matemático — percebeu há muito tempo atrás, os fenômenos reais da consciência são fluidos e indeterminados (algo também argumentado por James e Merleau-Ponty), e não tendem na direção de nenhum limite ideal, ao contrário das entidades da física matemática.[74] Bergson compreendeu esse fato crucial ainda mais cedo: basta lembrar da necessária fluidez e da inexatidão da experiência de duração comparada com o tempo do relógio. Qualquer um que leve a fenomenologia a sério e conheça sua história questionaria imediatamente o quão apropriado é tentar explicar consciência usando uma estrutura axiomático-dedutiva. Afinal, a explicação científica dificilmente tem de ser axiomática e dedutiva: a biologia não explica a vida como um arcabouço axiomático-dedutivo. Começar pela fenomenologia significa dar a devida atenção a fenômenos reais da consciência em sua fluidez e indeterminação, em vez de assumir desde o início que eles possam ser gerados a partir de propriedades axiomáticas.

Se nos voltarmos para os axiomas e postulados específicos da ITT, que supostamente servem de base para a identificação da consciência com informação integrada, descobrimos que estão repletos de problemas. Como demonstrou o filósofo Tim Bayne, os axiomas, apesar de apresentados como autoevidentes, são ou controversos ou subespecificados.[75] Vamos analisar alguns exemplos.

O axioma 1 (existência intrínseca) afirma que cada experiência existe a partir de sua própria perspectiva intrínseca ou não relacional. Esse axioma depende da problemática noção de propriedade intrínseca (uma propriedade que algo tem totalmente por si, sem depender de alguma outra coisa). O axioma redunda em uma forte alegação metafísica de que qualquer experiência dada tem seu próprio caráter intrínseco separado de suas relações com qualquer outra coisa — uma alegação que está longe de ser autoevidente e que muitos teóricos rejeitariam. Os teóricos da cognição corpórea e enativa argumentariam que estados conscientes e seus conteúdos dependem constitutivamente da sua história e suas relações com o ambiente. Os ilusionistas (discutidos adiante) diriam que experiências conscientes podem parecer existir intrinsecamente, mas que isso se trata de uma ilusão cognitiva. E os filosóficos do budismo Madhyamaka (o Caminho do Meio) diriam que a própria noção de alguma coisa existindo intrinsecamente é incoerente.[76]

O axioma 2 (composição) afirma que cada experiência consciente é estruturada, composta de distinções fenomenais próprias a ela. Esse axioma é subespecificado. Toda teoria reconhece que a consciência envolve tipicamente algum grau de diferenciação fenomenal, mas há discordância sobre como descrevê-la. Por exemplo, certos tipos de estados meditativos propõem-se a serem conscientes e fenomenalmente desestruturados.[77] Será que esse axioma os exclui? Nesse caso, o axioma é questionável, não autoevidente. Ou será que, de algum modo, permite tais estados (talvez contando-os como casos de estruturação mínima)? Nesse caso, o axioma é subespecificado.

O axioma 4 (integração) afirma que cada experiência consciente é unificada. Esse axioma toma partido dos holistas nos debates antigos e contemporâneos entre holistas fenomenais e atomistas fenomenais.[78] Holistas fenomenais sustentam que uma experiência consciente geral é, em dado momento, um todo irredutível que não pode ser reduzido a blocos construtivos fenomenais mais simples. Os atomistas fenomenais sustentam que essa impressão de totalidade é uma construção mental ilusória e irreal: a experiência pode ser exaustivamente analisada em átomos fenomenais elementares. O holismo fenomenal pode ser verdadeiro, mas dificilmente é autoevidente. Além disso, se a verdade do holismo ou atomismo não é discernível da introspecção, então tornar o holismo axiomático com fundamentos introspectivos não funcionará.

Os outros dois axiomas também são ou subespecificados, ou não autoevidentes, mas não precisamos entrar em detalhes.[79] O ponto a ser enfatizado aqui é que a identificação da consciência com informação integrada depende dos axiomas da ITT e sua tradução em postulados sobre as propriedades do substrato físico da consciência. Porém, esses axiomas são trôpegos, e os postulados não são logicamente derivados deles. O que liga os postulados aos axiomas é a semelhança ou analogia, não derivação lógica. Por essas razões, a identificação explanatória central da ITT da consciência com a informação integrada não é justificada.[80]

A ITT sofre de um problema mais profundo, que nos leva ao coração do Ponto Cego. Diz respeito ao seu conceito-chave de informação.

A nosso ver, a informação, como definida na teoria da informação, inclusive na teoria da informação integrada, é fundamentalmente um observador dependente e reflete o ponto de vista cognitivo de um agente investigativo.[81] A informação é definida com base em distribuições de probabilidade, e distribuições de probabilidade refletem uma incerteza do observador ou agente a partir de um ponto de vista parcial e limitado. Em outras palavras, estados do mundo, ou estados de um sistema físico, não carregam intrinsecamente informação por si só; carregam informação somente a partir de certas perspectivas observacionais ou cognitivas. Informação pressupõe a existência de um observador, entendido como um agente cognitivo racional. Dessa perspectiva, edificar uma explicação da consciência a partir de informação é ato que retroage ou é circular. O próprio conceito de informação pressupõe consciência na forma de conhecimento experiencial de um agente cognitivo racional. Informação é um resíduo estrutural de certo tipo de experiência — uma incerteza do agente relativa a resultados possíveis. Esquecer essa verdade sobre a informação é um caso de amnésia da experiência.

Fisicalismo *versus* pampsiquismo

É hora de dar um passo atrás e considerar ideias metafísicas mais amplas sobre a consciência em relação ao Ponto Cego. Embora as teorias científicas da consciência que consideramos possam ser tornadas consistentes com diferentes arcabouços metafísicos, geralmente são entendidas como funcionando dentro do arcabouço do fisicalismo, apesar de pampsiquistas acharem que a ITT dá apoio à sua posição, enquanto outros criticam a ITT pelo mesmo motivo.[82] Os fisicalistas acreditam que a consciência pode ser totalmente explicada como entidades e processos físicos, que consideram como sendo fundamentalmente não mentais. Vida, mente e consciência, para os fisicalistas, nada mais são que configurações complexas de elementos físicos, em última instância redutíveis a átomos e partículas elementares. Os pampsiquistas, porém, argumentam que os constituintes físicos fundamentais do universo também são mentais. Para os pampsiquistas, mente ou consciência é tão fundamental quanto quarks e fótons. Embora fisicalistas e pampsiquistas concordem que a consciência humana é complexa e deriva de entidades e processos mais simples, os fisicalistas acham que tais entidades e processos são fundamentalmente físicos e inteiramente não mentais, ao passo que os pampsiquistas acham que são fundamentalmente físicos e fundamentalmente mentais.

Nosso ponto de vista é que o fisicalismo e as atuais versões do pampsiquismo tomam como certa a concepção de ponto cego da ciência e, portanto, operam dentro do âmbito da metafísica de um ponto cego. Vamos começar com o fisicalismo e depois dar uma olhada no pampsiquismo.

O fisicalismo, como tese metafísica, é efetivamente inútil. A razão é que o "físico" da tese não é bem-definido, e tentativas de definir o termo tornam o fisicalismo falso, vazio ou não naturalista em espírito, contrariando a motivação original da teoria.

Peguemos a alegação-chave fisicalista de que não existe nada a não ser a realidade física. Ou, mais precisamente, que o universo ou cosmo consiste inteira e exclusivamente em entidades e processos físicos. Falando sem rodeios, essa alegação é falsa ou vazia. De um lado, se definimos "físico" como aquilo que a física contemporânea nos diz que é físico, então o fisicalismo é falso, uma vez que a física contemporânea será inevitavelmente substituída por uma concepção nova, mais refinada ou ampliada do que é físico. De outro lado, se definimos "físico" segundo alguma física futura, acabada ou ideal (uma ideia que achamos não fazer sentido),[83] então o fisicalismo é vazio, porque não temos quase ideia nenhuma de como será essa física futura.

O problema de o fisicalismo ser falso ou vazio é conhecido como dilema de Hempel, batizado com o nome do filósofo da ciência do século XX, Carl Gustav Hempel.[84] Se o fisicalismo é definido por meio da física de hoje, então ele é falso, porque a física contemporânea é incompleta. Contudo, se o fisicalismo é definido por meio de referência a uma física futura ou ideal, então é trivial ou vazio, porque ninguém pode dizer o que a física futura contém. Talvez, como têm argumentado alguns físicos, uma física ideal precise conter até mesmo itens mentais ou consciência.[85] Nesse caso, a dicotomia entre o físico e o mental, na qual se baseia o fisicalismo tradicional, não faria sentido, assumindo que "físico" significa qualquer coisa a que a física deva se referir. A conclusão do dilema é que não temos uma compreensão clara do que significa alguma coisa ser física e, portanto, não temos nenhum meio de enunciar o fisicalismo como tese significativa.

Confrontados com esse dilema, alguns filósofos argumentam que deveríamos definir "físico" de maneira tal a excluir o emergentismo forte ou radical (que a consciência é emergente da realidade física, mas irredutível a ela) e o pampsiquismo (que a mente é fundamental e existe em toda parte, inclusive em escala microscópica). Essa jogada daria ao fisicalismo um conteúdo definido, mas ao custo de tentar legislar a priori o que pode significar "físico", em vez de deixar seu significado ser determinado pela física.

Nós rejeitamos essa jogada. Ela contraria o espírito original do fisicalismo, que deveria ser supostamente científico e naturalista. Qualquer que seja o significado de "físico", ele deve ser determinado pela física, não por uma reflexão leviana. Afinal, o significado do termo se modificou drasticamente desde o século XVII. Houve uma época em que se julgava a matéria inerte, impenetrável, rígida e sujeita apenas a interações locais e deterministas. Hoje em dia sabemos que isso está errado em virtualmente todos os aspectos: aceitamos a existência de diversas forças fundamentais, partículas que não têm massa (atualmente o fóton e os oito glúons que mediam a força nuclear forte), indeterminação quântica e relações não locais. Devemos esperar, no futuro, mais mudanças drásticas no nosso conceito de realidade física. Por essas razões, não podemos simplesmente legislar o que pode significar o termo "físico" como meio de sair do dilema de Hempel.

Um filósofo pampsiquista, Galen Strawson, argumenta que o fisicalismo, quando adequadamente entendido, na realidade implica em pampsiquismo.[86] Se for esse o caso, então o fisicalismo admite, na verdade até requer, que as entidades físicas fundamentais também sejam fundamentalmente mentais. Essa linha de pensamento oferece um indício adicional de que é muito difícil constringir o significado de fisicalismo como tese metafísica. O fisicalismo remete de volta ao naturalismo, um compromisso com inteligibilidade científica da realidade, em contraste com o sobrenaturalismo, a crença em que há fenômenos ou entidades que não estão sujeitas às leis da natureza. Podemos aceitar o naturalismo sem enxertar a inútil metafísica do fisicalismo.

A concepção de fisicalismo de Strawson nos leva ao pampsiquismo. Ele argumenta a favor do pampsiquismo da seguinte maneira:

1. O monismo é verdade (a realidade é um todo concreto e não está dividida em tipos de coisas fundamentalmente diferentes, tais como mentes imateriais e corpos matemáticos. Nos nossos termos, seguindo Whitehead, a natureza é unificada, não bifurcada).
2. A experiência é real (Strawson chama o ilusionismo, a tese de que a experiência é uma ilusão, de "a grande tolice").[87]
3. Todos os fenômenos reais são físicos (o fisicalismo é verdade).
4. Portanto, a experiência é física.
5. A emergência da experiência a partir de entidades e processos não experienciais é impossível (isto serve para negar a emergência forte ou radical. Se a emergência radical fosse verdade, a experiência teria de depender totalmente de entidades e processos não experienciais. Desse modo, a experiência remeteria inteiramente a eles, apesar de ser nova de um ponto de vista puramente físico. Mas nós não não temos um modelo conceitual ou científico para esse tipo de emergência).

6. Então, pelo menos alguns fenômenos físicos elementares também precisam ser experienciais.
7. Se ao menos alguns fenômenos físicos elementares são experienciais, é muito mais provável que todos eles sejam (senão, haveria uma radical heterogeneidade ou bifurcação na natureza, contrariando nosso primeiro ponto feito aqui).
8. Portanto, todos os fenômenos físicos são também fenômenos experienciais, o que significa dizer que o pampsiquismo é verdade.

A engenhosidade desse argumento é que ele deduz o pampsiquismo afirmando o fisicalismo e a realidade da experiência, de um lado, e negando a bifurcação da natureza e a emergência forte ou radical para a consciência, de outro. A realidade física deve ser fundamentalmente experiencial, dado que a natureza não é bifurcada, tudo é físico, a experiência é real e a emergência da experiência a partir de fenômenos não experienciais é impossível (ou ininteligível).

Tal argumento é ambíguo em relação ao Ponto Cego. Ele aponta para além do Ponto Cego, mas em última instância permanece dentro dele.

O argumento aponta para além do Ponto Cego rejeitando diversos elementos da metafísica de um ponto cego: a bifurcação da natureza, o fisicalismo ortodoxo (a realidade física é fundamentalmente não mental) e o epifenomenalismo relativo à experiência. O argumento propõe uma concepção não dividida da natureza na qual a experiência é irredutível. Isso abre a porta para o reconhecimento da primazia da consciência, a primazia da corporeidade e o loop estranho entre consciência e o mundo.

Mesmo assim, o argumento permanece refém do Ponto Cego. O raciocínio parte do princípio da concepção objetivista da física (de que ela nos dá acesso à realidade à parte da experiência humana) em vez de reconhecer que a experiência está inevitavelmente presente em todo lugar na física (as invariantes estruturais da física são resíduos da experiência) e, portanto, que a imagem fisicalista da natureza usada para enunciar o problema difícil da consciência, para o qual o pampsiquismo deveria ser uma solução, é falha desde o início. Como resultado, o argumento pampsiquista acaba injetando a experiência como um ingrediente extra numa concepção objetivista da realidade física que, de outra forma, permaneceria inalterada. O desfecho é que ela objetifica a experiência, faz dela um objeto lá fora no mundo físico. Isso é paradoxal, porque a experiência é precisamente aquilo que não é objeto. A experiência é o horizonte dentro do qual qualquer objeto ou coleção de objetos é especificável. O argumento pampsiquista insere a experiência na natureza sem reconhecer que a experiência é uma condição de possibilidade para a inteligibilidade da natureza. A experiência foge da objetificação, mas o argumento pampsiquista trata a experiência como se ela fosse apenas um tipo especial de objeto. Isso é sintomático do Ponto Cego.

A objetificação da experiência é evidente em outra linha de argumentação pampsiquista conhecida como argumento da "natureza intrínseca":[88]

1. A física nos revela apenas as propriedades estruturais e relacionais dos fenômenos físicos (por exemplo, a física nos diz o que é um elétron apenas com base no que ele faz, ou como está disposto a se comportar em relação a outras entidades; ela não nos diz qual é a natureza intrínseca do elétron ou o que é um elétron em si).

2. Propriedades relacionais são determinadas por propriedades intrínsecas (relações dependem da existência de propriedades que as coisas que participam da relação tenham em si mesmas.)

3. Certas configurações de fenômenos físicos (tais como o cérebro) geram ou constituem experiências.

4. Então as propriedades intrínsecas dos fenômenos físicos devem abranger esse poder de gerar ou constituir experiências.

5. Nossa própria consciência interna revela que propriedades fenomenais são propriedades intrínsecas dos nossos estados experienciais (por exemplo, podemos dizer por introspecção que o azul percebido é uma propriedade fenomenal intrínseca da experiência visual de ver um céu azul).
6. Propriedades fenomenais são as únicas propriedades intrínsecas que conhecemos.
7. Então, propriedades fenomenais devem ser propriedades intrínsecas de fenômenos físicos ou pelo menos de certos sistemas físicos organizados (tais como o cérebro).

Se adicionarmos a esse argumento a negação da emergência radical e a alegação de que se propriedades fenomenais são intrínsecas a pelo menos alguns fenômenos físicos, então provavelmente são intrínsecas a todos os fenômenos físicos, chegamos ao pampsiquismo.

Esse argumento objetifica a experiência, estruturando-a como explicável com base em propriedades fenomenais especiais que constituem a natureza intrínseca do mundo físico. A experiência, contudo, não pode ser plenamente explicada dessa maneira. Mais uma vez, a experiência é o horizonte dentro do qual qualquer propriedade é especificável. É a precondição para a manifestação do mundo, não simplesmente algo dentro do mundo.

O argumento tem dois outros grandes problemas: depende da ideia pouco clara e problemática de uma propriedade intrínseca e se assenta sobre uma concepção equivocada do que sabemos acerca da experiência pela nossa consciência interior.

Uma propriedade intrínseca é tradicionalmente entendida como uma propriedade que algo teria mesmo que fosse a única coisa no universo ou a única coisa em existência. Será que essa ideia chega a fazer algum sentido? Não se pensarmos que algo é o que é somente em virtude de pertencer a uma teia de relações. Por que não dizer que relações determinam os ocupantes das relações, do mesmo modo que na mecânica quântica relacional (ver capítulo 4)? Ou que relações e ocupantes são mutuamente interdependentes? Os filósofos do budismo Madhyamaka (o Caminho do Meio), durante séculos de discussão com seus interlocutores filosóficos indianos, deram razões convincentes para rejeitar a inteligibilidade e a existência de propriedades intrínsecas.[89] Seus argumentos inspiraram filósofos analíticos e físicos quânticos a manter a primazia das relações acima de entidades com propriedades intrínsecas.[90] Em todo caso, o argumento anterior visto aqui recorre ao conceito metafísico de propriedade intrínseca, ao qual é muito difícil dar sentido.

Além disso, esse dificilmente é o caso que conhecemos a partir da nossa própria consciência interior de que as qualidades da nossa experiência são propriedades intrínsecas dos nossos estados experienciais. Você é capaz de dizer, apenas por meio de introspecção, que o azul que vê quando olha o céu é uma propriedade intrínseca do seu estado experiencial, o que significa que não é constituído a partir de relações envolvendo seu corpo, o ambiente e sua história pessoal? Com certeza, não. De fato, a introspecção cuidadosa sugere precisamente o contrário: que as qualidades que experienciamos são constituídas por relações que vêm do fato de termos um corpo, estarmos situados num ambiente e termos uma história. O azul do céu não se apresenta como uma propriedade mental intrínseca, mas como uma propriedade experiencial do mundo, saturada pelo todo do contexto visual, pela capacidade de resposta do corpo e pelas memórias sedimentadas de experiências passadas similares. Essa variedade de relações é inesgotável, ao menos para a introspecção, em sua amplitude e profundidade. Mais genericamente, a consciência interior não nos dá acesso à natureza plena dos nossos estados experienciais, e qualquer coisa que pareça intrínseca provavelmente acabará se revelando relacional.

O problema com as versões correntes de pampsiquismo é que elas aceitam a concepção de um ponto cego da ciência e a imagem fisicalista da realidade, mas depois espalham consciência sobre a realidade física por toda parte, como se fosse um pó mágico. Embora isso dê à consciência uma espécie de primazia, não é o tipo certo para suplantar o Ponto Cego. A primazia da consciência como tipo especial de bloco construtivo não é a mesma primazia dentro da qual qualquer coisa se apresenta a nós, inclusive qualquer coisa que consideremos blocos construtivos. A menos que reconheçamos o segundo tipo de primazia, a primazia da consciência baseada no horizonte, inclusive como ela engloba necessariamente a primazia da corporeidade, não seremos capazes de reconhecer o loop estranho que torna óbvio o Ponto Cego. No fim das contas, as versões atuais do pampsiquismo representam uma solução paliativa para lidar com o problema da consciência dentro do confinamento do Ponto Cego.

Apenas uma ilusão

Alguns teóricos têm sugerido que se a pesquisa em busca de uma teoria da consciência conduz diretamente ao pampsiquismo, então deveríamos questionar se a consciência realmente existe.[91] Essa ideia nos traz ao ilusionismo, o último dos caminhos principais para tentar lidar com a consciência dentro do Ponto Cego.

Ilusionistas dizem que a consciência é uma ilusão, que não é o que parece ser.[92] A ilusão a que se referem é um tipo de ilusão cognitiva, uma impressão errônea oriunda de um falso modo de pensar. A consciência aparentemente apresenta propriedades qualitativas intrínsecas, subjetivas, chamadas qualia ou propriedades fenomenais. Os ilusionistas dizem que tais propriedades não existem.

Suponha que você queime o dedo numa frigideira quente. Se pensar considerando o qualia — um constructo filosófico, não uma noção do dia a dia —, achará que está se deparando com uma propriedade fenomenal particular, a propriedade de uma dor cauterizante. Achará que essa propriedade é inerentemente subjetiva, privada e qualitativa, pertencendo intrinsecamente ao seu estado de dor. Os ilusionistas negam que essa experiência realmente exista. Não negam a experiência de dor; negam que haja qualia de dor. Negam que a experiência de dor consista em se familiarizar imediatamente com propriedades intrínsecas inerentemente subjetivas, privadas e qualitativas. Em vez disso, sustentam que a experiência de dor consiste em estar em certo estado físico e informacional gerado pelo cérebro. A introspecção representa esse estado cerebral de forma simplificada — do mesmo jeito que um ícone representando uma pasta numa tela de computador representa a localização do conteúdo de dados de forma simplificada. A introspecção retrata o estado cerebral subjacente como se ele tivesse propriedades qualitativas exclusivas quando na realidade não tem. O estado cerebral consiste inteiramente em propriedades físicas, informacionais e funcionais, que são descritíveis sem mencionar qualquer coisa inerentemente qualitativa ou fenomenal. A impressão de subjetividade e privacidade vem do fato de o cérebro ser capaz de se automonitorar e autorrepresentar, e dessa maneira tem um tipo exclusivo (mas limitado) de acesso a seus próprios estados.

Para o ilusionista, a consciência não é um meio especial para propriedades fenomenais. É um tipo complexo de processo cognitivo e informacional. Ser consciente é usar informação de maneira flexível pensando sobre ela, prestando atenção nela, lembrando-se dela, relatando-a e assim por diante. A consciência parece ser habitada por propriedades fenomenais, mas isso é uma ilusão. A ilusão provém de se aplicar um conceito equivocado, o conceito de qualia ou propriedades fenomenais, a como a introspecção simplifica e representa erroneamente a experiência subjacente dos estados cerebrais.

O ilusionismo é frequentemente ridicularizado por seus oponentes porque parece negar algo inegável — a consciência no sentido de experiência direta ou consciência com um caráter fenomenal.[93] Pode ser que seja assim, mas o ilusionismo contém um insight importante: os qualia são constructos teóricos, não algo que se possa extrair da experiência, e esse constructo está carregado de problemas. "Qualia" não significa apenas o aspecto ou sensação das coisas, ou como geralmente parecem quando as experienciamos, embora os filósofos muitas vezes usem a palavra nesse sentido anódino. "Qualia" é um termo técnico que se refere às pretensas propriedades intrínsecas, qualitativas ou fenomenais que se acredita que determinem como as coisas parecem quando as experienciamos. Qualia, entendido dessa forma, são postulados teóricos, não dados. Requerem que pensemos que a experiência tem características qualitativas cuja identidade e natureza não dependem das relações nas quais elas figuram, em particular as relações entre o corpo e o ambiente, e as relações entre as experiências entre si.

Os ilusionistas não são os únicos que negam a existência de qualia. Os fenomenólogos também o fazem. Estes acreditam que o conceito de qualia distorce a experiência vivida. Como escreve Merleau-Ponty: "O *quale* puro seria apenas dado para nós se o mundo fosse um espetáculo e o próprio corpo um mecanismo com o qual uma mente imparcial pudesse se familiarizar. Ter sensações, no entanto, confere à qualidade um valor vivo, apreendendo-a primeiro em sua significação para nós, para esta massa pesada que é o nosso corpo, e como resultado o perceber sempre inclui uma referência ao corpo."[94] Por "*quale* puro" Merleau-Ponty entende uma "sensação bruta", uma propriedade fenomenal tendo uma natureza intrínseca, qualitativa, separada das relações corporais e ambientais nas quais ela figura e sem qualquer referência a qualquer coisa além de si mesma. Essa ideia reflete a bifurcação da natureza, sua divisão em propriedades físicas (qualidades primárias) e propriedades mentais (qualidades secundárias); ou, conforme Merleau-Ponty, o corpo como um mecanismo que responde a estímulos físicos e uma mente imparcial que os registra como qualia. Merleau-Ponty rejeita esse quadro. Ele o substitui por uma concepção de qualidades sensitivas constituídas pelas relações significativas do corpo com o ambiente ("este vermelho literalmente não seria o mesmo se fosse o 'vermelho lanoso' de um tapete")[95] e com as tendências afetivas e motivacionais do corpo (este vermelho literalmente não seria o mesmo se não fosse o vermelho de dar água na boca de um morango).

Há uma grande diferença, porém, entre a fenomenologia e o ilusionismo. Os fenomenólogos (particularmente aqueles que seguem Merleau-Ponty) reconhecem a primazia da consciência, a primazia da corporeidade e também o loop estranho, enquanto os ilusionistas pensam que a consciência é uma ilusão que pode ser explicada em termos inteiramente físicos e objetivos. A diferença é como noite e dia.

O problema com o ilusionismo não é a negação dos qualia, mas sim que confunde o conceito mal concebido de qualia com a experiência direta. Confunde o fato incontroverso da experiência direta com uma teoria intelectual que distorce a experiência direta. Uma coisa é desconsiderar o conceito de qualia como ficção teórica; outra é dizer que a experiência direta é uma ilusão criada pelo cérebro. Essa afirmação mina a si própria porque não temos conhecimento algum do cérebro além da nossa experiência direta dele. Tire a experiência direta e não temos nenhum conhecimento.

Os ilusionistas são tipicamente fisicalistas.[96] Assumem que somente a realidade física existe, que a ciência fornece acesso à realidade objetiva fora da experiência e que a realidade física é fundamentalmente não experiencial. É impossível explicar a experiência nesses moldes. O motivo dessa impossibilidade não é a resistência dos qualia à explanação científica. O motivo é que a experiência direta é uma precondição e ingrediente essencial da ciência. Ilusionistas pensam que podem explicar exaustivamente a experiência com base no processamento de informação e em modelos funcionais do cérebro. Isso é impossível. Esses modelos são resíduos estruturais da experiência. Pressupõem a experiência como condição necessária de sua própria possibilidade e inteligibilidade. Pensar que se pode explicar exaustivamente a experiência direta sem remanescentes no que se refere a seus resíduos estruturais não faz o menor sentido. O ilusionismo fisicalista continua entrincheirado no Ponto Cego.

Uma ciência da consciência na qual a experiência tenha real importância

Três décadas atrás, quando David Chalmers cunhou inicialmente a expressão "o problema difícil da consciência" e chamou atenção para sua importância, alguns cientistas fizeram a ousada sugestão de que a intratabilidade desse problema dentro do que estamos chamando de Ponto Cego significa que precisamos reformular a ciência no intuito de investigar a consciência.[97] Em dois artigos independentes, publicados na mesma edição do *Journal of Consciousness Studies* em 1996, o astrofísico Piet Hut, junto com o psicólogo cognitivo Roger Shepard e o neurocientista Francisco Varela, defenderam uma revisão fundamental da ciência da consciência baseada no reconhecimento da primazia da experiência.[98] Ambos os artigos ressaltavam que inescapavelmente usamos consciência para estudar consciência. Então, a menos que nos recuperemos da amnésia da experiência e restauremos a primazia da experiência na nossa concepção de ciência, jamais seremos capazes de colocar a ciência da consciência em um alicerce adequado. O problema surge quando suprimimos a primazia da consciência e tentamos equiparar a consciência aos seus resíduos estruturais. Contudo, reconhecer a necessidade inescapável de usar a consciência para estudá-la é apenas um primeiro passo. Também precisamos de métodos melhores para usar a consciência dessa maneira. Essa ideia de uma transformação metodológica do problema da consciência em um novo programa de pesquisa científica está no cerne do que esses cientistas propuseram. Encerramos este capítulo revisitando as suas ideias para uma ciência da consciência na qual a experiência tenha real importância.

A proposta de Hut e Shepard tem dois passos, que eles chamam de virar o problema difícil de cabeça para baixo e então virá-lo de lado. O primeiro passo é colocar o problema da consciência de cabeça para baixo ao começar pela experiência direta em vez de começar pelo mundo físico, postulado como independente da experiência. Esse passo funciona como corretor para o viés objetivista que opera no Ponto Cego e inverte nossa perspectiva, passando da terceira para a primeira pessoa. O segundo passo é mudar a perspectiva da experiência, afastando-a da posição em primeira pessoa para uma posição em segunda pessoa. A experiência é inerentemente intersubjetiva e compartilhável. A ciência seria impossível se não fosse assim.

O primeiro passo, virar o problema difícil de cabeça para baixo, significa indagar como aquilo que entendemos como objetos físicos surge a partir da experiência, em vez de perguntar como a experiência surge a partir de objetos físicos (tais como o cérebro). Por exemplo, em vez de perguntar como explicar o tempo experiencial, particularmente o agora fluido da duração, com base no tempo físico, no qual não existe agora fluido, perguntamos como explicar o tempo físico como abstração a partir do tempo experiencial (ver capítulos 3 e 5). Este foi o projeto de Husserl em 1905, nas suas palestras sobre consciência do tempo; e também foi parte do projeto de Whitehead em *O conceito da natureza*.[99] Essa inversão de ordem de prioridade explanatória, de um mundo físico objetivo, tomado como certo, para a experiência como base para qualquer representação científica do mundo sinaliza a adoção de uma postura fenomenológica na qual reconhecemos a primazia da experiência vivida.

O segundo passo, virar o problema difícil de lado, significa perceber que a "experiência eu e você" já permeia a "experiência eu". Nossa capacidade de refletir sobre nossa própria experiência provém de já termos internalizado perspectivas externas em nós à medida que nos desenvolvíamos mentalmente na primeira, segunda e terceira infância. Na linguagem da ciência cognitiva, esse tipo de metacognição (reflexão sobre a própria experiência) é um caso especial de cognição social (cognição sobre si mesmo e o outro). Além disso, ser capaz de dizer qualquer coisa sobre a nossa própria experiência depende de ter uma linguagem compartilhada com outros. Assim, a perspectiva singular em primeira pessoa, que surge inicialmente quando viramos o problema difícil de cabeça para baixo, não pode ser absolutamente privilegiada. Em vez disso, precisamos virar a perspectiva experiencial de lado, para tornar explícita a estrutura "eu e você".

Dar esses dois passos, que, em nossos termos, consiste em reconhecer a primazia da consciência e a primazia da corporeidade, muda a forma como pensamos sobre o problema da consciência. O problema para a neurociência não pode mais ser enunciado como a forma pela qual o cérebro gera a consciência. Em vez disso, o problema é como o cérebro, como objeto perceptivo dentro da consciência, se relaciona com o cérebro como parte das condições que estão incorporadas na consciência, inclusive a experiência perceptiva do cérebro como objeto científico. O problema é relacionar a primazia da consciência com a primazia da corporeidade sem privilegiar uma sobre a outra, ou fazer desaparecer uma dentro da outra. A situação é inerentemente reflexiva e autorreferente: em vez de simplesmente encarar a experiência como algo que surge do cérebro, nós também encaramos o cérebro como algo que surge dentro da experiência. Estamos no loop estranho.

A presença do loop estranho na neurociência torna-se explícita no caso do neurofeedback em tempo real. Nesse caso, o participante do experimento tem acesso a sinais on-line em tempo real do seu próprio cérebro. Suponha que a sua tarefa seja prestar atenção ao seu cérebro enquanto lhe é dada uma imagem da sua própria atividade cerebral correspondente ao seu grau de atenção ou distração (um experimento que na realidade tem sido feito).[100] Conforme escrevem Hut e Shepard, "em última instância, encontramos este curioso círculo: parte do 'iluminar-se' na imagem cerebral que experiencio pode representar a própria atividade neural que corresponde à minha experiência com a imagem cerebral dessa mesma ativação. Isso pode levar a paradoxos gödelianos".[101]

Varela propôs um programa de pesquisa em neurociência chamado "neurofenomenologia", baseado num trançar conjunto de relatos de consciência em primeira pessoa com relatos do cérebro em terceira pessoa dentro do domínio experiencial "eu e você". Concretamente, isso significa estabelecer "restrições mútuas" entre os dois tipos de relatos. Fenomenologia e neurociência tornam-se aqui parceiras iguais numa investigação cujo procedimento é criar novas experiências num novo tipo de oficina científica, o laboratório neurofenomenológico. Métodos experienciais em primeira pessoa, para refinar atenção e consciência (tais como meditação), junto com métodos qualitativos em segunda pessoa, para entrevistar indivíduos sobre a textura final da sua experiência, são usados para produzir novas experiências que servem como bases para o avanço da fenomenologia. Essa nova fenomenologia guia investigações do cérebro, enquanto a investigação do cérebro é usada para motivar e refinar a fenomenologia num ciclo mutuamente esclarecedor.

A neurofenomenologia tem como base a ideia de que uma investigação profunda da consciência requer trabalhar com indivíduos habilidosos no tipo de metaconsciência da experiência que descrevemos no começo do capítulo. Como a prática dessas habilidades é enfatizada em tradições meditativas asiáticas, a neurofenomenologia recorre a essas tradições para ampliar e enriquecer a fenomenologia. A premissa de trabalho é que indivíduos capazes de gerar e sustentar "metaconsciência conscienciosa" (*mindful meta-awareness*) podem dar relatórios qualitativos e temporários refinados sobre sua experiência a cada momento, e esses relatórios podem ser usados para revelar padrões de atividade no cérebro e no resto do corpo, que de outra forma seriam perdidos.[102] Essa abordagem também envolve usar métodos qualitativos precisos para entrevistar indivíduos sobre as características refinadas de sua experiência tácita.[103] Relatórios fenomenológicos produzidos dessa maneira cuidadosa podem ajudar a selecionar e atribuir significado a padrões neurofisiológicos anteriormente não notados, tais como interações cérebro-coração, ao mesmo tempo que esses novos padrões também podem ser usados para obter nova compreensão da experiência. É isso o que Varela quer dizer com "restrições mútuas" entre fenomenologia e neurociência.

A neurofenomenologia tem conduzido a uma gama de investigações frutíferas na neurociência da consciência, uma área de pesquisa em ascensão.[104] Chamamos atenção para ela porque provavelmente representa o mais forte esforço feito até agora para vislumbrar uma neurociência da consciência para além do Ponto Cego.[105]

IV

O PLANETA

9

Terra

O Ponto Cego em escala planetária

No primeiro quarto do século XXI, dois fatos básicos sobre o projeto de civilização global da humanidade, com seus dez mil anos, tornaram-se claros. O primeiro é que o aquecimento global, gerado pela atividade industrial das nações mais ricas, está mudando o clima da Terra de tal maneira que irá impor severas complicações a esse projeto. O segundo é que a escala global de destruição de hábitats associada com a atividade industrial pode gerar pandemias globais que também representem sérias ameaças ao projeto. Assim, não se pode mais assumir que os sistemas naturais e tecnológicos acoplados, dos quais aproximadamente 8 bilhões de pessoas dependem para viver, sejam capazes de sustentar sua operação até um futuro indefinido.

Essas percepções — dos riscos da mudança climática e de pandemias globais — ocorreram em meio à ascensão de um novo entendimento da própria Terra. Começando no início do século XX, uma nova visão científica do planeta foi se organizando de forma lenta e meticulosa. Essa nova visão enxerga a Terra como mais do que simplesmente uma rocha esférica abrigando uma fina e desimportante camada de vida em suas bordas externas. Em vez disso, um grupo de novas ferramentas conceituais criou uma perspectiva que vê o planeta como um conjunto de sistemas fortemente acoplados. Um desses sistemas é a totalidade da vida (a biosfera), que, nessa nova perspectiva, emergiu como participante essencial na evolução planetária. A Terra não é mais o pano de fundo inerte no palco que permitiu o desenrolar do drama da vida; a vida em si retroalimenta os ciclos geológicos e atmosféricos, gerando um estado dinâmico mutuamente contingente, de complexa interação e em constante variação. Em suma, as mudanças planetárias podem levar a mudanças na vida, e mudanças na vida podem levar a mudanças planetárias, numa amplificação da autonomia e do autoagenciamento dos sistemas vivos para escalas planetárias.

A nova compreensão da Terra é importante para os esforços de olhar além do Ponto Cego. Durante os últimos duzentos anos, construímos uma cultura global inteira baseada em tratar a Terra segundo as restrições do Ponto Cego. As consequências dessa construção agora se tornaram dolorosamente visíveis, à medida que a humanidade força a Terra a um novo estado planetário e a uma nova era moldada pelo ser humano, chamada Antropoceno. Mudanças climáticas e pandemias globais são suas manifestações mais visíveis. O Antropoceno significa uma nova versão do planeta propensa a ser muito menos hospitaleira ao nosso projeto de civilização. Na sua pior hipótese, as mudanças que já começamos a ver ocorrendo podem levar ao colapso desse projeto.

O Antropoceno é uma maciça manifestação do Ponto Cego. É o resultado de uma versão particular e muito recente do projeto de civilização humano: o projeto científico originalmente europeu, e agora transnacional, de objetificar o mundo por meio do materialismo científico.

Ironicamente, o Antropoceno também é o ponto de partida para uma nova perspectiva científica sobre a Terra que pode nos ajudar a ir além do Ponto Cego. Os cientistas agora entendem que o planeta deve ser considerado um todo integrado — um conjunto de sistemas acoplados que constituem atmosfera, hidrosfera (oceanos), criosfera (gelo), litosfera (rochas) e biosfera. A inclusão da biosfera representa uma transição crítica no pensamento científico. A vida é entendida como personagem-chave em toda a história evolucionária da Terra.

A constelação de novas disciplinas científicas que constituem a fundação para a presente compreensão da Terra e da biosfera é significativa em relação ao Ponto Cego. Teoria das redes, cibernética, teoria dos sistemas dinâmicos, teoria do caos — separados, cada um desses campos desafia diferentes aspectos das premissas metafísicas do Ponto Cego acerca da vida, do mundo e da experiência. Quando vistos em conjunto, no que é nomeado como a teoria dos sistemas complexos, eles representam o surgimento de uma nova maneira de ver como a ciência funciona, o que ela descreve e, o mais importante, como se relaciona com a experiência humana. Com a crise da mudança climática e a sustentabilidade do projeto de civilização em mente, descreveremos o surgimento dessa nova concepção da Terra (e de todos os planetas) e as novas ciências das quais essa visão depende.

Ao descrevermos as ciências responsáveis por essa visão da Terra e da sua biosfera, devemos nos lembrar que o Ponto Cego sempre foi sobre mais do que somente a ciência. Isso porque a ciência sempre foi mais do que simplesmente uma busca por realidade e verdade. De Francis Bacon em diante, o desenvolvimento de métodos de inquirição que agora chamamos ciência sempre visou tanto o controle da natureza quanto revelar realidade e verdade.[1] Para Bacon, esse controle pretendia melhorar a condição humana reduzindo a doença, a fome e a nossa fragilidade perante às tempestades, enchentes e terremotos. É claro que Bacon estava certo em relação a isso. O espetacular sucesso da ciência de fato ofereceu maior controle, que jamais se tivera antes, sobre eventos e processos naturais. No entanto, as capacidades científica e tecnológica emergiram juntas (por meio da oficina científica), e com elas veio um aumento igualmente profundo das capacidades produtivas humanas. A era da ciência e a era da indústria nasceram juntas, e cada uma dependia da outra.

O contínuo crescimento e sucesso da ciência através dos séculos XIX e XX, independentemente de ocorrer sob uma bandeira capitalista, socialista ou comunista, esteve inextricavelmente ligado ao aumento das capacidades de extração, transformação e consumo de recursos em escala industrial. Energia passou a ser algo cultivado, e a entropia, algo gerado em escalas que logo viriam a alterar o funcionamento dos sistemas terrestres acoplados. Os sistemas econômicos, sociais e culturais que surgiram durante esse período não estavam separados da ciência e da tecnologia da qual dependiam. O inverso também é verdade: o surgimento de instituições, instalações e concepções científicas não esteve separado da cultura emergente que as apoiava e lhes dava amplo poder e alcance.

Como resultado, as premissas básicas do Ponto Cego se entranharam nos sistemas econômicos e sociais que vieram a dominar o período de rápida industrialização, às vezes chamado de "Grande Aceleração". Considerando que tais sistemas devem estar implicados no contínuo fracasso em responder à crise da mudança climática, também vamos explorar brevemente o entrelaçamento de ciência, indústria, economia e cultura durante a ascensão do Ponto Cego como metafísica dominante da ciência. Além disso, tentaremos delinear como a visão unificadora da Terra e da vida como sistema complexo acoplado pode ajudar a encontrar novos meios de reimaginar a relação do projeto humano com o resto do planeta.

O planeta vivo: da geologia até a biosfera e Gaia

No fim do século XIX, as disciplinas científicas e suas fronteiras conforme as conhecemos hoje haviam se tornado bem-estabelecidas. Em qualquer universidade, estudantes descobririam que a vida era estudada no departamento de biologia, compostos químicos, no departamento de química, e matéria em movimento, no departamento de física. Se você tivesse perguntas sobre a Terra, teria que as dirigir ao departamento de geologia. Mas, para um dos jovens geólogos mais brilhantes dessa época, Vladimir Vernadsky, as fronteiras disciplinares rígidas separando sua ciência das outras faziam pouco sentido.

Vernadsky começou seu trabalho científico no estudo químico de minerais. Viajando pela Europa no fim dos anos 1800, estava ansioso para aplicar os métodos mais modernos da física ao estudo de rochas, na esperança de levar instrumentos de precisão para lidar com questões acerca da história do planeta. Vernadsky, porém, sempre foi mais que um especialista. Embora tenha começado a carreira estudando minerais, sua atenção sempre esteve direcionada ao todo que emerge das histórias mais específicas que os cientistas descobrem através da investigação das partes.

Esse foco na integração de diferentes domínios disciplinares levou Vernadsky a construir um novo campo chamado geoquímica, que desnudava a história da Terra examinando a composição microscópica de seus constituintes físicos. Vernadsky também viu que não eram somente os componentes físicos e químicos da Terra que formavam um todo dinâmico. Percebendo que a biologia também precisava ser trazida para dentro da história do planeta em nível fundamental, ele criou um segundo domínio chamado biogeoquímica.

A perspectiva ampla de Vernadsky referia-se à evolução da vida tanto quanto à evolução das rochas. Ao mesmo tempo que cada espécie era moldada por seu nicho particular local, também era moldada pela atividade como um todo da vida no planeta. Os efeitos da evolução corriam em ambos os sentidos. A Terra também foi moldada pela totalidade da vida. Nas palavras de Vernadsky: "Um organismo está envolvido com o ambiente ao qual não só ele é adaptado, mas que é igualmente adaptado a ele."[2] A história de vida de um planeta está profundamente envolvida com a história da vida nesse planeta.

Essa atenção às visões tanto microscópicas como macroscópica levou Vernadsky à sua mais importante contribuição à linguagem da vida no contexto de seu anfitrião planetário. A partir de discussões com o geólogo suíço Eduard Suess, Vernadsky propôs que o estudo da Terra não estaria completo sem a compreensão do papel central da vida como força planetária. Para ele, a Terra não pode ser realmente entendida sem uma compreensão da dinâmica de sua biosfera. A adição de "biosfera" ao léxico da ciência da Terra foi um reconhecimento de que a vida é uma potência planetária tão importante quanto vulcões e marés. A vida é um agente, moldando a complexa história de muitos bilhões de anos do mundo. Em 1926, Vernadsky escreveu que:

> Ativada pela radiação, a matéria da biosfera coleta e redistribui energia solar e, em última instância, a converte em energia livre capaz de realizar trabalho na Terra. Um novo caráter é concedido ao planeta por essa poderosa força cósmica. As radiações que se derramam sobre a Terra fazem com que a biosfera assuma propriedades desconhecidas para superfícies planetárias sem vida, e assim transformem a face da Terra.[3]

E, algumas páginas depois:

> A vida existe apenas na biosfera; organismos são encontrados apenas nas finas camadas externas da crosta terrestre, e estão sempre separados da matéria inerte que os cerca por uma fronteira clara e firme. Organismos vivos nunca foram produzidos por matéria inerte. Em sua vida, sua morte e sua decomposição, um organismo circula seus átomos através da biosfera vezes e vezes seguidas, mas a matéria viva sempre é gerada a partir da própria vida.[4]

Para Vernadsky, a biosfera era uma extensa região abrangendo desde abaixo da crosta terrestre (a litosfera) até a borda da atmosfera. Dentro dessa concha — agora chamada "região crítica" —, a ação da vida altera drasticamente fluxos de matéria e energia: "A evolução da matéria viva penetra continuamente na totalidade da biosfera [...] influenciando também seus corpos naturais inertes. É por isso que podemos e devemos falar sobre o processo evolucionário da biosfera em sua totalidade [...] A evolução das espécies se transforma na evolução da biosfera."[5]

Vernadsky compreendeu que os poderes da vida capazes de moldar o mundo eram ao mesmo tempo antigos e presentes. "Ajustando-se de forma lenta e gradual, a vida tomou conta da biosfera", escreve ele, e "esse processo ainda não terminou."[6]

A concepção de Vernadsky da biosfera como agente substancial, até mesmo igual, na evolução da Terra demorou a ganhar aceitação. Foi só depois que a ideia ganhou uma abordagem mais radical que sua importância foi plenamente reconhecida.

No começo da década de 1960, o cientista e polímata independente James Lovelock foi contratado por uma ainda iniciante Nasa para auxiliar no planejamento de potenciais experimentos que pudessem buscar vida em Marte. Refletindo sobre as diferenças entre procurar "vida conforme a conhecemos" em comparação com planejar técnicas de busca mais agnósticas, Lovelock entendeu que uma robusta biosfera modificaria a atmosfera do seu planeta anfitrião. Dois bilhões de anos atrás, foi a vida microbiana da Terra que criou altos níveis de oxigênio atmosférico. A presença desse oxigênio conduziu a atmosfera da Terra à perda do equilíbrio químico, forçando-a a um estado que um mundo morto (sem vida) não conseguiria alcançar. O notável para Lovelock era que a vida tivesse conseguido de algum modo manter o estado atmosférico (isto é, a concentração de oxigênio) num nível aproximadamente constante por centenas de milhões de anos. Contemplando os trajetos químicos através dos quais a vida pôde manter essas condições, Lovelock foi tomado pela ideia de que deve haver mecanismos de feedback entre a vida e o planeta como um todo, mecanismos que mantêm o estado de desequilíbrio da atmosfera por extensos períodos de tempo. Lovelock acreditava que assim como um organismo consegue manter suas condições internas, tais como salinidade ou temperatura, esses feedbacks associavam os componentes vivos e não vivos do planeta de forma a manter condições de desequilíbrio constantes. Indo além, ele imaginou que a vida poderia desenvolver feedbacks que mantivessem o planeta em condições que lhe fossem favoráveis.

Originalmente, Lovelock quis chamar essa ideia de "teoria do sistema terrestre autorregulador".[7] Os termos essenciais são "autorregulação" e "sistema". Ele estava explicitamente concebendo o planeta como uma coleção de sistemas, associados com ar, água, terra e vida, fortemente conectados ou "acoplados". Esses sistemas não podiam ser tratados separadamente porque cada um deles dependia dos outros para suas propriedades e seus comportamentos. Esse acoplamento implicava uma coevolução nos sistemas do planeta. Biosfera, atmosfera, hidrosfera, criosfera e litosfera evoluíram juntas, levando a uma regulação global de propriedades globais, tais como a temperatura média da Terra. Essa autorregulação, segundo Lovelock, servia para manter propriedades globais num domínio favorável à vida, mesmo que circunstâncias externas, tais como a lenta evolução do Sol, mudassem de maneiras que pudessem tornar as propriedades globais menos favoráveis à vida.

Essa perspectiva de sistemas, com sua ênfase em autorregulação e controle, não ocorreu a Lovelock do nada. Era parte de um interesse crescente no que era chamado cibernética — o estudo da comunicação e do controle em sistemas biológicos e artificiais. A cibernética tinha raízes no estudo de sistemas autorreguladores. Enfatizava a "causalidade circular" ou relações causais recursivas entre os processos de um sistema, em vez de processos lineares causa-efeito.[8] Por exemplo, os processos bioquímicos que compõem uma célula produzem recursivamente a si mesmos ao longo do tempo, de modo que processos e produtos se determinam mutuamente (ver capítulo 6). Como veremos, esse tipo de pensamento baseado em sistemas (sistêmico) viria a representar uma abordagem nova para o mundo e a ciência.

É claro que a ideia de Lovelock não foi nomeada "teoria do sistema terrestre autorregulador". Em vez disso, ele a chamou de "hipótese de Gaia", e, mais tarde, "teoria de Gaia".[9] Gaia era a deusa grega da Terra, e o nome mais evocativo foi sugerido a Lovelock pelo seu vizinho, o romancista William Golding, autor de *O senhor das moscas*.

No entanto, a teoria de Gaia era incompleta, sem uma concepção mais clara de onde se originavam os feedbacks necessários para a autorregulação. Esse elemento foi fornecido por Lynn Margulis, a brilhante e iconoclasta bióloga que se uniu a Lovelock como cocriadora da teoria de Gaia completa. Margulis, cujo trabalho focava nas fundações microbianas da biosfera, tornara-se famosa por estabelecer o papel central da cooperação, em vez da simples competição, na evolução da vida. Ela reunira evidência avassaladora de que a cooperação, na forma de simbiose, levara à formação das importantíssimas células eucariontes a partir de parceiras procariontes mais simples.[10] As células eucariontes, com seus núcleos e organelas, tais como mitocôndrias, são a base para todas as formas celulares complexas de vida na Terra (plantas, animais e fungos).

As vastas teias de vida microbiana e sua evolução formaram a base biosférica para a versão ampliada da teoria de Gaia de Lovelock e Margulis. Ciclos recursivos entre populações microbianas e o ambiente geofísico/geoquímico compuseram os mecanismos de autorregulação pelos quais o sistema acoplado inteiro propunha-se a regular a si mesmo. Um exemplo que Lovelock e colaboradores propuseram é a produção de dimetilsulfeto (DMS) por fitoplânctons.[11] DMS é um composto químico associado com formação de nuvens, e os fitoplânctons são micróbios oceânicos fotossintetizadores. A lógica do feedback começa com um pequeno aumento (uma perturbação) na energia solar incidente sobre a superfície do planeta que, por si só, atuaria para aquecer a Terra. Porém, mais luz solar também leva a um aumento da população de fitoplânctons, já que eles se alimentam de fótons solares. Isso conduz à emissão de mais DMS. Contudo, como o DMS semeia formação de nuvens, o resultado final será um planeta mais nublado que reflete mais luz solar de volta para o espaço. Desse modo, o ciclo de feedback é completado, e a temperatura planetária volta a diminuir. Note que o que acabamos de descrever é um feedback negativo entre vida microbiana e o ambiente geofísico/geoquímico. Uma perturbação acima do nível comum do sistema é desamplificada, fazendo o sistema retornar ao seu estado original, ou seja, forma-se um feedback autorregulador. A visão sistêmica também inclui a possibilidade de feedbacks positivos que amplificam perturbações. Além disso, ultrapassando a ideia clássica de feedback, a teoria sistêmica desenvolveu modelos de redes autônomas, tais como a célula autopoiética, que produz seus próprios processos e restrições operacionais (como foi discutido no capítulo 6). Para Margulis, a autopoiese tornou-se a ideia crucial para conceitualizar como Gaia (os sistemas acoplados da Terra) poderia produzir e regular a si própria.[12]

Uma densa e evolutiva teia de ciclos recursivos, alicerçada na atividade microbiana, representava a visão mais completa da teoria de Gaia de Lovelock e Margulis, que eles passariam décadas articulando e refinando. Inicialmente, a teoria gerou controvérsia ao ser proposta. Alguns cientistas acharam que ela introduzia um princípio teológico na evolução, mas essa crítica surgia sem levar em conta a lógica cibernética da teoria, segundo a qual a manutenção dos sistemas acoplados da Terra em condições condizentes com a vida ocorre mediante ciclos causais recursivos e não para realizar um objetivo. Outros argumentaram que não havia como tal sistema autorregulador, em escala planetária, surgir a partir da seleção natural. No entanto, essa crítica também era mal dirigida, porque a hipótese original de Gaia, e, mais tarde, a teoria de Gaia, precisava somente do surgimento lícito de propriedades globais por meio de densas teias de causalidade recursiva em um sistema complexo individual, não da seleção natural atuando numa população reprodutiva.[13] Ainda existem importantes questões quanto à evolução e eficácia de feedbacks biosféricos para produzir uma homeostase planetária completa.[14] Não obstante, pesquisas recentes têm apontado para mecanismos evolucionários capazes de selecionar feedbacks negativos em escala global, que poderiam manter tal sistema.[15]

O que importa para nós, porém, não é se Lovelock e Margulis estavam formalmente corretos em postular que a vida na Terra poderia estabelecer uma autorregulação plena de condições globais. Se tal forma completa de autorregulação planetária autônoma é, ou pode ser, obtida é algo que continua em aberto. Em vez disso, são as emergentes alternativas às narrativas da ciência do Ponto Cego, trazidas por Vernadsky, Lovelock e Margulis, nas quais desejamos focar. Esse foco é particularmente legítimo, considerando o que aconteceu em seguida com a ideia de Gaia, de Lovelock e Margulis, e seu papel no reconhecimento do Antropoceno e da crise existencial da mudança climática.

Ciência dos sistemas terrestres, mudança climática e o Antropoceno

A teoria de Gaia, com sua ênfase no forte acoplamento entre a vida como sistema (a biosfera) e os outros sistemas terrestres abióticos, representou um passo crucial no surgimento do que agora é chamada ciência do sistema terrestre (CST). Definida como "uma empreitada transdisciplinar visando a compreensão da estrutura e do funcionamento da Terra como sistema adaptativo complexo", a CST é agora a base para compreender a evolução da Terra e dos planetas em geral.[16] Uma resenha da história da CST, liderada pelo cientista do clima Will Steffen, a coloca desta maneira:

> Por dezenas de milhares de anos, culturas indígenas ao redor do mundo têm reconhecido ciclos e sistemas no meio ambiente, dos quais humanos são parte integral. No entanto, foi só no começo do século XX que o pensamento sistêmico contemporâneo foi aplicado à Terra, dando início à CST. Baseando-se no reconhecimento de que a vida exerce uma forte influência sobre o ambiente químico e físico da Terra,

a CST originou-se num contexto de Guerra Fria, com a ascensão das ciências de sistemas complexos e ambientais.[17]

Rastreando a história da CST, Steffen e colaboradores citam tanto os trabalhos de Vernadsky sobre a biosfera em 1926 quanto os artigos detalhando a teoria de Gaia nos anos 1970 e as publicações cruciais montando o palco para a CST.

O marco referencial seguinte, citado por eles, foi a publicação de um diagrama pelo meteorologista Francis P. Bretherton, em 1986. Dando corpo a uma perspectiva sistêmica, o chamado diagrama de Bretherton representa a dinâmica terrestre como uma série de caixas (representando diferentes sistemas e subsistemas) ligadas por setas que detalham seus acoplamentos. Com a aparência de um circuito eletrônico, o diagrama de Bretherton impressiona quem o vê como um complexo emaranhado de causas e efeitos. Essa aparente complexidade, porém, captura a essência do que estava sendo reconhecido sobre a Terra: deve ser tratada como um todo, emergindo do que parecem ser componentes separados (cada um tratado por sua distinta disciplina acadêmica). Os diagramas de Bretherton para diferentes aspectos do comportamento terrestre logo se proliferaram à medida que os pesquisadores tentavam mergulhar na dinâmica dos vários subcomponentes e subsistemas da CST (tais como evolução glacial, ciclos de CO_2 e correntes oceânicas).

A CST, com sua ênfase no pensamento e emergência em nível sistêmico, representa para a ciência uma abordagem diferente do reducionismo do Ponto Cego. Embora às vezes utilize redução como método (observando sistemas com base em seus componentes), o trabalho de pesquisadores da CST não é reducionista em sua visão sistêmica. Na verdade, reconhece que o nível de sistema emergente é o que mais importa para compreender o comportamento. Portanto, nenhuma disciplina pode sozinha abrir caminho para a compreensão do planeta. A Terra, como "planeta vivo", com a biosfera sendo um dos seus sistemas essenciais, não é província dos departamentos de geologia, química ou física tomados isoladamente ou mesmo somados. Em vez disso, faz-se necessário algo inteiramente novo. A ciência do sistema terrestre não é apenas um empreendimento interdisciplinar; é transdisciplinar. Uma pesquisa interdisciplinar significa ter pesquisadores de diferentes áreas cruzando fronteiras para trabalhar juntos. Em estudos transdisciplinares, porém, essas fronteiras desaparecem, à medida que são edificadas perspectivas e abordagens inteiramente novas.

É digno de nota que o financiamento inicial militar da ciência relacionada com o clima nos anos 1950 e 1960 deu ao campo recém-nascido o impulso inicial que necessitava para começar a construir uma visão global da dinâmica climática global. Camp Century, uma base militar alimentada por energia nuclear estabelecida no alto da capa de gelo da Groenlândia, foi um poderoso exemplo desses projetos. Foi ali que começou a primeira operação de perfuração profunda do núcleo gelado. Recuperando água antiga de aproximadamente um quilômetro e meio abaixo da superfície da capa de gelo, foi recuperada também a história climática do planeta durante os últimos doze mil anos. Gravada nesses núcleos gelados estava uma visão detalhada do fim da última era glacial e da mudança climática surpreendentemente rápida que o acompanhou. O emergente reconhecimento de que condições climáticas globais da Terra podiam mudar drasticamente em escalas de tempo de séculos ou mesmo décadas viria a assombrar um novo campo que surgia.

Esses esforços produziram frutos precoces na compreensão de que a atividade humana coletiva tinha a capacidade de afetar a dinâmica planetária. O reconhecimento de que o aquecimento global podia ser provocado pelo uso de combustíveis fósseis remonta a 1908, quando o físico e químico sueco Svante Arrhenius predisse aumentos médios de temperatura para o planeta devido ao consumo de carvão.[18] Até a década de 1950, porém, permaneciam questões não resolvidas sobre a possibilidade de tal aquecimento. Em particular, alguns pesquisadores acreditavam que o oceano tinha a capacidade de absorver e armazenar qualquer CO_2 adicional que acrescentássemos à atmosfera. Além disso, não havia medições de alta qualidade do dióxido de carbono atmosférico que pudessem ser usadas para rastrear alterações atmosféricas globais devidas à atividade humana. No entanto, em 1956, o geoquímico e oceanógrafo Charles David Keeling estabeleceu um "observatório" de CO_2 no alto do vulcão Mona Kea, alto o suficiente para permitir que amostras ali colhidas representassem uma medida verdadeira das concentrações atmosféricas médias globais. Depois de apenas alguns anos, o aumento constante de CO_2 devido à queima de combustíveis fósseis era visível nos dados de Keeling. Além disso, Rodger Revelle e Hans Suess, seus colaboradores, logo revelaram que, embora os oceanos tivessem fornecido significativo armazenamento de CO_2, era improvável que continuassem a atuar como fossa no futuro, à medida que aumentassem os níveis de dióxido de carbono. Seu artigo seminal de 1957 sobre a absorção oceânica de CO_2 incluía o famoso reconhecimento de que "os seres humanos estão realizando um experimento geofísico em larga escala do tipo que não poderia ter ocorrido no passado nem poderá ser reproduzido no futuro".[19]

O trabalho de Revelle, Keeling e seus colaboradores não permaneceu enclausurado na academia. Abrindo caminho através de redes de consultores científicos do governo, a ameaça potencial da mudança climática chegou até o gabinete do presidente dos Estados Unidos. Em 5 de novembro de 1965, Lyndon Johnson levantou o problema do aquecimento global para uma sessão conjunta do Congresso: "Esta geração alterou a composição da atmosfera em escala global por meio de [...] um constante aumento de dióxido de carbono resultante da queima de combustíveis fósseis."[20] Olhando para trás, é notável que os perigos da mudança climática já fossem conhecidos nos níveis mais altos da política norte-americana na década de 1960. É claro que essa preocupação não foi levada em conta, e nunca chegou à consciência do grande público naquela época.

No entanto, a preocupação pelos impactos humanos no clima de fato aumentou ao longo dos anos 1980. Durante os primeiros anos dessa década, teve início um intenso esforço para predizer e medir o "sinal" do aquecimento global — o aumento das temperaturas médias globais sobre o pano de fundo inerentemente ruidoso das variações de ano para ano. A medição desse sinal e a articulação de consequências mais amplas de uma mudança climática planetária impulsionaram o crescimento transdisciplinar, internacional, da ciência do sistema terrestre como campo científico. Formou-se uma multidão de novas colaborações científicas internacionais com o objetivo explícito de articular o alcance e os métodos da recém-emergente CST. Essas colaborações incluíam uma sopa de letrinhas de programas e organizações: o Programa Mundial de Pesquisa Climática (World Climate Research Program — WCRP) começou em 1980; o Programa Internacional da Geosfera-Biosfera (International Georphere-Biosphere Program — IGBP) foi lançado em 1986; um programa global para estudar biodiversidade chamado DIVERSITAS foi iniciado em 1991; o Programa Internacional de Dimensões Humanas (International Human Dimensions Program — IHDP) sobre Mudança Ambiental Global foi criado em 1996; e o mais importante e agora famoso Painel Intergovernamental sobre Mudanças Climáticas (International Panel on Climate Change — IPCC) foi criado em 1988.

No fim dos anos 1980 e começo dos anos 1990, o aquecimento global finalmente começou a aparecer em medições da temperatura terrestre média. O "sinal" foi ultrapassando o ruído. Em depoimento perante o congresso em um dia escaldante em julho de 1988, o cientista do clima James Hansen proclamou que "a mudança climática está aqui". O depoimento de Hansen, notícia no mundo todo, representou a introdução do efeito estufa, do aquecimento global e da mudança climática na consciência e no debate público em grande escala.

Nas décadas que se seguiram, o consenso científico de que estava ocorrendo uma mudança climática antropogênica apenas se fortaleceu. O desenvolvimento global da CST como empreendimento científico tornou explícito os elos entre consumo de combustível fóssil e a retenção de calor adicional por meio do efeito estufa. Porém, mais do que simplesmente mostrar que as emissões de CO_2 de carvão, gasolina e gás natural estavam aquecendo o planeta, a natureza transdisciplinar da CST revelou a cascata de efeitos que se manifestavam corredeira abaixo do aquecimento.

No começo do século XXI, a magnitude e a totalidade de mudanças que os humanos impunham ao sistema terrestre estavam entrando em foco. Através das lentes da CST, cientistas puderam ver que não estávamos somente alterando a temperatura do planeta; estávamos mudando seu estado evolucionário. Em 2000, esse reconhecimento recebeu um nome, quando os geólogos Paul Crutzen e Eugene Stoermer propuseram que a Terra estava entrando num novo período geológico que chamaram de Antropoceno.[21] O período atual, chamado Holoceno, tinha começado no fim da última era glacial, aproximadamente doze mil anos atrás. O que estamos chamando de "projeto de civilização" — referindo-se a tudo que se seguiu a partir das revoluções agrícolas neolíticas ocorrendo em sociedades humanas em todo o planeta — aconteceu durante as condições relativamente temperadas e úmidas do Holoceno. O que Crutzen e Stoermer propuseram era que a escala da atividade humana havia alcançado o ponto em que agora dominava os processos que estabeleceram o estado de sistemas planetários acoplados.

A definição do Antropoceno originalmente se restringia à estratigrafia e à questão de estar se impondo ou não uma impressão clara da nossa época ao registro rochoso da Terra. Dentro do contexto da CST, porém, ela logo se expandiu para um conjunto de questões acerca das fronteiras para a civilização humana e o sistema terrestre. Essas fronteiras representavam limites além dos quais nosso projeto de civilização forçaria o comportamento multissistêmico da Terra a um estado totalmente diferente, que muito provavelmente seria prejudicial a esse projeto. As perspectivas das fronteiras da CST tornavam explícita a magnitude do nosso impacto sobre o planeta. Por exemplo, os seres humanos agora movimentam pelo planeta os elementos-chave nitrogênio e fósforo mais do que todos os outros processos naturais combinados.[22] Nós "colonizamos" mais de 50% da terra aberta do planeta para nosso uso. Modificamos os níveis de pH global dos oceanos, tornando-os mais ácidos. Estamos provocando uma redução massiva da diversidade da biosfera, que provavelmente constituirá um evento de sexta extinção em massa. Por fim, e mais óbvio, estamos alterando toda a composição da atmosfera e suas propriedades de transferência radiativa por meio da nossa emissão de gases de efeito estufa.

Embora seja agora usado para enquadrar esses eventos e tenha ganho ampla circulação fora da ciência, o conceito de Antropoceno não deixa de ter seus problemas. A ideia de que "vivemos num planeta dominado por humanos", ao mesmo tempo que chama nossa atenção para os disseminados e devastadores efeitos das ações humanas sobre a biosfera, não é antropomorficamente limitada, considerando que quem realmente domina o planeta são os micróbios, como Margulis nunca se cansa de nos lembrar.[23] Como observa Bruce Clarke, "o conceito manifestamente isola e traz para o primeiro plano uma espécie que ela por muito tempo sofreu para colocar em seu lugar junto aos seus sitiados companheiros de planeta".[24] A filósofa Kathleen Dean Moore também chamou atenção para o viés humano-centrado do conceito.[25] Outro problema é que a narrativa do Antropoceno retrata a humanidade toda como uma espécie dominante no sistema terrestre. Contudo, o Antropoceno não é produto de toda a humanidade, mas sim de grupos particulares de pessoas, especificamente os responsáveis pelo colonialismo ocidental — uma força histórica impulsionadora fundamental por trás do Antropoceno.[26] Kyle Whyte observa: "A 'mudança climática antropogênica' e 'o Antropoceno', então, não são termos suficientemente precisos para muitos povos indígenas, porque soam como se todos os humanos estivessem implicados e afetados por colonialismo e industrialização da mesma maneira."[27] Por esses motivos, embora usemos o termo "Antropoceno", também chamamos atenção para suas desvantagens e para como ele codifica aspectos do Ponto Cego que desejamos superar.

O reconhecimento da entrada da Terra nessa nova fase moldada pelos humanos, problematicamente rotulada Antropoceno, não poderia ter ocorrido sem a construção da ciência de sistemas terrestres e sua emergente perspectiva transdisciplinar. A CST foi mais do que apenas um novo tipo de ciência; representou também um novo tipo de necessidade pela ciência. Em vez de reducionismo, precisou abraçar a complexidade como princípio primordial. Além disso, como os efeitos humanos sobre o sistema físico terrestre se tornaram disseminados, tentativas de predizer trajetórias futuras para o sistema exigiram que se abordasse o "perverso problema" de ciclos de feedback de percepção, comportamento e consequências.

Dessa maneira, a CST revelou a natureza e o escopo da transformação humana do planeta. Demonstrou como a Terra funcionou como sistema complexo no passado. Mostrou-nos como nossa atividade, mesmo desde o começo da era agrícola, transformou o comportamento desse sistema complexo. E o mais importante, revelou a gama de trajetórias possíveis fluindo do presente para o futuro. Muitos desses trajetos produzem uma Terra sobre a qual se revelará difícil, se não impossível, que o nosso projeto de civilização floresça. A ciência dos sistemas terrestres nos mostrou o risco existencial que enfrentamos agora e expôs as atitudes que precisamos tomar para mitigar esse risco.

Em resposta, nada fizemos.

Apesar do risco revelado pela CST, cientistas e poderes políticos e econômicos do mundo todo se recusaram a adotar uma ação significativa. Embora tenham sido assinados numerosos tratados, mais notavelmente os Acordos de Paris, nenhuma das principais nações emissoras reduziu sua emissão de carbono de forma significativa. Durante o tempo que estivemos escrevendo este livro, cinquenta e cinco anos depois que o presidente Johnson alertou o Congresso dos Estados Unidos sobre o aquecimento global, o mundo vem experimentando múltiplos eventos climáticos extremos: temperaturas de mais de 43 graus Celsius no Pacífico Noroeste, gigantescos incêndios descontrolados na Califórnia e Austrália, catastróficos furacões no Atlântico, imensas enchentes no norte da Europa, escaldantes ondas de calor na Índia e no Paquistão, chuvas extremas no sul da África — e a lista continua. Estamos agora mergulhados tão fundo na crise climática que até mesmo drásticas reduções de emissões de CO_2 não impedirão um aquecimento massivo já incorporado no sistema.

Embora as razões para essa inação sejam múltiplas e variadas, requerendo seu próprio e detalhado estudo, a ciência é uma força poderosa demais para ignorar como ideias a ela associadas se entranharam na cultura. Em *Reason in a dark time* [Razão num tempo escuro], o filósofo Dale Jamieson discute como política e economia, bem como a filosofia moral, fracassaram em responder à crise climática.[28] O título de Jamieson é revelador porque deixa claro como um ideal particular de razão passou a ser expresso na lógica dos nossos sistemas políticos e econômicos. A estrutura lógica e o ideal da razão que esses sistemas incorporam não surgiram do nada. Pelo contrário, foram a expressão de uma teoria do conhecimento formulada nos séculos XVII e XVIII junto com o que estamos chamando de Ponto Cego. Podemos encontrar o ideal da razão do Ponto Cego, que reivindicava falar pela ciência, fundamentando a economia política da emergente Era Industrial. Como argumentamos a seguir, foi a cultura da economia política mecanicista e sua versão do Ponto Cego que nos levaram ao Antropoceno, e que se mostraram incapaz de responder à sua urgência.

O Ponto Cego, cultura e economia política

Do fim do século XVII a meados do século XIX, as ideias essenciais do capitalismo industrial, tais como produção, demanda, mercados, investimento, risco e lucro, foram desenvolvidas por pensadores como Adam Smith e David Ricardo. Ao mesmo tempo, as capacidades materiais da indústria cresceram exponencialmente, provocando rápida mudança pelo continente europeu e pelo mundo, por intermédio da colonização europeia. Em resposta às profundas perturbações e disparidades que se seguiram a essas mudanças, foram propostas alternativas ao capitalismo, mais notavelmente nos escritos de Karl Marx e Friedrich Engels. Essas duas visões de economia política, capitalismo e socialismo, viriam a dominar a organização do mundo. Elas foram o alicerce intelectual de uma industrialização intensiva baseada em recursos e energia que se mostrou incansável em sua transformação da cultura humana e, por fim, da dinâmica planetária.

A sobreposição da ascensão do capitalismo (e eventualmente do socialismo) com a ascensão da ciência não é um mero acidente. A ciência — e as tecnologias que ela gerou — liberou um conhecimento que alimentou diretamente o impressionante aumento em capacidades produtivas da nova sociedade industrial. A física newtoniana permitiu a engenheiros construir as máquinas que faziam funcionar as fábricas, enquanto avanços em química permitiram novas gerações de tinturas, fermentos e fertilizantes. Embora essa sobreposição no tempo seja óbvia, a sobreposição de causas na relação entre ciência e capitalismo não tem sido tão clara. O estudo da história da ciência e do capitalismo tem tentado com frequência vê-los como relacionados, mas separados. Um exemplo dessa relação provém de W. W. Rostrow, que via a ciência como algo que ajudava a explicar a ascensão do capitalismo moderno. Segundo os historiadores Lukas Rieppel, Eugenia Lean e William Deringer, Rostrow "identificou 'a gradual evolução da ciência moderna e da atitude científica moderna' como fator decisivo que separa as vibrantes economias capitalistas de economias predecessoras e alternativas menos dinâmicas".[29] Nessas discussões históricas clássicas, a ciência ainda era retratada como se existisse em um espaço separado, como se estivesse em uma procura pelo conhecimento puro, não corrompido pela busca de lucros. Se algumas ideias científicas se revelassem úteis para empreendimentos industriais, isso era visto como um resultado periférico não relacionado com a verdadeira preocupação dos cientistas.

Essa perspectiva foi incorporada, em particular, na famosa descrição de Robert K. Merton da comunidade científica como uma comunidade "cuja estrutura normativa efetivamente isola seus membros das demandas do mercado".[30]

Essa visão da separação relativa da ciência em relação aos domínios da economia política foi erodida por uma nova geração de estudiosos. As histórias entrelaçadas da ciência e das economias políticas industriais, capitalistas ou socialistas, recentemente emergiram como um tópico de estudo, baseando-se em temas iniciais levantados por estudiosas feministas, notavelmente Donna Haraway, Sandra Harding e Evelyn Fox Keller, e pesquisadores de estudos de ciência e tecnologia (ECT).[31] Essas autoras procuram entender o entrelaçamento de ideias (conhecimento) e materiais na ascensão da ciência e na rápida globalização da cultura industrial, deslanchadas na mesma época. Como escrevem Rieppel, Deringer e Lean, editores do importante volume *Osiris* sobre "Ciência e capitalismo: histórias entrelaçadas": "Não só se deve conferir a todo tipo de pensamento, cálculo, planejamento, previsão, organização e teorização um lugar central na história do capitalismo, insistimos nós, mas essas atividades aparentemente abstratas e desencarnadas podem e devem ser estudadas como formas genuínas de prática com o poder de produzir efeitos de longo alcance em partes surpreendentemente distantes do mundo."[32] A entrada da Terra no Antropoceno parece justificar essa alegação.

Nessa nova perspectiva, o capitalismo emergente nos séculos XVII e XVIII é visto como um sistema epistêmico que não pode ser separado daqueles reunidos e valorizados na ciência. Nas palavras do historiador Harold Cook: "Podemos dizer que economias e ciências caminham juntas como corpo e mente."[33] Falando diretamente sobre a revolução científica na Europa, Cook acrescenta: "Onde mercadores detinham o poder, o mesmo ocorria com os tipos de conhecimento material comensurável que eles mais valorizavam."[34]

Começamos, assim, com o reconhecimento das histórias entrelaçadas da ciência e da economia política industrial. Dado o estreito entrelaçamento da ciência com os primórdios do capitalismo industrial, devemos esperar que o Ponto Cego da primeira, com suas limitadas perspectivas sobre natureza, matéria, vida e valor da experiência, seria incorporado às formas de pensamento, cálculo, planejamento e sistemas de valores da última. Além disso, sugerimos que esses fios fortemente entretecidos do Ponto Cego na economia política da sociedade industrial são causa importante da inabilidade da nossa sociedade de compreender o surgimento do Antropoceno, suas ameaças existenciais e suas profundas iniquidades através do Norte e do Sul globais, bem como entre colonizadores e povos indígenas.[35]

Reconhecemos que essa proposta de codependência da ciência e do sistema de valores por trás da industrialização requer um trabalho inteiramente separado para elaborar o uso das ferramentas de estudo da história, economia e ciência política. Oferecemos aqui somente alguns argumentos para justificar nossas alegações. Para ver como o Ponto Cego científico se entrelaçou com as raízes filosóficas da economia política industrial, retornamos à nossa lista de ideias características do Ponto Cego em busca de exemplos de como elas também se manifestaram na economia política e na cultura da visão de mundo industrial.

Começamos com a reificação de entidades matemáticas. Embora teorias totalmente matematizadas de economia sejam agora uma ferramenta padrão na tomada de decisões políticas, o uso de cálculos em política econômica e políticas práticas não era central em debates internos entre países europeus até depois de Newton. William Deringer explica em *Calculated values: finance, politics and the quantitative age* [Valores calculados: finança, política e a era quantitativa]: "No mundo anglófono, a noção de que cálculos numéricos mereciam estima especial como forma de pensar e saber, particularmente em contextos políticos, primeiramente começou a imperar na Grã-Bretanha por volta da virada do século XVIII. Antes desse ponto, o pensamento numérico detinha um lugar bastante marginal em assuntos políticos."[36] Foi durante esse período que emergiu um novo ideal de razão política. Debates apoiados em estruturas numéricas, e em última análise matemáticas, penetraram na consciência política. Antes dessa época, porém, a ligação entre razão e matemática era basicamente a preocupação de filósofos e, no contexto das aplicações matemáticas aos fenômenos naturais, dos filósofos naturais. Deringer escreve: "Durante a maior parte do século XVII, o pensamento quantitativo não detinha nenhuma proeminência na prática política ou na cultura pública."[37]

Entretanto, com a sequência de sucessos da ciência, argumentos políticos sobre decisões econômicas começaram a ser formulados em linguagem quantitativa, de cálculos. William Pulteney, um membro do Parlamento e comentarista político, escreveu em 1727: "*Fatos e Números* são as mais obstinadas Evidências."[38] O propagandista econômico (e acusado de pirataria) John Crookshanks estabeleceu a ligação mais explícita alguns anos antes, ao afirmar: "Verdade e Números são sempre a mesma coisa."[39] Em meados do século XVIII, uma nova autoridade havia sido conferida ao raciocínio quantitativo. De acordo com Deringer, "isso marcou uma transformação decisiva na *epistemologia cívica* coletiva bretã".[40] A ascensão do raciocínio quantitativo durante esse período não foi simplesmente uma questão de contabilidade. Na economia política, foi o começo de uma matematização tanto da ontologia quanto da epistemologia. O que era sabido e como era sabido dependiam da capacidade de formulação em termos matemáticos, a ponto de a matemática, em pouco tempo, adquirir uma vida ontológica própria.

Assim, uma visão matemática quantitativa de economia política surgiu lado a lado com a visão matemática quantitativa da natureza que vinha se tornando triunfante durante esse período. O efeito cascata disso para nossa própria época é uma economia totalmente matemática. Espera-se que os praticantes da teoria econômica moderna sejam versados e ágeis em cálculo integral e utilizem suas ferramentas de modelagem e raciocínio matemáticos. Esse uso do raciocínio matemático não deve ser em si um problema. No entanto, quando as variáveis matemáticas em teoria econômica são levadas a representar "coisas" independentes, em vez de serem vistas como abstrações redutivas de realidade vivenciada, e o ato transicional de abstração redutiva é esquecido, temos outro caso de substituição sub-reptícia, falácia da concretude deslocada e amnésia da experiência. Acabamos com uma ferramenta poderosa que é perigosamente limitada.

Para entender o perigo, e sua conexão com a metafísica do Ponto Cego, consideremos a chamada economia neoclássica, a versão dos economistas do Modelo Padrão dos físicos. Dois componentes essenciais da economia neoclássica são a ideia de atores racionais e a hipótese dos mercados eficientes (HME). Considera-se que indivíduos se comportem racionalmente em seu próprio autointeresse econômico, e acredita-se que os preços de mercado reflitam plenamente toda a informação disponível. A teoria econômica neoclássica sustenta que agentes individuais racionais, quando agregados, agem com perfeita informação e alocam capital eficientemente. Dessa maneira, os mercados podem determinar acuradamente os preços das coisas. A conquista dessa alocação eficiente acontece quando ocorrem os equilíbrios entre várias funções de utilidade (oferta e demanda, por exemplo). Tais equilíbrios são matematicamente expressos como as intersecções das funções em pontos de preço particulares.

A HME, junto a sua premissa de atores racionais, tem sido fortemente criticada por encarar o comportamento humano (bem como sua experiência) de formas altamente abstratas e idealizadas que pouco se assemelham à realidade. Essas críticas têm importância para o nosso argumento porque apontam para como a economia neoclássica corporifica o reducionismo, o objetivismo e a reificação de constructos matemáticos. A teoria postula "átomos econômicos" altamente simplificados, a partir dos quais podem ser deduzidas regras matemáticas sobre o comportamento do sistema como um todo. Todos os atores racionais são idênticos no fato de seus desejos de otimizar seu ganho econômico, e, portanto, seus comportamentos, serem iguais. A HME reifica as funções de utilidade, anexando a elas uma realidade em debates econômicos que exclui características do mundo real que não podem ser capturadas em tais funções. Essa concepção é extremamente visível no perene debate sobre como lidar com "externalidades" na economia neoclássica. A biosfera e suas funções são as externalidades mais importantes no que nos diz respeito. A incapacidade de modelos neoclássicos de sequer reconhecer a existência da biosfera pode ser vista como seu mais significativo Ponto Cego, e é uma razão intensamente motivadora para modelos alternativos, tais como economia ambiental e economia ecológica.

Quando se trata de lidar com a mudança climática, a limitação da visão neoclássica se tornou aparente demais. O trabalho de William Nordhaus, pelo qual foi agraciado com o Prêmio Nobel de economia em 2018, é frequentemente considerado a melhor aplicação da visão neoclássica à mudança climática. Essa aplicação, porém, deixou que Nordhaus aceitasse um aumento de 3,5 graus Celsius em temperaturas globais como sendo ideal para a economia.[41] Esse resultado baseou-se em modelar, de uma perspectiva neoclássica, como diferentes setores da economia responderiam a aumentos de temperatura. No entanto, começamos a ver como apenas o 1,1 grau de aquecimento que já ocorreu tem afetado não só a economia, mas também a ordem social.* Essas realidades experienciadas fizeram com que os cálculos de Nordhaus parecessem não só fatalmente errados, mas também dickensianos ao assumir que a economia continuará seguindo, não importa quanta perturbação social seja causada pela mudança climática.

Após incorporarem o materialismo e a bifurcação da natureza do Ponto Cego, a economia neoclássica e a economia política não sabem como atribuir valor ao mundo exceto como recursos físicos para produção (mais uma vez, é esse o problema das externalidades). Esse fracasso

* Desde que escrevemos este livro, o aumento de temperatura tem crescido ainda mais. Em 2024, a temperatura média global aumentou 1,47 grau Celsius quando comparada à média pré-industrial entre 1850-1900. Dados disponíveis em: https://climate.nasa.gov/vital-signs/global-temperature/?intent=121. Acesso em 28 abr. 25.

tem provocado um permanente debate entre aqueles que advogam uma ação sobre a mudança climática a respeito de como considerar a questão do valor da natureza. Reconhecendo o poder gerado pelos pontos de vista econômicos neoclássicos, algumas pessoas sugerem que o problema da mudança climática deve ser postulado em termos de "serviços de ecossistema" que a biosfera fornece à economia. A ideia é que somente precificando corretamente esses serviços com modelos econômicos padronizados a economia política finalmente será capaz de apreender o valor da biosfera. Embora haja alguns pontos positivos a serem tirados dessa perspectiva, ela priva a economia política de uma compreensão de que a economia humana é subserviente à biosfera, não o contrário.

O fracasso da economia política que guiou a grande aceleração da era industrial é familiar demais. Dale Jamieson observa que o problema com nossa economia, quando se trata de mudança climática, "não é que ela falhe em ter os números corretos, mas existe mais em jogo do que aquilo que os números revelam".[42] Números não podem revelar entidades que existem fora da ontologia reducionista, materialista da nossa economia. Jamieson nos diz que "somente a economia não consegue nos dizer o que fazer em face da mudança climática".[43] Contudo, numa visão de mundo do Ponto Cego, onde tudo se reduz a "nada mais que" entidades físicas objetificadas, sejam elas partículas fundamentais ou atores racionais abstratos, somos deixados sem qualquer explicação do que realmente importa. Jamieson continua: "Nem todos os cálculos [econômicos] podem ser realizados; mesmo se pudessem, não nos diriam tudo que precisamos saber."[44] Se há aspectos importantes do nosso mundo — o mundo experienciado — que não se encaixam no quadro fisicalista da realidade, inclusive sua manifestação na economia, então haverá aspectos daquilo que devemos valorizar para os quais permaneceremos insensíveis. É por isso que as economias políticas da era industrial conduziram a sociedade a um consumo tão voraz, e é também por isso que foram inteiramente incapazes de responder aos perigos que o consumo apresenta, mesmo que esses perigos estejam nos encarando. No fim, Jamieson diz: "Na melhor das hipóteses, a economia é uma ciência e, portanto, não pode nos dizer o que fazer. Na pior das hipóteses, é uma ideologia, uma visão normativa disfarçada de relato sobre a natureza das coisas."[45] Nossa preocupação tem sido chamar atenção para como o Ponto Cego simultaneamente moldou e foi moldado por essa ideologia.

Ciência de sistemas complexos

A habilidade da ciência para revelar padrões profundos no mundo natural e fornecer os meios para melhorar as condições humanas é merecidamente celebrada. No entanto, a ciência e as tecnologias que ela produziu também têm desempenhado um papel central em criar as atribulações do Antropoceno. Isso aconteceu de forma direta ao fornecer os meios para guiar a extração de recursos e o consumo em escala industrial. E aconteceu também, como acabamos de argumentar, de forma indireta, via a adoção cultural, política e econômica de uma visão de mundo equivocadamente identificada com ciência — a visão de mundo que chamamos de Ponto Cego.

A ciência, porém, não é a mesma coisa que essa visão de mundo. A metafísica e a teoria do conhecimento do Ponto Cego podem ter ficado ligadas em grande parte à ciência na nossa cultura, mas a ciência é separável delas. A ciência se empenha em ser uma narrativa autocorretora construída a partir de um diálogo comunitário, aberto, focado na inquirição, com a experiência. Não pode ser limitado pelas preferências filosóficas de seus praticantes. Na medida em que a oficina científica provê novas ferramentas para ampliar a experiência, a ciência responde abrindo novos caminhos para suas próprias narrativas. Logo, o mapa não só é ampliado, mas também redesenhado com novas chaves e símbolos para representar aspectos recém-encontrados da natureza.

Dessa maneira, novos desenvolvimentos na própria ciência têm desafiado o Ponto Cego como concepção da ciência e da realidade tida como certa. Já exploramos como esses desafios surgiram em cosmologia, física quântica, biologia, ciência cognitiva e neurociência da consciência. Encerramos este capítulo descrevendo como esses desafios continuam com novas ferramentas e perspectivas que identificamos como cruciais para o sucesso da ciência do sistema terrestre. Ao acompanhar a história desse campo desde Vernadsky, passando por Lovelock e Margulis, comentamos o papel principal do pensamento sistêmico. Todavia, a ascensão desse modo não reducionista de conceitualizar o mundo dificilmente se restringe ao estudo da Terra. Em vez disso, representa uma profunda mudança na natureza da investigação científica, que continua até hoje e se abriga sob o título amplo de "teoria dos sistemas complexos".

"A ciência dos sistemas complexos não é um fruto da física, da biologia ou das ciências sociais, mas uma mistura única de todas as três."[46] É assim que tem início o livro didático sobre a teoria dos sistemas complexos, escrito por Stefan Thurner, Rudolf Hanel e Peter Klimek. Quando esboçamos os principais traços desse campo e como ele fomenta perspectivas que diferem das do Ponto Cego, o primeiro ponto a notar é seu caráter transdisciplinar. A teoria dos sistemas complexos nasce de uma diversidade de perspectivas sobre uma diversidade de temas que anteriormente escapavam da ciência.

Sistemas complexos podem ser descritos como redes de camadas múltiplas coevoluindo. Desembrulhar essa descrição mostrará como as perspectivas incorporadas na teoria dos sistemas complexos diferem daquelas da física clássica (da qual nasceu a metafísica do Ponto Cego).

Começamos com a coevolução. Nos modelos da física clássica, a evolução de matéria e energia é controlada por equações diferenciais. São necessárias condições de fronteira para solucionar essas equações. Especificar as condições de fronteira requer que separemos o sistema (por exemplo, a coleção de partículas) do seu ambiente. As propriedades do ambiente são mantidas fixas e usadas para especificar as condições de fronteira necessárias. Elas são então introduzidas nas equações diferenciais que, se puderem ser resolvidas, determinarão a evolução do sistema. Embora seja possível especificar de antemão a dependência temporal das condições de fronteira, o sistema e o ambiente não podem evoluir juntos. Isso significa que geralmente não é possível permitir interações pelas quais o sistema e o ambiente determinem mútua e simultaneamente os estados futuros um do outro. Em outras palavras, a abordagem clássica para a física (mais uma vez, a abordagem da qual o Ponto Cego adquiriu sua forma) não permite a coevolução.

Assim, a evolução biológica no sentido darwiniano, na qual organismo e ambiente coevoluem e dessa forma geram novidade, cai fora do domínio da física clássica, como argumentamos anteriormente. A vida é baseada na física mas vai além da física. Na física, "complexidade" muitas vezes significa sistemas compostos de muitas partículas. Esse é o domínio da mecânica estatística. No entanto, tratar a maioria dos nossos problemas nesse domínio requer que o sistema de partículas tenha a propriedade conhecida como ergodicidade. Dado tempo suficiente (ou muitas cópias idênticas do sistema), todos os estados possíveis do sistema acabarão por ser alcançados. No que se refere à estrutura do espaço de fase discutido em capítulos anteriores, ergodicidade significa que todos os pontos no espaço de fase multidimensional dentro do qual o sistema "vive" serão explorados pelo sistema. Essa premissa ergódica é como a mecânica estatística atribui probabilidades a diferentes trajetórias evolucionárias. Contudo, a evolução no sentido biológico (e cultural) não é ergódica, como argumentou por muito tempo Stuart Kauffman.[47] Em vez disso, cada passo evolucionário depende da história inteira do sistema e de seu ambiente, bem como das restritas possibilidades disponíveis condicionadas no presente. Kauffman chama esse aspecto da evolução de "o possível adjacente".[48] Trata-se do "subconjunto de todos os mundos possíveis alcançáveis dentro do passo seguinte e [que] depende fortemente do estado do mundo".[49] Para sistemas sujeitos a processos evolucionários, o espaço de fase não pode ser especificado de antemão. A trajetória do sistema é um caminho dependente (seu estado presente depende do caminho que percorreu para chegar até aqui) e depende do possível adjacente (aonde pode ir está condicionado ao lugar onde está). Não existe visão divina preexistente que determine tudo que é possível. A vida não tem espaço de fase previsível.

Como resultado, agora temos um meio de encarar a natureza como fundamentalmente criativa. A natureza permite — na verdade, ela gera — o surgimento da novidade, à medida que a coevolução de sistemas e ambientes abre continuamente novos futuros no possível adjacente. Whitehead já discernira essa concepção quando escreveu: "A natureza nunca está completa. Está sempre ultrapassando a si mesma. Esse é o avanço criativo da natureza."[50]

Redes são a característica-chave seguinte dos sistemas complexos. Uma rede é composta de nós e ligações entre eles. Uma representação familiar de uma rede é o mapa de um sistema de metrô no qual cada estação representa um nó e as linhas correndo entre essas estações representam as ligações. No entanto, as redes em sistemas complexos são muito mais dinâmicas que a do metrô. As ligações entre os nós podem ser rompidas e reformadas em escalas de tempo curtas em comparação com o tempo de vida do sistema. A força, a direção e a natureza das ligações também podem variar com o tempo. Redes sociais são um bom exemplo desse tipo de comportamento. Relações sociais entre amigos e grupos de amigos estão constantemente se modificando, tornando-se mais fortes ou mais fracas com o tempo. Grande parte do mundo pode ser descrita a partir de uma perspectiva de rede, inclusive interações proteína-proteína em células, atividade distribuída em larga escala no cérebro, redes de alimento num ecossistema, relações econômicas entre empresas e relações políticas entre nações.

A perspectiva de rede não é reducionista. Ela dispensa o pequenismo, a ideia de que coisas pequenas e suas propriedades são mais fundamentais que as coisas grandes que constituem. E rejeita também a microrredução, a ideia de que a melhor maneira de compreender um sistema complexo é reparti-lo em seus elementos e explicar as propriedades do todo com base nas propriedades das partes. Os nós de um sistema complexo não são considerados átomos cujas propriedades especificadas anteriores determinam a arquitetura da rede. Em vez disso, a arquitetura e o comportamento da rede são propriedades emergentes que surgem da atividade coletiva do sistema inteiro, seu ambiente e sua história coevolutiva. Conhecer apenas as propriedades dos nós antes de a dinâmica começar não fornece a trajetória evolucionária da rede. Uma razão para isso é que as interações entre os nós podem evoluir com a rede. Em contraste, a prescrição de Newton para força ou gravidade entre uma coleção de estrelas não evolui no tempo. Porém, em uma rede de organismos em um ecossistema, a natureza e a força da interação mudarão dependendo de como a rede evoluiu para o seu estado atual, bem como a configuração desse estado.

Igualmente importante: a maioria dos sistemas complexos envolve múltiplas camadas de redes. Ao considerar respostas para a mudança climática, por exemplo, pesquisadores devem incluir a rede biogeofísica que compreende o sistema terrestre, o sistema energético que abastece a civilização humana, as redes de transporte fornecedoras desses sistemas energéticos, as redes econômicas que financiam os sistemas de transporte e as redes sociais/políticas que respondem a mudanças nas redes biogeofísicas. Logo, cada nó em cada rede pode aparecer novamente em outras camadas de rede, com conexões internas e entre as camadas. Como aspectos básicos da dinâmica total emergem apenas a partir de interações em larga escala, em geral é impossível "ver" o comportamento possível em redes multicamadas partindo apenas de uma consideração das propriedades do nó. Muitas vezes é impossível até mesmo especificar as propriedades de um nó até que apareçam dentro dessas redes, já que as interações nas redes permitem que os nós assumam certas propriedades. Assim, elementos e padrões locais e globais são mutuamente determinantes, como vimos na nossa discussão sobre a vida.

As ferramentas usadas para explorar sistemas complexos também são dignas de nota. Aqui o papel-chave da oficina científica faz sua aparição. Redes complexas precisam quase sempre ser exploradas por meio de simulações computadorizadas em vez de meios analíticos. Enquanto a gravidade sempre opera numa interação entre massas, certos nós numa rede proteína-proteína só serão "ligados" se condições globais na rede tiverem evoluído de modo a permitir que sejam. Não há como calcular analiticamente soluções exatas para esse tipo de dinâmica. Em vez disso, o comportamento precisa ser simulado de forma computadorizada. Por esse motivo, a ferramenta fundamental da teoria dos sistemas complexos é o computador.

Antes dos computadores digitais, a matemática que podia ser mobilizada para lidar com modelos sistêmicos era composta, em sua maior parte, por equações diferenciais lineares. Sistemas lineares são aqueles nos quais há uma proporção direta entre variações nos dados de entrada e variações nos resultados. No entanto, a maioria dos sistemas que a ciência estuda é não linear. De fato, o físico matemático Stanislaw Ulam teria comentado: "Usar um termo como ciência não linear é como referir-se à maior parte da zoologia como o estudo dos animais não elefantes."[51] Em geral, equações não lineares não podem ser resolvidas analiticamente (isto é, formulando o problema numa forma bem-definida e achando uma única solução), exceto em casos especiais. Com o advento de computadores digitais, porém, sistemas não lineares puderam ser explorados mediante simulações (ou seja, usando métodos passo a passo para explorar o comportamento aproximado do modelo matemático de um sistema no computador). Utilizando essa abordagem, problemas como os encontrados na mecânica dos fluidos, que permaneceram intratáveis durante séculos, finalmente puderam ser abertos para investigação científica. É importante notar que simulações de dinâmica dos fluidos foram essenciais para compreender o clima da Terra por intermédio do advento de modelos de circulação geral na década de 1980.

Sistemas complexos compostos de redes multicamadas são inerentemente não lineares. A natureza de suas interações é tal que, em muitos casos, pode não ser sequer possível anotar conjuntos iniciais de equações diferenciais para representá-los. Por essas razões, a ciência dos sistemas complexos se apoia em simulações computadorizadas. Portanto, foi somente com o advento de ferramentas de custo mais baixo, facilmente acessíveis, para simulações que pôde amadurecer toda a riqueza dos sistemas complexos como ciência transdisciplinar. Atualmente os métodos de sistemas complexos estão sendo empregados numa variedade de contextos, desde a compreensão da evolução geofísica de planetas, as origens da vida, o comportamento de células, o funcionamento do cérebro até a dinâmica de sistemas sociais e o comportamento dos mercados financeiros.

Terminamos este capítulo com um breve esboço da ciência de sistemas complexos, particularmente como ela se manifesta no contexto da ciência do sistema terrestre, não porque achamos que ela, por si só, possa nos levar além do Ponto Cego ou nos conduzir a uma versão melhor da sociedade humana em face das mudanças ambientais e sociais que enfrentamos. Como na ciência clássica, as tecnologias que surgem da ciência dos sistemas complexos podem ser empregadas de forma a causar grande mal. O impacto das mídias sociais sobre normas democráticas é um exemplo claro. Também seria ingenuidade e tolice pensar que a ciência dos sistemas complexos não tem seus próprios pontos cegos. Na realidade, nós a ressaltamos porque ela desafia o reducionismo embutido no Ponto Cego. Ao adotar desde o início uma perspectiva não reducionista que se concentra na centralidade das relações emaranhadas e em looping e suas propriedades emergentes em sistemas complexos, incluindo nós mesmos como inseparáveis dos loops emaranhados que estudamos, a ciência dos sistemas complexos oferece um lampejo de como poderia ser uma visão de mundo científica além do Ponto Cego. Acreditamos que é um sinal de esperança.

POSFÁCIO

Começamos este livro apontando um paradoxo. A ciência diz que nós, seres humanos, somos periféricos no esquema cósmico das coisas, mas também que somos centrais para a realidade que revelamos. Somos uma pequena presença contingente no vasto universo, e ainda assim nossa experiência é ubíqua no conhecimento científico. Vimos muitos exemplos nas páginas anteriores.

Em vez de tentar evitar esse paradoxo, podemos e devemos abraçá-lo. Somos os autores da narrativa científica e somos também personagens dentro dela. Como autores, criamos a ciência. Como personagens da narrativa, somos uma parte minúscula do cosmo imenso. É assim que devemos nos retratar com base no que descobrimos na cosmologia e na biologia. Mesmo assim, não devemos esquecer que esses minúsculos personagens — nós mesmos — são os autores da narrativa. Nós a escrevemos usando as ferramentas que criamos como uma comunidade de seres que aprendem na oficina científica coletiva. Esse é o loop estranho do conhecimento científico.

Argumentamos aqui que precisamos nos inscrever novamente na narrativa científica como seus criadores. A ciência depende de como experienciamos o mundo. Não há como nos retirarmos da história e contá-la de uma perspectiva de Deus. Esquecer isso significa sucumbir ao Ponto Cego, o que por sua vez significa nos perder no caminho tanto da ciência quanto de todas as formas críticas pelas quais a ciência molda a sociedade.

Nosso objetivo foi chamar atenção para o Ponto Cego. Fizemos isso delineando suas ideias centrais e mapeando sua presença a partir dos campos científicos que informam nossa visão de mundo. Descrevemos como a constelação de ideias sobrepostas que chamamos Ponto Cego surgiu ao longo do curso de muitos séculos e moldou cada vez mais a maneira como o empreendimento científico era entendido. Como argumentamos, o projeto científico e a visão de mundo do Ponto Cego não são a mesma coisa, e o progresso do conhecimento científico nos séculos XX e XXI exige que deixemos o Ponto Cego para trás. Mas como fazer isso?

Embora tenhamos apontado muitas ideias científicas que vão além do Ponto Cego, não tentamos formular uma perspectiva científica ou filosófica abrangente para substituí-lo. Essa escolha é deliberada. A ciência é um projeto coletivo. É a dança entrelaçada de construção teórica e experimentação colaborativas que, em última instância, move a ciência para a frente, não uma reflexão crítica no estudo de alguém. Nossa esperança é que, ao trazer o Ponto Cego para dentro da nossa visão coletiva, seremos mais capazes de achar novos caminhos além dele, de modo que a nossa civilização científica possa sobreviver e florescer neste milênio. Ainda assim, neste encerramento, gostaríamos de sugerir quais podem ser as melhores práticas agora, para pesquisadores e o grande público, enquanto nos empenhamos juntos para explorar onde e como poderão surgir novas perspectivas eficazes para o nosso futuro.

O primeiro passo no caminho para ultrapassar o Ponto Cego é uma consciência histórica e filosófica de como a atual construção teórica na ciência carrega o peso de suas perspectivas passadas. À medida que as comunidades de pesquisa progridem, elas muitas vezes se deparam com conjunturas em que são tomadas decisões entre várias estruturas explanatórias. A divisão entre pontos de vista ortodoxos e heterodoxos muitas vezes se assenta em premissas que permanecem sem uma avaliação. Às vezes, essas premissas são puramente científicas e metodológicas; outras vezes, porém, dependem de compromissos filosóficos que não foram trazidos à superfície. Esses compromissos, que permanecem submersos, são transmitidos de professor para aluno através de gerações, até que simplesmente se tornam a ortodoxia de um campo, "aquilo que todo mundo sabe". Quando se traz essa história à luz, tais compromissos filosóficos parcamente articulados podem ser vistos como são na realidade. Podem ser debatidos como uma coleção de ideias que afetam a prática científica sem ser necessariamente parte dela. No final, a comunidade pode escolher se mantém esses compromissos ou começa a explorar alternativas.

Passamos a maior parte deste livro tentando executar a primeira parte do projeto esboçado anteriormente — escavar e expor nossa história e nossa filosofia submersas para compreender como a metafísica do Ponto Cego veio a permear uma parte tão grande do cenário no qual a prática científica moderna é conduzida. Fizemos isso na esperança de abrir as portas para uma segunda fase do processo de melhorar práticas — explorar alternativas. Assim, ao longo do caminho, examinamos várias ideias e tendências na ciência moderna que parecem representar possíveis portas para perspectivas pós-Ponto Cego: teoria das redes, teoria dos sistemas complexos, QBismo, mecânica quântica relacional, autonomia biológica, cognição corpórea, enação e neurofenomenologia. Com toda certeza, não estamos alegando que representem uma alternativa coerente filosófica e metodologicamente ao Ponto Cego. Tal alternativa ainda não foi totalmente elaborada. Esse esforço, argumentaríamos, é ou deve ser parte do projeto principal para uma ciência e uma filosofia da ciência do século XXI. No entanto, com relação às melhores práticas atuais, há algumas recomendações gerais dignas de serem mencionadas. Vamos recordar que explicamos quatro patologias associadas com o Ponto Cego:

1. Substituição sub-reptícia.
2. Falácia da concretude deslocada.
3. Reificação de invariantes estruturais.
4. Amnésia da experiência.

Logo, quando pesquisadores se defrontarem com escolhas dentro de seus próprios domínios ou tentarem avaliar várias perspectivas teóricas e métodos, a receita mais simples é: "Não repita esses erros." Tenha consciência das perspectivas e dos procedimentos que sustentam ou reforçam essas patologias e procure alternativas que não levem a elas. Essas alternativas não tomarão constructos abstratos teóricos por experiência vivida concreta. Não esquecerão que a espiral ascendente da abstração está sempre enraizada na primazia e irredutibilidade da experiência. E também reconhecerão o processo por quais aspectos da experiência corporificada são isolados e extraídos de modo que possam ser transformados em invariantes estruturais sobre as quais as abstrações são edificadas. Em poucas palavras, procure alternativas que possam reconhecer e abraçar os loops estranhos de experiência e ciência, em vez de favorecer abordagens que os ignorem ou tentem afastá-los.

Note que isso não significa rejeitar abstrações. Estruturas teóricas, muitas vezes representadas na linguagem da matemática, são uma das ferramentas mais poderosas da ciência. Como argumentava Whitehead, abstrações não são o problema. O problema é falhar em entender sua natureza e colocá-las sub-repticiamente no lugar do concreto. Portanto, dentro de seus próprios domínios, pesquisadores precisam se perguntar se uma interpretação ou leitura das abstrações elabora erroneamente a experiência humana e o mundo da vida. Ou será que a interpretação em análise compreende, ou pelo menos reconhece, que as abstrações surgem e dependem, para seu significado, do mundo da vida e da oficina científica coletiva?

Implementar essa melhor prática torna-se mais urgente quanto mais perto o tópico científico se encontra da linha de frente do progresso na pesquisa e da política social. Num estudo de laboratório sobre a condutividade elétrica dos minerais, por exemplo, questões sobre as implicações de diferentes compromissos filosóficos podem não ser relevantes (embora mesmo aqui ainda possam surgir questões). Porém, em domínios em que tais compromissos podem moldar agendas inteiras de pesquisa, tais como cosmologia, fundações da mecânica quântica e o estudo científico da consciência, ou podem ter enormes consequências sociais, tais como IA, torna-se imperativo questionar os compromissos filosóficos subjacentes da pesquisa.

Até agora, nesta breve exploração das melhores práticas, focamos no trabalho dentro da ciência e da filosofia da ciência. De igual importância são considerações de melhores práticas em como a ciência é representada para a sociedade em geral. Aqui o Ponto Cego tem grande impacto. Há muitas maneiras pelas quais os compromissos filosóficos do Ponto Cego são vendidos para o público como "o que a ciência diz". Podem tomar a forma de documentários científicos, dizendo às pessoas que elas nada mais são do que sua assim chamada programação genética (genes não são programas e requerem a existência de organismos inteiros embebidos em seus ecossistemas para se expressar). Podem ser artigos de notícias científicas de tirar o fôlego, alegando que gerações futuras poderão fazer o upload de si mesmas em computadores (o "eu" ou a "personalidade" não é uma estrutura de dados computacionais). Podem ser conferências públicas ou editoriais de opinião, alegando que a física agora resolveu a questão de por que existe algo em vez de nada (este não é o tipo de pergunta que a ciência é capaz de responder). Tais histórias expressam uma forma de triunfalismo científico baseado no Ponto Cego. Aqueles que discutem a partir dessa perspectiva poderão alegar que é o único meio de salvaguardar a ciência das forças que se opõem a ela. Ao mesmo tempo que concordamos que é essencial salvaguardar a ciência, especialmente na nossa época de negação desenfreada e desinformação intencional, dobrar-se aos compromissos do Ponto Cego não serve a essa finalidade e pode muito bem sair pela culatra.

De fato, o triunfalismo científico baseado no Ponto Cego não é um exagero inofensivo, e tem sim um alcance prejudicial. Alimenta o estereótipo do cientista como alguém frio, sem emoções, "não gente como a gente" (como expressou uma pesquisa recente). Quando ideias do Ponto Cego são apresentadas ao público como fatos que somente ingênuos e incultos questionariam, é provável que se exacerbe a oposição à ciência em debates de políticas públicas (por exemplo, sobre mudança climática ou vacinação). Além disso, como argumentamos, representar a natureza ou o ambiente como essencialmente uma fonte de recursos é algo que só serve para elevar medidas quantitativas objetivas para um papel mais fundamental do que a experiência humana que jaz na sua origem. O longo histórico de inação em relação à mudança climática pode ser atribuído em parte à inabilidade de modificar essa estrutura mental na qual a Terra se torna um conjunto de "serviços do ecossistema" que podem ser monetizados como valor fornecido à tecnosfera.

Portanto, as melhores práticas no domínio da ciência e da sociedade incluem a tomada de consciência de como a história da ciência é contada ao público. Sem dúvida, essa história é sobre a profunda capacidade da imaginação humana e da nossa habilidade em prevalecer sobre a ignorância e a tendenciosidade. Contudo, se a história é contada como transcendendo o humano, então torna-se uma narrativa essencialmente religiosa sobre a busca por um conhecimento perfeito além da nossa finitude. Em vez de dizer que a ciência é um meio para ascender além do grande e estranho mistério do ser humano no vasto mundo, uma história melhor é dizer que a ciência nos leva mais fundo para dentro desse mistério, revelando novas maneiras de vivenciá-lo, deliciar-se nele e, mais que tudo, valorizá-lo. Ao deixar para trás o Ponto Cego, podemos entender apropriadamente a importância crucial da objetividade como meio para o conhecimento público, sem transformá-lo numa ontologia dúbia. E o mais importante: podemos apreciar quão notável é a atividade humana da ciência e quão necessária é a luta por sua integridade, sem transformá-la numa substituta para crenças filosóficas centenárias que não são mais relevantes para onde estamos e para onde precisamos ir.

AGRADECIMENTOS

Este livro nasceu de conversas entre nós três que tiveram início quando Marcelo Gleiser convidou Adam Frank e Evan Thompson para serem professores visitantes no ICE [Institute for Cross-Disciplinary Engagement — Instituto para Engajamento Transdisciplinar] no Dartmouth College em 2017. Um workshop subsequente, "The Blind Spot: Experience, Science, and the Search for Truth" ["O Ponto Cego: experiência, ciência e a busca pela verdade"], teve lugar no ICE em 2019. Agradecemos a Dartmouth College e à Fundação Templeton por apoiar o ICE e tornar possíveis esses encontros. Agradecemos também aos participantes do workshop — Michel Bitbol, Chris Fuchs, Jenann Ismael, Peter Lewis, Michela Massimi, Robert Sharf, Mark Sprevak e Peter Tse — por seu envolvimento crítico, amigável e proveitoso com nossas ideias.

Outro terreno de testes proveitoso e estimulante foi uma conferência em 2022, "Buddhismm Physicsm and Philosophy Redux" ["Budismo, física e redux filosófico", realizada no Centro para Estudos Budistas na Universidade da Califórnia, Berkeley, e organizado por Robert Sharf. Os participantes da conferência — Michel Bitbol, Craig Callender, John Dunne, Chris Fuchs, Jay Garfield, Jenann Ismael, Huw Price, Carlo Rovelli, Robert Sharf, Francesca Vidotto e Jessica Wilson — ofereceram muitas respostas críticas proveitosas para nossas ideias.

Diversas pessoas leram partes do manuscrito em diferentes estágios da elaboração e nos deram conselhos úteis: Michel Bitbol, Robert Crease, Jay Garfield, Alyssa Ney, Robert Sharf e Rebecca Todd. Dois revisores anônimos para a MIT Press ofereceram sugestões úteis para o aprimoramento. Agradecemos também aos estudantes de pós-graduação em Filosofia na Universidade da Columbia Britânica que leram e reagiram ao manuscrito: Tyeson Davies Barton, Laura Bickel, Albert Cotguno, Elena Holmgren, Alexandra Jewell, Emily Lawson, Jelena Markovic, Anthony Nguyen, Matthew Perry, Ying Yao, Ceren Yildiz, Yuki Ueda, Davide Zappulli e Angela Zhao.

Uma versão inicial da ideia central do livro foi publicada como artigo on-line em *Aeon* (2019). Somos gratos a nossa editora Sally Davies por nos ajudar a melhorar a redação e por sua dedicação ao artigo.

Nossos agradecimentos finais vão para nossos agentes literários e nosso editor. Howard Yoon, na Ross Yoon Agency, representou o livro e encontrou um excelente lar para ele nas mãos do editor Philip Laughlin na MIT Press. Agradecemos também a Michael Carlisle (agente de Marcelo Gleiser) e Anna Ghosh (agente de Evan Thompson) por seu auxílio e apoio.

NOTAS

Uma introdução ao Ponto Cego

1. GANERI, Jonardon. Well-Ordered Science and Indian Epistemic Cultures. *Isis*, v. 104, n. 2, 2013, p. 348-359.
2. MERLEAU-PONTY, Maurice. *Phenomenology of Perception*. Tradução para o inglês de D. Landes Londres: Routledge Press, 2013. p. 84. [*Fenomenologia da percepção*. Tradução de Carlos Alberto Ribeiro de Moura. São Paulo: WMF, 2018.]
3. CHANG, Hasok. *Inventing Temperature*: Measurement and Scientific Progress. Oxford: Oxford University Press, 2007.
4. CREASE, Robert. *The Workshop and the World*: What Ten Thinkers Can Teach Us about Science and Authority. Nova York: Norton, 2019.
5. NAGEL, Thomas. *The View from Nowhere*. Nova York: Oxford University Press, 1986. [Visão a partir de lugar nenhum. Tradução de Silvana Vieira. São Paulo: Martins Fontes, 2019.]
6. CANALES, Jimena. *The Physicist and the Philosopher*: Einstein, Bergson, and the Debate That Changed Our Understanding of Time. Princeton: Princeton University Press, 2015.
7. Michel Bitbol também argumenta que o Ponto Cego de nossa visão de mundo científica é experiência pura. Ver: BITBOL, Michel. Beyond Panpsychism: The Radicality of Phenomenology. In: MENON, S.; NAGARAJ, N.; BINOY, V. (org.). *Self, Culture, and Consciousness*. Singapura: Springer, 2017. p.337-356.

8. JAMES, William. *The Thing and Its Relations. Journal of Philosophy, Psychology and Scientific Methods*, v. 2, n. 2, p. 29, 1905.
9. NISHIDA, Kitarō. *An Inquiry into the Good*. Tradução para o inglês de Masao Abe e Christopher Ives. New Haven: Yale University Press, 1992. [Ensaio sobre o bem. Tradução de Joaquim Carneiro Monteiro. Campinas: Phi, 2016.]
10. MASAKATSU, Fujita. *The Development of Nishida Kitarō's Philosophy: Pure Experience, Place, Action-Intuition*. In: DAVIS, Bret W. (org.). The Oxford Handbook of Japanese Philosophy. Oxford: Oxford University Press, 2019. p. 389-415.
11. Nishida, *An Inquiry into the Good*, p. 7.
12. Quando este livro já estava pronto, descobrimos: BYERS, William. *The Blind Spot: Science and the Crisis of Uncertainty. Princeton*, NJ: Princeton University Press, 2011. A ideia de Byers do Ponto Cego e sua análise da ciência convergem extraordinariamente com a nossa.

1. A substituição sub-reptícia: origens filosóficas do Ponto Cego

1. HUSSERL, Edmund. *The Crisis of European Sciences and Transcendental Phenomenology*. Tradução para o inglês de David Carr. Evanston, IL: Northwestern University Press, 1970. p. 14. [A crise das ciências europeias e a fenomenologia transcendental. Tradução de Diogo Falcão Ferrer. Rio de Janeiro: Forense Universitária, 2012.]
2. GALILEU. The Assayer. In: *Discoveries and Opinions of Galileo*. Tradução para o inglês de Stillman Drake. Nova York: Anchor Books, 1957, p. 237-238.
3. HUSSERL. *The Crisis of European Sciences*, p. 51. [A crise das ciências europeias e a fenomenologia transcendental].
4. HARDY, Lee. *Nature's Suit: Husserl's Phenomenological Philosophy of the Physical Sciences*. Athens, OH: Ohio University Press, 2013.
5. CARTWRIGHT, Nancy. *How the Laws of Physics Lie*. Oxford: Clarendon Press, 1983.
6. CARTWRIGHT, Nancy. *The Dappled World: A Study of the Boundaries of Science*. Nova York: Cambridge University Press, 1999.
7. CREASE, Robert. *The Workshop and the World: What Ten Thinkers Can Teach Us about Science and Authority*. Nova York: Norton, 2019.

8. Ver Crease, *The Workshop and the World*, cap. 1.
9. MERCHANT, Carolyn. *The Death of Nature: Women, Ecology, and the Scientific Revolution.* Nova York: Harper, 1980, p. 80-164. [A morte da natureza: as mulheres, a ecologia e a revolução científica. Tradução de James Carvalho Powell. Águas Santas: Edições Sempre-em-pé, 2024.]
10. MERCHANT, Carolyn. *The Scientific Revolution and The Death of Nature.* Isis, v. 97, p. 515, 2006.
11. CREASE, *The Workshop and the World*, p. 211.
12. CARTWRIGHT, *The Dappled World*, p. 2-3.
13. CARTWRIGHT, p. 25.
14. CREASE, *The Workshop and the World*, p. 212–213. Ver também: FINNEGAN, William. *Barbarian Days: A Surfing Life.* Nova York: Penguin, 2015.
15. BITBOL, Michel. *Is Consciousness Primary? NeuroQuantology*, v. 6, n. 1, p. 53-72, 2008.
16. LOCKE, John. *An Essay Concerning Human Understanding.* Londres: Penguin, 1997. p. 137-138. Livro. 2, cap. 8, seção 21. [Ensaio acerca do entendimento humano. Tradução de Anoar Aiex. São Paulo: Nova/Abril Cultural, 1971.]
17. Ver *Hardy, Nature's Suit.*
18. Ver *Cartwright, How the Laws of Physics Lie*, ensaio 4.
19. Para uma discussão de Husserl sobre sinais indicativos, ver: HUSSERL, Edmund. *Logical Investigations.* Tradução para o inglês de J. N. Findlay. Londres: Routledge Press, 1970, p. 181-203. (Investigation I: Expression and Meaning.) [*Investigações lógicas.* Tradução de Diogo Falcão Ferrer. Rio de Janeiro: Forense Universitária, 2014. (Investigação I: Expressão e significado.)]
20. HACKING, Ian. *Representing and Intervening: Introductory Topics in the Philosophy of Natural Science.* Cambridge: Cambridge University Press, 1983. p. 22-23. [*Representar e intervir: tópicos introdutórios de filosofia da ciência natural.* Tradução de Pedro Rocha de Oliveira. Rio de Janeiro: Eduerj, 2012.]
21. Ver Cartwright, *The Dappled World*, p. 34.
22. WHITEHEAD, Alfred North. *The Concept of Nature. Cambridge:* Cambridge University Press, 1920; Ann Arbor: University of Michigan Press, 1957. (As citações se referem à edição de 1957.) [*O conceito da natureza.* Tradução de Julio B. Fischer. São Paulo: Martins Fontes, 2019.]

23. Ver Whitehead, *The Concept of Nature*, p. 30-3.
24. EDDINGTON, Arthur. *The Nature of the Physical World*. Cambridge: Cambridge University Press, 1928. p. 11-12.
25. Ver Whitehead, *Concept of Nature*, p. 29.
26. Ver Whitehead, p. 3.
27. Ver Whitehead, p. 29.
28. Ver Whitehead, p. 40.
29. Ver Whitehead, p. 30.
30. STENGERS, Isabelle. *Thinking with Whitehead: A Free and Wild Creation of Concepts*. Tradução para o inglês de Michael Chase. Cambridge, MA: Harvard University Press, 2011. p. 76, 136.
31. WHITEHEAD, Alfred North. *Science and the Modern World*. Nova York: Macmillan, 1925. p. 51, 55, 58. [*A ciência e o mundo moderno*. Tradução de Hermann Herbert Watzlawski. São Paulo: Paulus, 2006.]
32. Ver Whitehead, *Science and the Modern World*, p. 51.
33. Ver Whitehead, *Concept of Nature*, p. 41.
34. Ver Stengers, *Thinking with Whitehead*, p. 34.
35. Whitehead, *Concept of Nature*, p. 44. Ver também a página 32: "A razão pela qual a bifurcação da natureza está sempre voltando a se imiscuir na filosofia científica é a extrema dificuldade de exibir o vermelho e o calor percebidos do fogo em um sistema de relações com as moléculas agitadas de carbono e oxigênio, com a energia que irradia deles e com os vários funcionamentos do corpo material. A menos que se produzam as relações que abarquem tudo, somos confrontados com uma natureza bifurcada: a saber, calor e vermelho de um lado, e moléculas e éter do outro lado."
36. Ver Whitehead, *Concept of Nature*, p. 44.

2. A espiral ascendente da abstração: origens científicas do Ponto Cego

1. Baseamo-nos em: BURTT, E. A. *The Metaphysical Foundations of Modern Science. Mineola*, NY: Dover, 2003; COLLINGWOOD, R. G. *The Idea of Nature*. Clarendon: Oxford University Press, 1945; DIJKSTERHUIS, E. J. *The Mechanization of the World Picture*. Tradução para o inglês de C. Dikshoorn. Clarendon: Oxford University Press, 1961.
2. WHITEHEAD, Alfred North. *Science and the Modern World*. Nova York: Macmillan, 1925. p. 7. [*A ciência e o mundo moderno*. Tradução de Hermann Herbert Watzlawski. São Paulo: Paulus, 2006.]

3. Ver: GRANT, Edward. *The Foundations of Modern Science in the Middle Ages*: Their Religious, Institutional, and Intellectual Contexts. Cambridge: Cambridge University Press, 1996. Ver também: HARRISON, Peter. *The Fall of Man and the Foundations of Science*. Cambridge: Cambridge University Press, 2007.
4. Para textos e discussão dos filósofos pré-socráticos, ver: KIRK, G. S.; RAVEN, J. E.; SCHOFIELD, M. *The Presocratic Philosophers*: A Critical History with a Selection of Texts. 2. ed. Cambridge: Cambridge University Press, 1983.
5. Ver Collingwood, *The Idea of Nature*, p. 29-30.
6. Para discussão de Empédocles, ver Kirk et al., *Presocratic Philosophers*, 280-332.
7. ARISTOTLE. *Metaphysics*. Tradução para o inglês de C. D. C. Reeve. Indianápolis: Hackett, 2016. p. 8, 10. [Aristóteles, *Metafísica*. Tradução de Viviane Castilho Moreira. Petrópolis: Vozes, 2024.]
8. Ver Dijksterhuis, *Mechanization of the World Picture*, 22-24.
9. Ver Dijksterhuis, p. 82.
10. Ver Dijksterhuis, p. 8-13.
11. David Lindberg, *The Beginnings of Western Science*: The European Scientific Tradition in Philosophical, Religious, and Institutional Context, Prehistory to A.D. 1450. 2. ed. Chicago: University of Chicago Press, 2007. p. 77.
12. Uma descrição de como ideias epicuristas sobre o desvio penetraram na fase tardia da Europa medieval pode ser encontrada em: GREENBLATT, Stephen. *The Swerve: How the World Became Modern*. Nova York: Norton, 2011. [*A virada*: o nascimento do mundo moderno. Tradução de Caetano W. Galindo. São Paulo: Companhia das Letras, 2012.]
13. Aristotle, *Metaphysics*, p. 11.
14. Collingwood, *Idea of Nature*, p. 50.
15. Collingwood, p. 55-56.
16. Collingwood, p. 55-72.
17. Ver: CORNFORD, Francis M. *Plato's Cosmology*. Indianápolis: Hackett, 1997; PLATO, *Timaeus*. Tradução para o inglês de Donald J. Zeyl. Indianápolis: Hackett, 2000. [*Timeu e Crítias, ou A Atlântida*. Tradução de Edson Bini. São Paulo: Edipro, 2012.]
18. Collingwood, *Idea of Nature*, p. 72-79.

19. Lindberg, *The Beginnings of Western Science*, p. 37.
20. LINDBERG, David. *The Beginnings of Western Science*. 1. ed. Chicago: University of Chicago Press, 1992. p. 282. (Essa sentença não aparece na segunda edição do livro.)
21. Ver Lindberg, *Beginnings of Western Science*, p. 299-300.
22. Lindberg, 2. ed., p. 308.
23. BURIDANUS, Johannaes. *Questiones in Metaphysicam Aristotelis*. Paris: Iodocus Badius Ascensius, 1518. (Livro. XII, questão 9, fol. 73, recto.) Para um relato da descoberta da lei da inércia por Buridan, ver: MOODY, E. A. Laws of Motion in Medieval Physics. *Scientific Monthly*, v. 72, n. 1, p. 18-23, 1951.
24. Whitehead, *Science and the Modern World*, p. 9.
25. CREASE, Robert. *The Workshop and the World*: What Ten Thinkers Can Teach Us about Science and Authority. Nova York: Norton, 2019.
26. Para uma discussão sobre o que Bacon pode ter pretendido dizer por natureza "atormentada", ver: MERCHANT, Carolyn. Francis Bacon and the "Vexations of Art": Experimentation as Intervention. *British Journal for the History of Science*, v. 46, n. 4, p. 551-559, 2013.
27. Ver: SCHLIESSER, Eric. Why Does Newton Use "Axiom or Laws of Motion". *Digressions & Impressions* (blog), 26 jan. 2016. Disponível em: https://digressionsnimpressions.typepad.com/digressionsimpressions/2016/01/why-does-newton-use-axioms-or-laws-of-motion.html. Acesso em: 14 abr. 2025.
28. Einstein fez esses comentários numa conversa com Esther Salaman, uma estudante de física. Ver: JAMMER, Max. *Einstein and Religion*: Physics and Theology. Princeton, NJ: Princeton University Press, 1999. p. 123. [*Einstein e religião*: física e teologia. Tradução de Vera Ribeiro. Rio de Janeiro: Contraponto, 2007.]
29. Ver: GORHAM, Geoffrey. Newton on God's Relation to Space and Time: The Cartesian Framework. *Archiv für Geschichte der Philosophie*, v. 93, n. 3, p. 281-320, 2011.
30. Conforme citado em Gorham, "Newton on God's Relation to Space and Time", p. 312.
31. Tomamos emprestada a expressão "a visão de lugar nenhum" de NAGEL, Thomas. *The View from Nowhere*. Nova York: Oxford University Press, 1986 [*Visão a partir de lugar nenhum*. Tradução de Silvana Vieira. São

Paulo: Martins Fontes, 2019]; e "a concepção absoluta do mundo" de WILLIAMS, Bernard. Descartes: The Project of Pure Inquiry. Londres: Pelican, 1978.

32. Citado em COOPERSMITH, Jennifer. *The Lazy Universe*: An Introduction to the Principle of Least Action. Oxford: Oxford University Press, 2017. p. 25.
33. Ver: WHITEHEAD, Alfred North. *The Concept of Nature.* Cambridge: Cambridge University Press, 1920; Ann Arbor: University of Michigan Press, 1957. [*O conceito da natureza.* Tradução de Julio B. Fischer. São Paulo: Martins Fontes, 2019]; e Whitehead, *Science and the Modern World* [*A ciência e o mundo moderno*].
34. Ver: WIGNER, Eugene. The Unreasonable Effectiveness of Mathematics in the Natural Sciences. *Communications on Pure and Applied Mathematics*, v. 13, n. 1, p. 1-14, 1960.

3. Tempo

1. ARISTOTLE, *Physics*, livro IV, caps. 10-14. Para uma tradução para o inglês, ver SACHS, Joe. *Aristotle's Physics*: A Guided Study. New Brunswick, NJ: Rutgers University Press, 1998.
2. BERGSON, Henri. *Time and Free Will*: An Essay on the Immediate Data of Consciousness. Tradução para o inglês de F. L. Pogson. Mineola, NY: Dover, 1913. [*Tempo e livre-arbítrio*: ensaio sobre os dados imediatos da consciência. Tradução de José Awning. Criciúma: Convivivm Editorial, 2023. E-book.]
3. Ver: WHITEHEAD, Alfred North. *The Concept of Nature*. Cambridge: Cambridge University Press, 1920; Ann Arbor: University of Michigan Press, 1957. (Cap. 3.; as citações se referem à edição de 1957.) [*O conceito da natureza*. Tradução de Julio B. Fischer. São Paulo: Martins Fontes, 2019.]
4. STENGERS, Isabelle. *Thinking with Whitehead*: A Free and Wild Creation of Concepts. Tradução para o inglês de Michael Chase. Cambridge, MA: Harvard University Press, 2011. p. 56.
5. BERGSON, *Time and Free Will*, p. 106-107 [*Tempo e livre-arbítrio*].
6. SACHS, *Aristotle's Physics*, p. 122.
7. BERGSON, *Time and Free Will*, p. 107-110 [*Tempo e livre-arbítrio*].

8. HUSSERL, Edmund. *On the Phenomenology of the Consciousness of Inner Time (1893-1917)*. Tradução para o inglês de John Barnett Brough. Dordrecht: Springer, 1991. p. 32.
9. Para uma referência acessível sobre o FOCS-1, ver: https://cmte.ieee.org/futuredirections/2018/12/04/n-amazingly-accurate-atomic-clock/.
10. JAMES, William. *The Principles of Psychology*. Cambridge, MA: Harvard University Press, 1981. p. 573-574.
11. Ver: WITTMANN, Marc. Moments in Time. *Frontiers in Integrative Neuroscience*. v. 5, n. 66, 2011. Disponível em: https://doi.org/10.3389/fnint.2011.00066; WITTMANN, Marc. The Inner Sense of Time: How the Brain Creates a Representation of Duration. *Nature Reviews Neuroscience*, v. 14, p. 217-223, 2013.
12. Ver: WITTMANN, Marc. *Felt Time*: The Psychology of How We Perceive Time. Tradução para o inglês de Erik Butler. Cambridge, MA: MIT Press, 2016.
13. WHITEHEAD, *Concept of Nature*, p. 53-54 [*O conceito da natureza*].
14. Para a complicada visão de Aristóteles sobre os céus e o tempo, ver: COOPE, Ursula. *Time for Aristotle*. Nova York: Oxford University Press, 2005.
15. Estes são exemplos de leis no tempo, cinemáticas e dinâmicas. Tais leis devem ser contrastadas com as leis de conservação — aquelas que refletem a conservação (no tempo) de grandezas, tais como conservação de energia ou carga elétrica em processos subatômicos. As leis da física refletem na sua própria natureza a tensão entre devir e ser.
16. Está implícito na premissa de Newton de um tempo universal único que a informação viaja em velocidades infinitas. Isso estava no núcleo de sua noção de ação à distância de que a gravidade atuava instantaneamente através da vastidão do espaço. Sabemos agora que esse não é o caso, dado que a velocidade da luz é finita e perturbações gravitacionais viajam na velocidade da luz. Contudo, na época de Newton, fazia muito sentido.
17. NEWTON, Isaac. *Scholium to the Definitions in Philosophiae Naturalis Principia Mathematica*. Tradução de Andrew Motte (1729); revisão de Florian Cajori. Berkeley: University of California Press, 1934. p. 6. (Livro 1, 1689)
18. WHITEHEAD, Alfred North. *Science and the Modern World*. Nova York: Macmillan, 1925. p. 44. [*A ciência e o mundo moderno*. Tradução de Hermann Herbert Watzlawski. São Paulo: Paulus, 2006.]

19. Modelos newtonianos simples de órbitas planetárias não precisam incluir os detalhes quentes e viscosos da formação planetária; também, tendem a negligenciar forças de marés gravitacionais a menos que usadas em longas escalas temporais.
20. Quando formas são relevantes, objetos são tratados como corpos sólidos, com propriedades obtidas somando (integrando, para corpos contínuos) muitas partículas.
21. ELLIS, George F. R. Physics in the Real Universe: Time and Spacetime. *General Relativity and Gravitation*, v. 38, p. 1797-1824, 2006.
22. O físico Nicolas Gisin explica esse ponto em diversos artigos recentes, chamando-o de "princípio da precisão infinita". Ver: DEL SANTO; Flavio; GISIN, Nicolas. Physics without Determinism: Alternative Interpretations of Classical Physics. *Physical Review* A, v. 100, 2019. Disponível em: 062107, https://doi.org/10.1103/PhysRevA.100.062107. Ver também: ELLIS, George F. R.; MEISSNER, Krysztof A.; NICOLAI, Hermann. The Physics of Infinity. *Nature Physics*, v. 14, p. 770-772, 2018. Disponível em: https://doi.org/10.1038/s41567-018-0238-1.
23. EWALD, W.; SIEG. W. (orgs.). *David Hilbert's Lectures on the Foundations of Arithmetics and Logic, 1917-1933*. Heidelberg: Springer, 2013. p. 730.
24. Para uma breve história do calor e da termodinâmica, ver: GLEISER, Marcelo. *The Dancing Universe*: From Creation Myths to the Big Bang. Lebanon, NH: Dartmouth College Press, 2005. (cap. 6) [*A dança do universo*: dos mitos da criação ao Big Bang. São Paulo: Companhia das Letras, 1997. (Livro originalmente publicado em português.)]
25. Este relato não inclui variáveis "internas", tais como possíveis movimentos rotacionais da molécula. Se houver m movimentos rotacionais, os graus de liberdade aumentam em 6 + m.
26. Esta velocidade média de equilíbrio é dada pela distribuição de Maxwell-Boltzmann e é proporcional à raiz quadrada da temperatura T.
27. REICHENBACH, Hans. *The Direction of Time*. Nova York: Dover, 1956. p. 113.
28. CONNES; A.; ROVELLI, C. Von Neumann Algebra Automorphisms and Time-Thermodynamics Relation in Generally Covariant Quantum Theories. *Classical and Quantum Gravity*, v. 11, p. 2899-2917, 1994.
29. ROVELLI, Carlo. *The Order of Time*. Nova York: Riverhead Books, 2018. p. 34. [*A ordem do tempo*. Tradução de Silvana Cobucci. São Paulo: Objetiva, 2018.]

4. Matéria

1. Ver: WHITEHEAD, Alfred North. *Science and the Modern World*. Nova York: Macmillan, 1925. (Caps. 3-6.) [*A ciência e o mundo moderno*. Tradução de Hermann Herbert Watzlawski. São Paulo: Paulus, 2006.]
2. Locke dá diferentes listas de qualidades primárias, então não fica exatamente claro quais qualidades ele pensa serem primárias. Ver: WILSON, Robert A. Locke's Primary Qualities. *Journal of the History of Philosophy*, v. 40, p. 201-228, 2002.
3. WHITEHEAD, *Science and the Modern World*, 54 [*A ciência e o mundo moderno*].
4. WHITEHEAD, 7.
5. WHITEHEAD, 18.
6. WHITEHEAD, Alfred North. *Process and Reality*. rev. Nova York: Free Press, 1978. p. 20.
7. Uma carga elétrica circulando cria um campo magnético perpendicular ao plano da sua direção de movimento, como uma flecha atravessando o centro de um alvo.
8. ALBERT, David Z. *Quantum Mechanics and Experience*. Cambridge, MA: Harvard University Press, 1994.
9. Por exemplo, se tivermos uma superposição inicial em que ambos os estados contribuam igualmente, os valores para os parâmetros a e b em $t = 0$ seriam $a = b = \sqrt{2/2}$. Para obter as probabilidades de encontrar uma partícula em qualquer um dos estados, é necessário elevar os coeficientes ao quadrado, de modo que $a^2 = b^2 = ½$, ou 50% cada (para os especialistas, os coeficientes a e b podem ser números complexos. Nesse caso, o quadrado é na realidade o valor absoluto dos números complexos).
10. Para os especialistas, o paradoxo EPR usava a representação de posição da mecânica quântica, em que a função de estado é habitualmente conhecida como função de onda, representada pela letra grega Ψ (pronuncia-se "psi").
11. ALBERT, *Quantum Mechanics and Experience*.
12. MORSCH, Oliver. *Quantum Bits and Quantum Secrets: How Quantum Physics Is Revolutionizing Codes and Computers*. Nova York: Wiley-VCH, 2008.
13. MERMIN, N. David. What's Wrong with This Pillow? *Physics Today*, n. 42, p. 9-11, 1989.

14. GHIRARDI, G. C.; RIMINI, A.; WEBER, T. Unified Dynamics for Microscopic and Macroscopic Systems. *Physical Review* D, v. 34, p. 470-491, 1986.
15. Para uma visão geral, ver: GOLDSTEIN, Sheldon. Bohmian Mechanics. *Stanford Encyclopedia of Philosophy*, outono de 2021. Disponível em: https://plato.stanford.edu/archives/fall2021/entries/qm-bohm/.
16. ROVELLI, Carlo. Relational Quantum Mechanics. *International Journal of Theoretical Physics*, v. 35, p. 1.637-1.678, 1996.
17. ROVELLI, p. 1.643.
18. Ver: HOWARD, Don. Who Invented the "Copenhagen Interpretation"? A Study in Mythology. *Philosophy of Science*, v. 71, p. 669-682, 2004. Ver também: PEROVIC, Slobodan. *From Data to Quanta: Niels Bohr's Vision of Physics.* Chicago: University of Chicago Press, 2021.
19. FAYE, Jan. Copenhagen Interpretation of Quantum Mechanics. *Stanford Encyclopedia of Philosophy*, inverno de 2019. Disponível em: https://plato.stanford.edu/entries/qm-copenhagen/.
20. VON NEUMANN, John. *Mathematical Foundations of Quantum Mechanics. Princeton*, NJ: Princeton University Press, 2018. O texto original em alemão foi publicado em 1932.
21. WIGNER, Eugene. Remarks on the Mind-Body Question. In: GOOD, I. J. (org.). *The Scientist Speculates: An Anthology of Partly-Baked Ideas.* Nova York: Basic Books, 1961. p. 171-184.
22. Ver: FUCHS, C. A. Notwithstanding Bohr, the Reasons for QBism. *Mind and Matter*, v. 15, p. 245-300, 2017.
23. JAYNES, E. T. Clearing Up Mysteries: The Original Goal. In: SKILLING, J. (org.). *Maximum Entropy and Bayesian Methods. Dordrecht*: Kluwer, 1989. p. 7.
24. DEBROTA, John B.; STACEY, Blake C. *FAQBism, 1*, 14 abr. 2018. Disponível em: https://arxiv.org/abs/1810.13401.
25. DEBROTA; STACEY, p. 6.
26. MERMIN, N. David. QBism Puts the Scientist Back into Science. *Nature*, v. 507, p. 421-423, 2014.
27. MERMIN, N. David. *Why QBism Is Not the Copenhagen Interpretation and What John Bell Might Have Thought of It.* In: BERTLMANN, Reinhold; ZEILINGER, Anton (org.). *Quantum [Un]Speakables II: Half a Century of Bell's Theorem. Cham*, Suíça: Springer, 2017. p. 88.

28. NAGEL, Thomas. *The View from Nowhere. Nova York: Oxford University Press,* 1986. [*Visão a partir de lugar nenhum*. Tradução de Silvana Viera. São Paulo: Martins Fontes, 2019.]
29. Ver: DEBROTA, John B; FUCHS, Christopher A.; PIENAAR, Jacques L.; STACEY, Blake C. Born's Rule as a Quantum Extension of Bayesian Coherence. *Physical Review*, v. 104, 02207, 2021.

5. Cosmologia

1. Ver: CANALES, Jimena. *The Physicist and the Philosopher*: Einstein, Bergson, and the Debate That Changed Our Understanding of Time. Princeton, NJ: Princeton University Press, 2015.
2. CANALES. *The Physicist and the Philosopher.*
3. BERGSON, Henri. *Duration and Simultaneity*: Bergson and the Einsteinian Universe. Tradução para o inglês de Mark Lews e Robin Durie. Manchester: Clinamen Press, 1999. [*Duração e simultaneidade*. Tradução de Claudia Berliner. São Paulo: Martins Fontes, 2006.]
4. Para uma discussão dos erros de Bergson, ver: SAVITT, Steven. What Bergson Should Have Said to Einstein. *Bergsoniana*, n. 1, 2021. Disponível em: https://doi.org/10.4000/bergsoniana.333. Para uma discussão da rigorosa atenção de Bergson aos detalhes matemáticos da teoria de Einstein, ver: CANALES, *The Physicist and the Philosopher*; e UNNIKRISHNAN, C. S. The Theories of Relativity and Bergson's Philosophy of Duration and Simultaneity during and after Einstein's 1922 Visit to Paris, 2020. Disponível em: https://arxiv.org/abs/2001.10043.
5. UNNIKRISHNAN, C. S. *Theories of Relativity*, p. 4.
6. Para uma transcrição dos comentários de Bergson sobre a resposta de Einstein, ver: BERGSON, Henri. Remarks on the Theory of Relativity (1922). *Journal of French and Francophone Philosophy — Revue de la philosophie française et de langue française*, v. 28, n. 1, p. 167-172, 2020. Uma tradução mais antiga pode ser encontrada em BERGSON, *Duration and Simultaneity*, p. 154-159 [*Duração e simultaneidade*]. Para o status de celebridade de Bergson, ver: HERRING, Emily. Henri Bergson, Celebrity, Aeon, 6 maio 2019. Disponível em: https://aeon.co/essays/henri-bergson-the-philosopher-damned-for-his-female-fans.
7. MERLEAU-PONTY, Maurice. Einstein and the Crisis of Reason. In: MERLEAU-PONTY, Maurice. *Signs*. Tradução para o inglês de Richard

C. McCleary. Evanston, IL: Northwestern University Press, 1964. p. 195. [*Signos*. Tradução de Maria Ermantina Galvão Gomes Pereira. São Paulo: Martins Fontes, 2002.]

8. BERGSON, *Duration and Simultaneity*, p. 27 [*Duração e simultaneidade*].
9. BERGSON, Remarks on the Theory of Relativity (1922), p. 167.
10. BERGSON, p. 170.
11. BERGSON, p. 169.
12. BERGSON, p. 171.
13. BERGSON, p. 170.
14. RUSSELL, Bertrand; *A, B, C of Relativity*. Nova York: Routledge Press, 2009. p. 138. [*A, B, C da Relatividade*. Rio de Janeiro: J. Zahar, 2005.]
15. BERGSON, Remarks on the Theory of Relativity (1922), p. 170.
16. Einstein, A. On the Electrodynamics of Moving Bodies. In: LORENTZ, H. A.; EINSTEIN, A.; Minkowski, H.; WEYL, H. *The Principle of Relativity*: A Collection of Original Memoirs on the Special and General Theory of Relativity. Tradução para o inglês de W. Perrett e G. B. Jeffrey. Nova York: Dover, 1952. p. 40.
17. EINSTEIN, p. 40.
18. Ver: LANE CRAIG, William. Bergson Was Right about Relativity (Well, Partly)! In: GEROGIORGAKIS, Stamatios. *Time and Tense*: Unifying the Old and the New. Munique: Philosophia Verlag, 2016. p. 317-352.
19. EINSTEIN, "On the Electrodynamics of Moving Bodies", p. 39.
20. BERGSON, "Remarks on the Theory of Relativity (1922)", p. 169; 170.
21. DURIE. Introduction. In: BERGSON, Henri. *Duration and Simultaneity*: Bergson and the Einsteinian Universe. Tradução para o inglês de Mark Lews e Robin Durie. Manchester: Clinamen Press, 1999. [*Duração e simultaneidade*. Tradução de Claudia Berliner. São Paulo: Martins Fontes, 2006.]
22. DURIE, p. 9.
23. BERGSON, Henri. *Time and Free Will*: An Essay on the Immediate Data of Consciousness. Tradução para o inglês de F. L. Pogson. Mineola, NY: Dover, 1913. [*Tempo e livre-arbítrio*: ensaio sobre os dados imediatos da consciência. Tradução de José Awning. Criciúma: Convivivm Editorial, 2023. E-book.]
24. BERGSON, Henri. *Matter and Memory*. Tradução para o inglês de Nancy Margaret Paul e W. Scott Palmer. Nova York: Zone Books, 1991. [*Matéria*

e memória. Tradução de Paulo Neves. São Paulo: WMF Martins Fontes. p. 200.]

25. WHITEHEAD, Alfred North. *The Concept of Nature*. Cambridge: Cambridge University Press, 1920; Ann Arbor: University of Michigan Press, 1957. p. 55. [*O conceito da natureza*. Tradução de Julio B. Fischer São Paulo: Martins Fontes, 2019.] (A citação se refere à edição de 1957.)
26. Ver: UNNIKRISHNAN, "Theories of Relativity".
27. Para um tratamento acessível do paradoxo dos gêmeos, ver: DAVIES, Paul. *About Time: Einstein's Unfinished Revolution*. Nova York: Simon and Schuster, 1995. p. 59-67. [*O enigma do tempo*: a revolução iniciada por Einstein. Tradução de Ivo Korytowski. Rio de Janeiro: Ediouro, 1999.]
28. BERGSON, *Duration and Simultaneity*, p. 145 [*Duração e simultaneidade*].
29. Ver: SAVITT, "What Bergson Should Have Said to Einstein"; e MAUDLIN, Tim. *Philosophy of Physics*: Space and Time. Princeton, NJ: Princeton University Press, 2021. p. 83.
30. HAFELE, J. C.; KEATING, R. E. Around-the-World Atomic Clocks: Predicted Relativistic Time Gains. *Science*, v. 177, p. 166-168, 1972. Para discussão, ver: SAVITT, "What Bergson Should Have Said to Einstein", e Unnikrishnan, "Theories of Relativity".
31. Ver: PROULX, Jeremy. Duration in Relativity: Some Thoughts on the Bergson-Einstein Encounter. *Southwest Philosophy Review*, v. 33, n. 2, p. 159, 2017.
32. Ver: CRAIG, "Bergson Was Right".
33. BERGSON, *Duration and Simultaneity*, p. 132 [*Duração e simultaneidade*].
34. BERGSON, p. 123. Ver também: PROULX, "Duration in Relativity", p. 160.
35. Ver: SAVITT, "What Bergson Should Have Said to Einstein"; PROULX, "Duration in Relativity"; e KÜGLER, Peter. What Bergson Should Have Said about Special Relativity, *Synthese*, n. 198, p. 10273-10288, 2021.
36. MERMIN, N. David. *QBism as Cbism: Solving the Problem of "the Now"*, 30 dez. 2013. Disponível em: https://arxiv.org/abs/1312.7825. Ver também: MERMIN, N. David. Making Better Sense of Quantum Mechanics. *Reports on Progress in Physics*, v. 82, 012002, 2019. Disponível em: https://doi.org/10.1088/1361-6633/aae2c6.
37. SAVITT, "What Bergson Should Have Said to Einstein", p. 95-96.

38. PROULX, "Duration in Relativity", p. 163.
39. WHITEHEAD, *Concept of Nature*, p. 53 [*O conceito da natureza*].
40. Para que o tempo se comporte realmente como uma coordenada espacial, os sinais teriam de ser os mesmos, de modo que $ds^2 = + c^2(dt)^2 + (dX)^2$. Esse é um espaço euclidiano quadridimensional com coordenadas ct e X, que não tem nenhuma informação sobre fluxo de tempo, sendo assim muito diferente de um espaço quadridimensional de Minkowski. Na teoria da relatividade, é incorreto dizer que o tempo é simplesmente outra dimensão espacial, mesmo que isso seja repetido com frequência.
41. Numa representação gráfica do espaço-tempo de Minkowski, a velocidade da luz define o cone de luz, uma superfície cônica formando um ângulo de 45 graus com (uma das) coordenadas de espaço e do tempo. Eventos fisicamente permitidos, conectados de forma causal, vivem dentro do cone de luz. Eventos fora do cone de luz, chamados "tipo espaço", são proibidos do ponto de vista causal.
42. Ver: REICHENBACH, Hans. *The Direction of Time*. Nova York: Dover, 1956. p. 11-12.
43. Hilary Putnam apresenta um argumento clássico para a teoria do universo em bloco em: PUTNAM, Hilary. Time and Physical Geometry. *Journal of Philosophy*, v. 64, p. 240-247, 1967. Conforme observa Carlo Rovelli em ROVELLI, Carlo. *The Order of Time*. Nova York: Riverhead Books, 2018. p. 149-150 [*A ordem do tempo*. São Paulo: Objetiva, 2018], Putnam assume que a definição de simultaneidade de Einstein tem um valor ontológico, ao passo que é basicamente uma definição de conveniência para relacionar tempos diferentes medidos por relógios diferentes. Nossa preocupação, porém, é como distinguir entre abstração matemática e nossa percepção da realidade. Ao invocar o constructo matemático abstrato de um espaço-tempo quadridimensional, a teoria do universo em bloco não resolve as dificuldades de se compreender o fato experiencial óbvio de que o tempo flui.
44. WEYL, Hermann. *Philosophy of Mathematics and Natural Science*. rev. e ampl. Princeton, NJ: Princeton University Press, 1949. p. 116.
45. Ver: PROULX, "Duration in Relativity", p. 153.
46. BERGSON, *Duration and Simultaneity*, p. 107 [*Duração e simultaneidade*]. Ênfases de Bergson.
47. Ver: PROULX, "Duration in Relativity", p. 153.

48. *ALBERT EINSTEIN–Michele Besso Correspondence, 1903-1955*. Paris: Hermann, 1972. p. 537-553.
49. Ver: ROVELLI, *The Order of Time*, p. 114-115 [*A ordem do tempo*].
50. Para leitores com inclinação matemática, este exemplo é elaborado por Matthew Schwartz em suas notas sobre mecânica estatística, disponíveis on-line em https://scholar.harvard.edu/files/schwartz/files/physics_181_lectures.pdf.
51. Em mecânica quântica, posição e momento linear tornam-se operadores hermitianos (ou autoadjuntos) definidos num espaço de Hilbert. É possível definir valores esperados de posição e momento linear, e esses são os melhores que importam para o princípio da incerteza. O próprio conceito de localização ou momento linear preciso de um objeto quântico não faz realmente sentido, contribuindo para a ideia de desfocamento.
52. Lee Smolin argumenta este ponto efetivamente em: SMOLIN, Lee. *Time Reborn*: From the Crisis of Physics to the Future of the Universe. Toronto: Vintage Canada, 2013.
53. Para os curiosos, há essencialmente três contribuições principais para os materiais que preenchem o cosmo, cada uma contribuindo de maneira diferente para a taxa de expansão (aquela que for dominante determinará essa taxa de expansão): radiação, ou partículas relativistas efetivamente sem massa (incluindo fótons e neutrinos); partículas massivas não relativistas (incluindo matéria escura de interação fraca); e uma efetiva constante cosmológica ou energia de vácuo, tal como a energia escura.
54. Para a história da cosmologia no século XX, ver: GLEISER, Marcelo. *The Dancing Universe*: From Creation Myths to the Big Bang. Lebanon, NH: Dartmouth College Press, 2005. [*A dança do universo: dos mitos da criação ao Big Bang*. São Paulo: Companhia das Letras, 1997. (Livro originalmente publicado em português.)
55. Para uma crítica da ideia de unificação em teorias físicas, ver: GLEISER, Marcelo. *A Tear at the Edge of Creation*: A Radical New Vision for Life in an Imperfect Universe. Nova York: Free Press, 2010; WOIT, Peter. *Not Even Wrong*: The Failure of String Theory and the Continuing Challenge to Unify the Laws of Physics. Londres: Jonathan Cape, 2006; HOSSENFELDER, Sabine. *Lost in Math*: How Beauty Leads Physics Astray. Nova York: Basic Books, 2018; SMOLIN, Lee. *Three Roads to Quantum Gravity*: A New Understanding of Space, Time, and the Universe. Nova York: Basic Books, 2001.

56. BERLIN, Isaiah. Logical Translation. In: HARDY, Henry (org.). *Concepts and Categories*: Philosophical Essays. Nova York: Viking, 1979. p. 76.
57. Ver, por exemplo: VERLINDE, Erik. On the Origin of Gravity and the Laws of Newton. *Journal of High Energy Physics*, v. 29, 2011. Disponível em: https://doi.org/10.1007/JHEP04(2011)029.
58. Usamos "efetivamente sem massa" quando a razão entre a massa da partícula e a temperatura de radiação ambiente é muito menor que um: $m/T \ll 1$.
59. Certos modelos da física do universo primordial predizem a existência de aglomerados de matéria de diferentes tipos e massas potencialmente formados após um período de expansão muito rápida conhecido como inflação. Esses aglomerados incluem miniburacos negros e óscilons, sendo estes últimos codescobertos e nomeados por um de nós; ver GLEISER, Marcelo. Pseudostable Bubbles. *Physical Review*, D 49, p. 2.978-2.981, 1994. Embora potencialmente sejam contribuições importantes para a densidade de massa total do universo, não dominariam a taxa de expansão.
60. Para os conhecedores, este valor assume um universo plano com contribuições de 4,8% de matéria normal, 26,2% de matéria escura e 69% de energia escura.
61. Mais precisamente, fótons também foram afetados pelo puxão gravitacional dos poços de matéria escura e reagiram ou caindo dentro ou escapando. Esses dois movimentos opostos causaram pequenas mudanças em suas frequências chamadas "oscilações acústicas", que hoje são lidas por detectores como pequenas variações de uma parte em cem mil na regularidade da temperatura do fundo cósmico de micro-ondas. Esses mapas são absolutamente cruciais, pois nos permitem reconstituir as condições que prevaleciam no universo quando tinha apenas quatrocentos mil anos de idade.
62. ALBERT, David. *Time and Chance*. Cambridge, MA: Harvard University Press, 2000.
63. CARROLL, Sean M.; CHEN, Jennifer. *Spontaneous Inflation and the Origin of the Arrow of Time*, 2004. Disponível em: https://arxiv.org/abs/hep-th/0410270.
64. Ver: UNGER, Roberto M.; SMOLIN, Lee. *The Singular Universe and the Reality of Time*. Cambridge: Cambridge University Press, 2015; e SMOLIN, Time Reborn.

65. Para uma resenha, ver, por exemplo: IJJAS, A.; STEINHARDT, Paul J. Bouncing Cosmology Made Simple. *Classical and Quantum Gravity*, v. 35, 135004, 2018. Para uma abordagem diferente sobre cosmologias de "rebote", ver: ALEXANDER, Stephon; CORMACK, Sam; GLEISER, Marcelo. A Cyclic Approach to Fine Tuning. *Physics Letters*, B 757, p. 247-250, 2016.
66. Ver: JACKSON, Roger. Dharmakīrti's Refutation of Theism, *Philosophy East and West*, v. 36, n. 4, p. 315-348, 1986; e PATIL, Parimal G. *Against a Hindu God: Buddhist Philosophy of Religion in India*. Nova York: Columbia University Press, 2009.

6. Vida

1. CANGUILHEM, Georges. *Knowledge of Life*. Tradução para o inglês de Stefanos Geroulanos e Daniela Ginsburg. Nova York: Fordham University Press, 2008, p. 90. [*O conhecimento da vida*. Tradução de Vera Lucia Avellar. Rio de Janeiro: Forense Universitária, 2012.]
2. JONAS, Hans. *The Phenomenon of Life*: Toward a Philosophical Biology. Evanston, IL: Northwestern University Press, 2001, p. 91. [*O princípio da vida*: fundamentos para uma biologia filosófica. Tradução de Carlos Almeida Pereira. Petrópolis: Vozes, 2005.]
3. JONAS, Hans. Is God a Mathematician? The Meaning of Metabolism. In: JONAS, Hans. *The Phenomenon of Life*: Toward a Philosophical Biology. Evanston, IL: Northwestern University Press, 2001, p. 64-98.
4. VARELA, Francisco J. *Principles of Biology Autonomy*. Nova York: Elsevier North-Holland, 1979; MORENO, Alvaro; MOSSIO, Matteo. *Biological Autonomy*: A Philosophical and Theoretical Inquiry. Dordrecht: Springer, 2015.
5. Ver: NICHOLSON, Daniel J. "The Return of the Organism as a Fundamental Explanatory Concept in Biology", *Philosophy Compass*, v. 9, p. 347-359, 2014; CHEUNG, Tobias. From the Organism of a Body to the Body of an Organism: Occurrence and Meaning of the Word "Organism" from the Seventeenth to the Nineteenth Centuries, *British Journal for the History of Science*, v. 39, n. 3, p. 319-339, 2006.
6. Para saber sobre o Clube de Biologia Teórica, ver: PETERSON, Erik L. *The Life Organic*: The Theoretical Biology Club and the Roots of Epige-

netics. Pittsburgh, PA: University of Pittsburgh Press, 2017; HERRING, Emily; RADICK, Gregory R. Emergence in Biology: From Organicism to Systems Biology. In: GIBB, Sophie; HENDRY, Robin F.; LANCASTER, Tom. *The Routledge Handbook of Emergence*. Londres: Routledge Press, 2019. p. 352-362. Para Barry Commoner, ver: COMMONER, Barry. Is DNA the "Secret of Life"?, *Clinical Pharmacology and Therapeutics*, v. 6, p. 273-278, 1965. Para a volta do organismo na biologia do fim do século XX e do século XXI, ver: Daniel J. "The Return of the Organism as a Fundamental Explanatory Concept in Biology", *Philosophy Compass*, v. 9, p. 347-359, 2014. Ver também: THOMPSON, Evan. *Mind in Life*: Biology, Phenomenology, and the Sciences of Mind. Cambridge, MA: Harvard University Press, 2007 (Capítulos 5-7).

7. Ver: GILBERT, Scott F.; SARKAR, Sahotra. Embracing Complexity: Organicism for the 21st Century. *Developmental Dynamicsi*, n. 219, p. 5, 2000.
8. COMMONER, "Is DNA the 'Secret of Life'?", p. 276-277. Ver também: COMMONER, Barry. Unraveling the DNA Myth: The Spurious Foundation of Genetic Engineering. *Harper's Magazine*, v. 304, n. 1.821, p. 39-47, 2002.
9. COMMONER, "Is DNA the 'Secret of Life'?", p. 273.
10. NICHOLSON, "The Return of the Organism", p. 353.
11. SCHRÖDINGER, Erwin. *What Is Life?* With Mind and Matter and Autobiographical Sketches. Cambridge: Cambridge University Press, 1992. [*O que é vida?* O aspecto físico da célula viva; seguido de mente e matéria e fragmentos autobiográficos. São Paulo: Editora Unesp, 2007.]
12. SCHRÖDINGER, p. 125.
13. WIGNER, Eugene. "Physics and the Explanation of Life", *Foundations of Physics*, v. 1, n. 1, p. 35-45, 1970.
14. Referências fundamentais são: VARELA, *Principles of Biological Autonomy*; ROSEN, Robert. Life Itself: A Comprehensive Inquiry into the Nature, Origin, and Fabrication of Life. Nova York: Columbia University Press, 1991; KAUFFMAN, Stuart A. *Investigations*. Nova York: Oxford University Press, 2000; GÁNTI, Tibor. *The Principles of Life*. Oxford: Oxford University Press, 2003 (Com comentários de James Gresemer e Eros Szathmary.); MORENO; MOSSIO, *Biological Autonomy*.

15. KANT, Immanuel. *Critique of Judgment*. Tradução para o inglês de W. S. Pluhar. Indianapolis, In: Hackett, 1987. [*Crítica da faculdade de julgar*. Petrópolis: Vozes, 2016.]
16. KANT, p. 252-253. Para discussão, ver: THOMPSON, Evan. *Mind in Life*: Biology, Phenomenology, and the Sciences of Mind. Cambridge, MA: Harvard University Press, 2007. p. 129-140.
17. Ver: MORENO; MOSSIO. *Biological Autonomy*; MOSSIO, Matteo; MONTÉVIL, Maël; LONGO, Giuseppe. Theoretical Principles for Biology: Organization. *Progress in Biophysics and Molecular Biology*, v. 122, n. 1, p. 24-35, 2016.
18. Ver: LETELIER, Juan Carlos; CÁRDENAS, Maria Luz; CORNISH-BOWDEN, Athel. From L'Homme Machine to Metabolic Closure: Steps towards Understanding Life. *Journal of Theoretical Biology*, v. 286, p. 100-113, 2011.
19. PIAGET, Jean. *Biology and Knowledge*: An Essay on the Relations between Organic Regulations and Cognitive Processes. Chicago: University of Chicago Press, 1971. [*Biologia e conhecimento*. Petrópolis: Vozes, 2000.]
20. PIAGET, p. 155-156.
21. VARELA, *Principles of Biological Autonomy*, p. 55-58.
22. VARELA, Francisco J. The Creative Cycle: Sketches on the Natural History of Circularity. In: WATZLAVICK, Paul (org.). *The Invented Reality*. Nova York: Norton, 1984, p. 311-312.
23. MATURANA, Humberto R.; VARELA, Francisco J. *Autopoiesis and Cognition*: The Realization of the Living. Dordrecht: D. Reidel, 1980.
24. ROSEN, *Life Itself*.
25. KAUFFMAN, Stuart A. Cellular Homeostasis, Epigenesis, and Replication in Randomly Aggregated Macromolecular Systems. *Journal of Cybernetics*, v. 1, n. 1, p. 71-96, 1971; KAUFFMAN, Stuart A. Autocatalytic Sets of Proteins. *Journal of Theoretical Biology*, v. 119, p. 1-24, 1986.
26. KAUFFMAN, *Investigations*.
27. MORENO; MOSSIO, *Biological Autonomy*; MOSSIO et al., "Theoretical Principles for Biology: Organization".
28. MOSSIO et al., "Theoretical Principles for Biology: Organization", p. 7.
29. MOSSIO et al., p. 7.
30. Ver: MORENO; MOSSIO, *Biological Autonomy*, cap. 3.

31. Ver: FULDA, Fermin. Natural Agency: The Case of Bacterial Cognition. *Journal of the American Philosophical Association*, v. 3, p. 69-90, 2017.
32. MORENO; MOSSIO, *Biological Autonomy*, p. 98.
33. Ver: DI PAOLO, Ezequiel. Autopoiesis, Adaptivity, Teleology, Agency. *Phenomenology and the Cognitive Sciences*, v. 4, p. 429-452, 2005.
34. VARELA, Francisco J. Living Ways of Sense-Making: A Middle Path for Neuroscience. In: LIVINGSTON, Paisley (org.). *Disorder and Order*: Proceedings of the Stanford International Symposium (September 14-16, 1981). Saratoga, CA: Anma Libri, 1984, p. 208-224; VARELA, Francisco J. Patterns of Life: Intertwining Identity and Cognition. *Brain and Cognition*, v. 34, p. 72-87, 1997.
35. KOLCHINSKY, Artemy; WOLPERT, David H. Semantic Information, Autonomous Agency and Non-Equilibrium Statistical Physics. *Interface Focus*, v. 8, 20180041 2018. Disponível em: http://dx.doi.org/10.1098/rsfs.2018.0041.
36. THOMPSON, Evan. Living Ways of Sense-Making. *Philosophy Today*, supl. p. 114-123, 2011.
37. Ver: DI PAOLO, "Autopoiesis, Adaptivity, Teleology, Agency"; e DI PAOLO, Ezequiel; THOMPSON, Evan. The Enactive Approach. In: SHAPIRO, Lawrence (org.). *The Routledge Handbook of Embodied Cognition*. Londres: Routledge Press, 2014. p. 68-78.
38. DI PAOLO, Ezequiel. Extended Life, Topoi, v. 28, n. 1, p. 9-21, 2009. Ver também: DI PAOLO, Ezequiel. The Enactive Conception of Life. In: NEWEN, Albert; DE BRUIN, Leon; GALLAGHER; Shaun (orgs.). *The Oxford Handbook of 4E Cognition*. Oxford: Oxford University Press, 2018, p. 71-94.
39. DOBZHANSKY, Theodosius. Nothing in Biology Makes Sense Except in the Light of Evolution. *American Biology Teacher*, v. 35, n. 3, p. 125-129, 1973.
40. MORENO; MOSSIO, *Biological Autonomy*, p. 113.
41. MORENO; MOSSIO, p. 116. Ver também: THOMPSON, *Mind in Life*, p. 167-170 [A mente na vida].
42. GLEISER, Marcelo; WALKER, Sara Imari. Toward Homochiral Protocells in Noncatalytic Peptide Systems. *Origins of Life and Evolution of the Biosphere*, v. 39, p. 479-493, 2009. Ver também: LUIGI, Pier. *The Emergence of Life*: From Chemical Origins to Synthetic Biology. 2. ed.

Cambridge: Cambridge University Press, 2019. [*A emergência da vida*: das origens químicas à biologia sintética. Tradução de Aurora Fornoni Bernardini. São Paulo: Edusp, 2013.]

43. MORENO; MOSSIO, *Biological Autonomy*, p. 135-137. Ver também: RUIZ-MIRAZO, Kepa; UMEREZ, Jon; MORENO, Alvaro. Enabling Conditions for 'Open-Ended Evolution'. *Biology and Philosophy*, v. 23, p. 67-85. 2008.
44. RUIZ-MIRAZO, Kepa; PERETÓ, Juli; MORENO, Alvaro. A Universal Definition of Life: Autonomy and Open-Ended Evolution. *Origins of Life and Evolution of the Biosphere*, v. 34, p. 323-346, 2004.
45. Ver: NICHOLSON, Daniel J. Organisms ≠ Machines. *Studies in History and Philosophy of Biological and Biomedical Sciences*, v. 44, p. 669-678, 2013; e NICHOLSON, Daniel J. Is the Cell Really a Machine? *Journal of Theoretical Biology*, v. 477, p. 108-126, 2019.
46. Os conceitos de decomponível, quase decomponível e não decomponível provêm de: SIMON, Herbert. *The Sciences of the Artificial*. Cambridge, MA: MIT Press, 1969.
47. NICHOLSON, "Is the Cell Really a Machine?".
48. NICHOLSON, p. 110.
49. NICHOLSON, p. 123.
50. NICHOLSON, p. 122.
51. KAUFFMAN, Stuart. *A World beyond Physics*: The Emergence and Evolution of Life. Nova York: Oxford University Press, 2019.
52. LONGO, Giuseppe; MONTÉVIL, Maël; KAUFFMAN, Stuart. No Entailing Laws, But Enablement in the Evolution of the Biosphere. *Proceedings of the 14th Annual Conference Companion on Genetic and Evolutionary Computation*. Nova York: ACM, 2012, p. 1.379-1.392. Disponível em: https://dl.acm.org/doi/10.1145/2330784.2330946; LONGO, Giuseppe; MONTÉVIL, Maël. Extended Criticality, Phase Spaces, and Enablement in Biology. *Chaos, Solitons and Fractals*, v. 55, p. 64-79, 2013. Ver também: LONGO, Giuseppe; MONTÉVIL, Maël. *Perspectives on Organisms*: Biological Time, Symmetries and Singularities. Berlim: Springer-Verlag, 2014; KAUFFMAN, *A World beyond Physics*.
53. LONGO et al., "No Entailing Laws", p. 1.390.
54. Ver: NOLTE, David D. The Tangled Tale of Phase Space. *Physics Today*, v. 63, p. 33-38, 2010.

55. LONGO et al., "No Entailing Laws", p. 1.384.
56. GOULD, Stephen Jay; VRBA, Elisabeth S. Exaptation: A Missing Term in the Science of Form. *Paleobiology*, 8, p. 4-15, 1982.
57. LONGO, et al., "No Entailing Laws".
58. KAUFFMAN, Stuart. Answering Schrödinger's Question, 'What Is Life?'. *Entropy*, v. 22, p. 8, 2020. Disponível em: https://doi.org/10.3390/e22080815.
59. Este ponto levanta a questão filosófica da emergência. A ideia de Kaufmann de que a vida não tem espaço de fase pré-enunciável é um exemplo do que o filósofo Paul Humphreys chama "emergência diacrônica" (emergência ao longo do tempo). Existe agora uma vasta literatura técnica sobre emergência na filosofia da ciência e metafísica. Optamos por não envolver essa literatura porque ela vai além da nossa crítica do Ponto Cego. Ver: HUMPHREYS, Paul. *Emergence*: A Philosophical Account. Nova York: Oxford University Press, 2016; WILSON, Jessica M. *Metaphysical Emergence*. Nova York: Oxford University Press, 2021; BISHOP, Robert C.; SILBERSTEIN, Michael; PEXTON, Mark. *Emergence in Context*: A Treatise in Twenty-First Century Natural Philosophy. Nova York: Oxford University Press, 2022.
60. KAUFFMAN, Stuart. *Is There a Fourth Law for Non-Ergodic Systems That Do Work to Construct Their Expanding Phase Space?*, 2022. Disponível em: https://doi.org/10.48550/arXiv.2205.09762.
61. VARELA, Francisco J. Laying Down a Path in Walking. In: THOMPSON, Irwin (org.). *Gaia*: A Way of Knowing: Political Implications of the New Biology. Hudson, NY: Lindisfarne Press, 1987, p. 48-64.
62. Ver: LONGO, Giuseppe; MONTÉVIL, Maël, *Perspectives on Organisms*; SOTO, Ana M. et al. Toward a Theory of Organisms: Three Founding Principles in Search of a Useful Integration. *Progress in Biophysics and Molecular Biology*, v. 122, p. 77-82, 2016; WALSH, D. M. *Organisms, Agency, and Evolution*. Cambridge: Cambridge University Press, 2015.
63. KAUFFMAN, *A World Beyond Physics*, p. 128.

7. É complicado

1. Ver: VARELA, Francisco; THOMPSON, Evan; ROSCH, Eleanor. *The Embodied Mind*: Cognitive Science and Human Experience. rev. Cambridge, MA: MIT Press, 1991.
2. VARELA et al., *The Embodied Mind*. Ver também: THOMPSON, Evan. *Mind in Life*: Biology, Phenomenology, and the Sciences of Mind. Cam-

bridge, MA: Harvard University Press, 2007; DI PAOLO, Ezequiel; CUFFARI, Elena Clare; DE JAEGHER, Hanne. *Linguistic Bodies*: The Continuity between Life and Language. Cambridge, MA: MIT Press, 2018.

3. Ver: VERVAEKE, John; LILLICRAP, Timothy; RICHARDS, Blake A. Relevance Realization and the Emerging Framework in Cognitive Science. *Journal of Logic and Computation*, v. 22, n. 1, p. 79-99, 2012.
4. Tiramos o termo "percepção de relevância" de VERVAEKE et al., "Relevance Realization".
5. Ver: SMITH, Brian Cantwell. *The Promise of Artificial Intelligence*: Reckoning and Judgment. Cambridge, MA: MIT Press, 2019; MITCHELL, Melanie. *Artificial Intelligence*: A Guide for Thinking Humans. Nova York: Farrar, Straus and Giroux, 2019; LARSON, Erik J. *The Myth of Artificial Intelligence*: Why Computers Can't Think the Way We Do. Cambridge, MA: Harvard University Press, 2021. Para a crítica clássica, mas ainda altamente relevante de IA, ver: DREYFUS, Hubert. *What Computers Can't Do: A Critique of Artificial Reason*. Nova York: Harper & Row, 1972 [*O que computadores não podem fazer*: uma crítica da razão artificial. Rio de Janeiro: Casa do Livro Eldorado, 1975]; e DREYFUS, Hubert. What Computers Still Can't Do: A Critique of Artificial Reason. Cambridge, MA: MIT Press, 1992.
6. SEARLE, John. *Minds, Brains and Science*. Cambridge, MA: Harvard University Press, 1986.
7. Ver: MITCHELL, *Artificial Intelligence*; e LARSON, The Myth of Artificial Intelligence.
8. Ver: MITCHELL, *Artificial Intelligence*, p. 110-116.
9. SMITH, *The Promise of Artificial Intelligence*.
10. Para uma visão geral, ver: SHANAHAN, Murray. The Frame Problem. *Stanford Encyclopedia of Philosophy*, 8 fev. 2016. Disponível em: https://plato.stanford.edu/archives/spr2016/entries/frame-problem/.
11. DENNETT, Daniel C. Cognitive Wheels: The Frame Problem of AI. In: HOOKWAY, Christopher (org.). *Minds, Machines and Evolution*: Philosophical Studies. Cambridge: Cambridge University Press, 1984. p. 129-151.
12. Isso é verdade tanto para a versão técnica, estritamente definida, do problema do enquadramento quanto para a versão conhecida como pro-

blema generalizado do enquadramento ou problema epistemológico do enquadramento. Ver: SHANAHAN, "The Frame Problem". O problema do enquadramento que descrevemos é a versão generalizada.

13. Ver: MITCHELL, *Artificial Intelligence*, cap. 9.
14. SILVER, David et al. Mastering the Game of Go without Human Knowledge. *Nature*, v. 550, p. 354-359, 2017; NIELSEN, Michael. Is AlphaGo Really Such a Big Deal? *Quanta Magazine*, 29 mar. 2016.
15. SILVER, et al., "Mastering the Game of Go".
16. MARCUS, Gary; DAVIS, Ernest. *Rebooting AI: Building Artificial Intelligence We Can Trust*. Nova York: Pantheon Books, 2019. p. 145-146. Ver também: LARSON, The Myth of Artificial Intelligence, p. 161-162.
17. SMITH, *The Promise of Artificial Intelligence*, p. 77-78.
18. Contrário a Nielsen, "Is AlphaGo Really Such a Big Deal?".
19. MITCHELL, *Artificial Intelligence*, p. 166.
20. PAVLUS, John. The Computer Scientist Training AI to Think with Analogies. Entrevista com Melanie Mitchell, *Quanta Magazine*, 14 jul. 2021. Disponível em: https://www.quantamagazine.org/melanie-mitchell-trains-ai-to-think-with-analogies-20210714/#.
21. Ver: VERVAEKE et al., "Relevance Realization".
22. MITCHELL, *Artificial Intelligence*, p. 166-167; 256. Para um exemplo de recentes avanços em aprendizagem aberta, ver: "Open-Ended Learning Leads to Generally Capable Agents", da DeepMind, 27 jul. 2021. Disponível em: https://www.deepmind.com/publications/open-ended-learning-leads-to-generally-capable-agents.
23. MITCHELL, *Artificial Intelligence*, p. 168-169. Ver também: MARCUS, Gary. "Innateness, AlphaZero, and Artificial Intelligence", 2018. Disponível em: arXiv:1801.05667.
24. MITCHELL, *Artificial Intelligence*, p. 172.
25. MITCHELL, p. 268.
26. Ver: MITCHELL, p. 270.
27. SMITH, *The Promise of Artificial Intelligence*, p. 7-8.
28. DREYFUS, Hubert. Intelligence without Representation: Merleau-Ponty's Critique of Mental Representation. *Phenomenology and the Cognitive Sciences*. v. 1, n. 4, p. 413-425, 2002.
29. SMITH, *The Promise of Artificial Intelligence*, p. 24, 28, 38, 67.

30. GROSSBERG, Stephen. Adaptive Resonance Theory: How a Brain Learns to Consciously Attend, Learn, and Recognize a Changing World. *Neural Networks*, v. 37, p. 1-47, 2013. Ver também: GROSSBERG, Stephen. *Conscious Mind, Resonant Brain*: How Each Brain Makes a Mind. Nova York: Oxford University Press, 2021.
31. SMITH, *The Promise of Artificial Intelligence*, p. 14.
32. SMITH, p. 35.
33. Ver: MITCHELL, *Artificial Intelligence*, p. 106-108; 195-196; CRAWFORD, Kate. Atlas of AI: Power, Politics, and the Planetary Crisis of AI. New Haven: Yale University Press, 2021 (Capítulo 4).
34. BIRHANE, "The Impossibility of Automating Ambiguity", p. 44-61.
35. MITCHELL, *Artificial Intelligence*, p. 106-107.
36. SMITH, *The Promise of Artificial Intelligence*, p. 50.
37. Ver: MITCHELL, Melanie; KRAKAUER, David C. The Debate Over Understanding in AI's Large Language Models. *Proceedings of the National Academy of Sciences*, v. 120, n. 13, e2215907120, 2023.
38. MITCHELL, *Artificial Intelligence*, p. 104-105.
39. BIRHANE, Abeba et al. *The Values Encoded in Machine Learning Research*, 21 jun. 2022. Disponível em: arXiv:2016.15590.
40. CRAWFORD, *Atlas of AI*, p. 135-136 [*Atlas da IA*].
41. CRAWFORD, p. 8.
42. CRAWFORD, p. 15.
43. CRAWFORD, p. 8.
44. Ver: VARELA et al., *The Embodied Mind*; Thompson, *Mind in Life* [*A mente na vida*].
45. DI PAOLO et al., *Linguistic Bodies*, p. 21.
46. GROSSBERG, Stephen. "A Path toward Explainable AI and Autonomous Adaptive Intelligence: Deep Learning, Adaptive Resonance, and Models of Perception, Emotion, and Action", *Frontiers in Neurorobotics*, 25 jun. 2020. Disponível em: doi.org/10.3389/fnbot.2020.00036.
47. CRAWFORD, *Atlas of AI*, p. 8 [*Atlas da IA*].
48. SMITH, *The Promise of Artificial Intelligence*, p. 19-20.
49. SMITH, p. 20.

8. Consciência

1. Ver: HARDING, D. E. *On Having No Head*: Zen and the Rediscovery of the Obvious. Londres: Buddhist Society, 1961; Londres: Sholland Trust, 2014. Ver também: RAMM, Brentyn J. "Pure Awareness Experience", *Inquiry*, 2019. Disponível em: doi:10.1080/0020174X.2019.1592.
2. WITTGENSTEIN, Ludwig. *Tractatus Logico-Philosophicus*. Tradução para o inglês de D. F. Pears e B. F. McGuinness. Londres: Routledge Classics, 2001, p. 5.633, 5.669. [*Tratado lógico-filosófico*. Tradução de Luis Henrique Lopes dos Santos. São Paulo: Edusp, 2017.]
3. O termo "espaço-consciente" vem de HARDING, *On Having No Head*. Ver também: RAMM, "Pure Awareness Experience".
4. Ver: MERLEAU-PONTY, Maurice. *Signs*. Tradução para o inglês de Richard C. McCleary. Evanston, IL: Northwestern University Press, 1964. p. 166. [*Signos*. Tradução de Maria Ermantina Galvão Gomes Pereira. São Paulo: Martins Fontes, 2002.]
5. HARDING, *On Having No Head*.
6. Ver: HARMAN, Gilbert. The Intrinsic Quality of Experience. In: BLOCK, Ned; FLANAGAN, Owen; GÜZELDERE, Guven (orgs.). *The Nature of Consciousness*: Philosophical Debates. Cambridge, MA: MIT Press, 1997. p. 663-676.
7. Ver: METZINGER, Thomas. *Being No One*: The Self-Model Theory of Subjectivity. Cambridge, MA: MIT Press, 2003. p. 163-179.
8. Ver: THOMPSON, Evan. *Mind in Life*: Biology, Phenomenology, and the Sciences of Mind. Cambridge, MA: Harvard University Press, 2007. p. 282-287.
9. Ver: THOMPSON, Evan. *Waking, Dreaming, Being*: Self and Consciousness in Neuroscience, Meditation, and Philosophy. Nova York: Columbia University Press, 2015 (Capítulo 5).
10. O conceito de "consciência testemunhal" provém da filosofia indiana. Estamos usando-o aqui num sentido estritamente fenomenológico, sem compromisso com o pano de fundo mais amplo em que ele tem tradicionalmente figurado, segundo o qual a única realidade definitiva é a consciência. Ver: GUPTA, Bina. *The Disinterested Witness*: A Fragment of Advaita Vedānta Phenomenology. Evanston, IL: Northwestern University Press, 1998. Ver também: ALBAHARI, Miri. Witness-Consciousness: Its

Definition, Appearance, and Reality, *Journal of Consciousness Studies*, v. 16, n. 1, p. 62-84, 2009.

11. Ver: DUNNE, John D.; THOMPSON, Evan; SCHOOLER, Jonathan. Mindful Meta-Awareness: Sustained and Non-Propositional; *Current Opinion in Psychology*, v. 28, p. 307-311, 2019. Ver também: DUNNE, John D. Buddhist Styles of Mindfulness: A Heuristic Approach. In: OSTAFIN, Brian D.; ROBINSON, Michael D.; MEIER, Brian (orgs.). *Handbook of Mindfulness and Self-Regulation*. Nova York: Springer, 2015. p. 251-270.
12. O subtítulo de *On Having No Head*, de Harding, é *Zen and the Rediscovery of the Obvious* [*Zen e a redescoberta do óbvio*]. Ver também: RAMM, Brentyn. The Technology of Awakening: Experiments in Zen Phenomenology, *Religions*, v. 12, n. 3, p. 192, 2021. Disponível em: https://doi.org/10.3390/rel12030192.
13. Para uma introdução à vida e ao pensamento de Dōgen's, ver: KIM, Hee-Jin. *Eihei Dōgen*: Mystical Realist. Boston: Wisdom Publications, 2004.
14. SHARF, Robert H. Epilogue: Mind in World, World in Mind. In: DEGUCHI, Yasuo; GARFIELD, Jay L.; PRIEST, Graham; SHARF, Robert H. (orgs.). *What Can't Be Said*: Paradox and Contradiction in East Asian Thought. Nova York: Oxford University Press, 2021. p. 192.
15. Tomamos os termos "fechamento" e "transcendência" de PRIEST, Graham. *Beyond the Limits of Thought*. Oxford: Oxford University Press, 2002.
16. Ver: HUSSERL, Edmund. *The Idea of Phenomenology*. Tradução para o inglês de Lee Hardy. Dordrecht: Kluwer Academic, 1999. P. 23, 33, 37. [*A ideia da fenomenologia*. Tradução de Marloren Lopes Miranda. Petrópolis: Vozes, 2020.]; HUSSERL, Edmund. *Ideas*: General Introduction to Pure Phenomenology. Tradução para o inglês de W. R. Boyce Gibson. Nova York: Macmillan, 1931; Londres: Routledge, 2002. (Seção 32). As citações referem-se à edição de 2002.
17. A expressão "exercício espiritual" provém de: HADOT, Pierre. *Philosophy as a Way of Life*. Tradução para o inglês de Michael Chase. Oxford: Blackwell, 1995. [*A filosofia como maneira de viver*. Tradução de Lara Christina de Malimpensa. São Paulo: É Realizações, 2016.]
18. Ver: BITBOL, Michel. "Is Consciousness Primary?", *NeuroQuantology*, v. 6, p. 53-72, 2008.

19. Para mais sobre a concepção baseada no horizonte da consciência, ver: VALBERG, J. J. *Dream, Death, and the Self.* Princeton, NJ: Princeton University Press, 2007. O termo "horizonte", nesse contexto, vem de Husserl. Ver: GENIUSAS, Salius. *The Origins of the Horizon in Husserl's Phenomenology.* Nova York: Springer, 2012.
20. Ver: BITBOL, "Is Consciousness Primary?".
21. MERLEAU-PONTY, Maurice. *Phenomenology of Perception.* Tradução para o inglês de D. Landes Londres: Routledge Press, 2013. p. 84. [*Fenomenologia da percepção.* Tradução de Carlos Alberto Ribeiro de Moura São Paulo: WMF, 2018.]
22. Tomamos a expressão "loop estranho" de Douglas Hofstadter. Ver: HOFSTADTER, Douglas. *Gödel, Escher, Bach*: An Eternal Golden Braid. Nova York: Basic Books, 1979. [*Gödel, Escher, Bach:* um entrelaçamento de gênios brilhantes. Tradução de José Viegas Filho. Brasília: UnB, 2001.]; e HOFSTADTER, Douglas. *I Am a Strange Loop.* Nova York: Basic Books, 2007. Ver também: VARELA, Francisco J. The Creative Circle: Sketches on the Natural History of Circularity. In: WATZLAVICK, Paul (org.). Nova York: Norton, 1984. p. 309-323; SHARF, "Epilogue: Mind in World, World in Mind".
23. MERLEAU-PONTY, *Phenomenology of Perception*, p. 454 [*Fenomenologia da percepção*].
24. Ver: DI PAOLO, Ezequiel. The Enactive Conception of Life. In: NEWEN, Alfred; DE BRUIN, Leon; GALLAGHER, Shaun (orgs.). *The Oxford Handbook of 4E Cognition.* Oxford: Oxford University Press. p. 71-94.
25. MERLEAU-PONTY, *Phenomenology of Perception*, p. 456 [*Fenomenologia da percepção*].
26. Ver: SUAREZ, David. Nature at the Limits of Science and Phenomenology. *Journal of Transcendental Philosophy*, v. 1, n. 1, p. 109-133, 2020.
27. O filósofo David Chalmers cunhou o termo "o problema difícil da consciência" na década de 1990. Ver: CHALMERS, David J. *The Conscious Mind*: In Search of a Fundamental Theory. Nova York: Oxford University Press, 1996.
28. HUXLEY, Thomas H. *Lessons in Elementary Physiology.* Londres: Macmillan, 1866. p. 193.
29. Tyndall, conforme citado por William James em: JAMES, William. *The Principles of Psychology.* Cambridge, MA: Harvard University Press,

1981. p. 150. [*Ensaios sobre psicologia*. São Paulo: Hogrefe, 2024.] Ver também: GLEISER, Marcelo. *The Island of Knowledge*: The Limits of Science and the Search for Meaning. Nova York: Basic Books, 2014. p. 266-267. [*A ilha do conhecimento*: os limites da ciência e a busca por sentido. Rio de Janeiro: Record, 2014.].

30. O termo "lacuna explanatória" provém do filósofo Joseph Levine. Ver: LEVINE, Joseph. Materialism and Qualia: The Explanatory Gap. *Pacific Philosophical Quarterly*, v. 64, n. 4, p. 354-361, 1983.
31. LOCKE, John. *An Essay Concerning Human Understanding*. Londres: Penguin, 1997. p. 484. (Livro 4, capítulo 3, seção 13.) [*Ensaio acerca do entendimento humano*. Tradução de Anoar Aiex. São Paulo: Nova/Abril Cultural, 1971.]
32. LEIBNIZ, G. W. *Philosophical Essays*. Indianapolis: Hackett, 1989. p. 215. [*Ensaios de teodiceia*. tradução de Celi Hirata e Tessa Moura Lacerda. São Paulo: WMF Martins Fontes, 2023.]
33. Ver: NAGEL, Thomas. What Is It Like to Be a Bat? *Philosophical Review*, v. 83, p. 435-450, 1974; e CHALMERS, *Conscious Mind*.
34. Ver: BITBOL, "Is Consciousness Primary?".
35. Para naturalismo dualista, ver: CHALMERS, *Conscious Mind*; e CHALMERS, David. Facing Up to the Hard Problem of Consciousness. *Journal of Consciousness Studies*, v. 2, n. 2, p. 200-219, 1995. Para pampsiquismo e sua relação com o dualismo naturalista, ver: SEAGER, William. Consciousness, Information, and Panpsychism. *Journal of Consciousness Studies*, v. 2, n. 3, p. 272-288, 1995.
36. O termo "ingrediente extra" provém de Chalmers. Ver: CHALMERS, "Facing Up to the Hard Problem of Consciousness".
37. Para uma visão geral recente, ver: SETH, Anil K.; BAYNE, Tim. Theories of Consciousness. *Nature Reviews Neuroscience*, 2022. Disponível em: https://doi.org/10.1038/s41583-022-00587-4.
38. Ver: KOCH, Christof; MASSIMINI, Marcello; BOLY, Melanie; TONONI, Giulio. Neural Correlates of Consciousness: Progress and Problems. *Nature Reviews Neuroscience*, v. 17, p. 307-321, 2016.
39. KOCH *et al.*, p. 307-321.
40. Ver: SICLARI, Francesca et al. The Neural Correlates of Dreaming. *Nature Neuroscience*, v. 20, p. 872-878, 2017. Ver também: WINDT, Jennifer M.; NIELSEN, Tore; THOMPSON, Evan. Does Conscious-

ness Disappear in Dreamless Sleep? *Trends in Cognitive Sciences*, v. 20, p. 871-882, 2016.

41. BOLY, Melanie; MASSIMINI, Marcello; TSUCHIYA, Naotsugu; POSTLE, Bradley R.; KOCH, Christof; TONONI, Giulio. Are the Neural Correlates of Consciousness in the Front or in the Back of the Cerebral Cortex? Clinical and Neuroimaging Evidence. *Journal of Neuroscience*, v. 37, p. 9.603-9.613, 2017; e ODEGARD, Brian; KNIGHT, Robert T.; LAU, Hakwan. Should a Few Null Findings Falsify Prefrontal Theories of Conscious Perception? *Journal of Neuroscience*, v. 37, p. 9.593–9.602, 2017.
42. Ver: BLOCK, Ned. What Is Wrong with the No-Report Paradigm and How to Fix It. *Trends in Cognitive Sciences*, v. 23, p. 1.003-1.013, 2019.
43. Ver: THOMPSON, Evan. *Waking, Dreaming, Being*: Self and Consciousness in Neuroscience, Meditation, and Philosophy. Nova York: Columbia University Press, 2015. Ver também: METZINGER, Thomas. *The Ego Tunnel*: The Science of the Mind and the Myth of the Self. Nova York: Basic Books, 2010; e SETH, Anil. *Being You*: A New Science of Consciousness. Nova York: Dutton, 2021.
44. Seth, por exemplo, faz sua alegação em *Being You*, p. 30-31.
45. BITBOL, "Is Consciousness Primary?".
46. Ver: THOMPSON, Evan. Could All Life Be Sentient? *Journal of Consciousness Studies*, v. 29, p. 229-265, 2022.
47. Para a restrição da consciência a animais com cérebro, ver: GINSBURG, Simona; JABLONKA, Eva. *The Evolution of the Sensitive Soul*: Learning and the Origins of Consciousness. Cambridge, MA: MIT Press, 2019; GODFREY-SMITH, Peter. *Metazoa*: Animal Life and the Birth of the Mind. Nova York: Farrar, Straus, and Giroux, 2020 [*Metazoa:* a vida animal e o despertar da mente. Tradução de Daniel Galera. São Paulo: Todavia, 2022]. Para um caso em que toda vida é senciente, ver: REBER, Arthur. *The First Minds*: Caterpillars, 'Karyotes, and Consciousness. Nova York: Oxford University Press, 2019. Para uma discussão crítica dessas opções, ver: THOMPSON, "Could All Life Be Sentient?".
48. Ver: SCHWITZGEBEL, Eric. *Is There Something It's Like to Be a Garden Snail?*, 2020. Disponível em: http://www.faculty.ucr.edu/~eschwitz/SchwitzPapers/Snails-201223.pdf.
49. Ver, por exemplo: SETH, *Being You*, p. 31-33 [*A criação do eu*].
50. Ver: THOMPSON, *Mind in Life* [*A mente na vida*].

51. Ver: SETH, *Being You* [*A criação do eu*].
52. Ver: HOWY, Jakob. *The Predictive Mind*. Nova York: Oxford University Press, 2013.
53. SETH, *Being You*, p. 87-89; 111-112 [*A criação do eu*]. Seth credita o psicólogo Chris Frith pela expressão "alucinação controlada". O neurocientista Rodolfo Llínas enunciou uma ideia semelhante quando disse que a percepção é um estado similar ao sonho restringido pelos sentidos. Ver: LLÍNAS, Rodolfo. Perception as an Oneiric State Modulated by the Senses. In: KOCH, Christof; DAVIS, Joel L. (orgs.). *Large-Scale Neuronal Theories of the Brain*. Cambridge, MA: MIT Press, 1994. p. 111-124. Ver também: SLOMAN, Aaron. *Experiencing Computation: A Tribute to Max Clowes*, abr. 2014, Disponível em: https://www.cs.bham.ac.uk/research/projects/cogaff/sloman-clowestribute.html; e SLOMAN, Aaron. *What the Brain's Mind Tells the Mind's Eye*, 29 nov. 2005. Disponível em: https://www.cs.bham.ac.uk/research/projects/cogaff/sloman-vis-affordances.pdf.
54. LLÍNAS, "Perception as an Oneiric State Modulated by the Senses".
55. Para problemas com a teoria do processamento preditivo, ver: WALSH, Kevin S.; McGOVERN, David; CLARK, Andy; O'CONNELL, Redmond G. Evaluating the Neurophysiological Evidence for Predictive Processing as a Model of Perception. *Annals of the New York Academy of Sciences*, v. 1.464, n. 1, p. 242-268, 2020; KWISTHOUT, Johan; VAN ROOIJ, Iris. Computational Resource Demands of a Predictive Bayesian Brain. *Computational Brain and Behavior*, v. 3, p. 174-188, 2020; RANSOM, Madeleine; FAZELPOUR, Sina; MARKOVIC, Jelena; KRYKLYWY, James; THOMPSON, Evan T.; TODD, Rebecca M. Affect-Biased Attention and Predictive Processing. Cognition, v. 203, 2020. Disponível em: https://doi.org/10.1016/j.cognition.2020.104370.
56. Luiz Pessoa (@PessoaBrain), "No one calls the brain the Newtonian Brain", X (Twitter), 26 mar. 2022, 13h04m. Disponível em: https://x.com/PessoaBrain/status/1507765399391195138.
57. A frase "a matemática não é o território" provém de ANDREWS, Mel. The Math Is Not the Territory: Navigating the Free Energy Principle. *Biology and Philosophy*, v. 30, 2021. Disponível em: https://doi.org/10.1007/s10539-021-09807-0.
58. HOWY, Jakob; SETH, Anil. Predictive Processing as a Systematic Basis for Identifying the Neural Correlates of Consciousness. *Philosophy*

and the Mind Sciences, 2020. Disponível em: https://doi.org/10.33735/phimisci.2020.II.64.
59. O termo "problema de geração" para a consciência provém de: SEAGER, William. *Metaphysics of Consciousness*. Londres: Routledge Press, 1991.
60. SETH, *Being You*, 120 [*A criação do eu*]; ver também: SETH, Anil K. The Real Problem, *Aeon*, v. 2, nov. 2016. Disponível em: https://aeon.co/essays/the-hard-problem-of-consciousness-is-a-distraction-from-the--real-one.
61. GIBSON, J. J. *The Ecological Approach to Visual Perception*. Hillsdale, NJ: Erlbaum, 1979. Ver também: CHEMERO, Anthony P. *Radical Embodied Cognitive Science*. Cambridge, MA: MIT Press, 2009.
62. Ver: NOË, Alva. *Action in Perception*. Cambridge, MA: MIT Press, 2004; DI PAOLO, Ezequiel; BUHRMANN, Thomas; Barandiaran, Xabier. *Sensorimotor Life*: An Enactive Proposal. Oxford: Oxford University Press, 2017.
63. Ver: NOË, Alva. Review of Andy Clark, Surfing Uncertainty: Prediction, Action, and the Embodied Mind. *Mind*, v. 127, p. 611-618, 2018.
64. Ver: WESTERHOFF, Jan. *The Non-Existence of the Real World*. Oxford: Oxford University Press, 2020. p. 66-68.
65. Tomamos esta analogia de: THOMPSON, Evan. *Why I Am Not a Buddhist*. New Haven: Yale University Press, 2020. p. 123.
66. Esta imagem provém de: HOHWY, Jakob. *The Predictive Mind*. Oxford: Oxford University Press, 2013. p. 15-16.
67. Ver: NOË, Alva. *Out of Our* Heads: Why You Are Not Your Brain and Other Lessons from the Biology of Consciousness. Nova York: Hill and Wang, 2009; THOMPSON, Evan; COSMELLI, Diego. Brain in a Vat or Body in a World? Brainbound *versus* Enactive Views of Experience. *Philosophical Topics*, v. 39, p. 163-180, 2011; e FUCHS, Thomas. *Ecology of the Brain*: The Phenomenology and Biology of the Embodied Mind. Oxford: Oxford University Press, 2018.
68. Ver: TONONI, Giulio. Integrated Information Theory, *Scholarpedia*, v. 10, n. 1, p. 4.164, 2015. Disponível em: doi:10.4249/scholarpedia.4164.
69. TONONI, Giulio. Consciousness as Integrated Information: A Provisional Manifesto. *Biological Bulletin*, v. 215, p. 216-242, 2008.
70. TONONI, p. 216-242.
71. TONONI, Giulio; BOLY, Melanie; MASSIMINI, Marcello; KOCH, Christof. Integrated Information Theory: From Consciousness to Its

Physical Substrate. *Nature Reviews Neuroscience*, v. 17, p. 450-461, 2016.

72. HOEL, Erik P.; ALBANTAKIS, Larissa; TONONI, Giulio. Quantifying Causal Emergence Shows that Macro Can Beat Micro. *Proceedings of the National Academy of Sciences*, v. 110, p. 19.790-19.795, 2013; HOEL, Erik P.; ALBANTAKIS, Larissa; MARSHALL, William; TONONI, Giulio. Can the Macro Beat the Micro? Integrated Information Across Spatiotemporal Scales. *Neuroscience of Consciousness*, v. 1, p. 1-13, 2016.
73. AGUILERA, Miguel; DI PAOLO, Ezequiel A. Integrated Information in the Thermodynamic Limit. *Neural Networks*, v. 114, p. 136-146, 2019.
74. Ver: HUSSERL, *Ideas*, seção 73-74 [*Ideias*].
75. BAYNE, Tim. On the Axiomatic Foundations of the Integrated Information Theory of Consciousness. *Neuroscience of Consciousness*, v. 4, p. 1-8, 2018.
76. Ver: GARFIELD, Jay. *The Fundamental Wisdom of the Middle Way*: Nāgārjuna's Mūlamadhyamakakārikā. Nova York: Oxford University Press, 1995. p. 89-90; 220-224; WESTERHOFF, Jan. *Nāgārjuna's Madhyamaka*: A Philosophical Investigation. Oxford: Oxford University Press, 2009 (Capítulo 2).
77. Ver: THOMPSON, Evan, *Waking, Dreaming, Being*, caps. 3 e 8. Ver também: METZINGER, Thomas. Minimal Phenomenal Experience: Meditation, Tonic Alertness, and the Phenomenology of 'Pure' Consciousness. *Philosophy and the Mind Sciences*, v. 1, 2020. Disponível em: https://doi.org/10.33735/phimisci.2020.I.46.
78. Ver: BAYNE, Tim. Unity of Consciousness. *Scholarpedia*, v. 4, n. 2, 7414, 2009. Disponível em: doi:10.4249/scholarpedia.7414.
79. Ver BAYNE, "On the Axiomatic Foundations". Ver também: MERKER, Bjorn; WILLIFORD, Kenneth; RUDRAUF, David. The Integrated Information Theory of Consciousness: A Case of Mistaken Identity. *Behavioral and Brain Sciences*, v. 45, E41, 2022. Disponível em: doi:10.1017/S0140525X21000881.
80. Para críticas adicionais, ver: MERKER et al., "The Integrated Information Theory of Consciousness".
81. BEATON, Mike; ALEKSANDER, Igor. World-Related Integrated Information: Enactivist and Phenomenal Perspectives. *International Journal of Machine Consciousness*, v. 4, p. 439-455, 2012.

82. TONONI, Giulio; KOCH, Christof. Consciousness: Here, There, and Everywhere? *Philosophical Transactions of the Royal Society B*, v. 370, 201460167, 2015. TONONI, Giulio; KOCH, Christof. Consciousness: Here, There, and Everywhere? Philosophical Transactions of the Royal Society B, v. 370, 201460167, 2015. Disponível em: https://doi.org/10.1098/rstb.2014.0167; MØRCH, Hedda Hassel. Is the Integrated Information Theory of Consciousness Compatible with Russellian Panpsychism? *Erkenntnis*, v. 84, p. 1.065-1.085, 2018. Para uma crítica da ITT com base na ideia de que ela conduz ao pampsiquismo, ver: MERKER *et al.*, "The Integrated Information Theory of Consciousness".
83. Ver: GLEISER, Marcelo. *The Island of Knowledge*: The Limits of Science and the Search for Meaning. Nova York: Basic Books, 2014. [*A ilha do conhecimento*: os limites da ciência e a busca por sentido. Rio de Janeiro: Record, 2014.]
84. HEMPEL, Carl G. Comments on Goodman's Ways of Worldmaking. *Synthese*, v. 45, p. 193-199, 1980. Ver também: CRANE, Tim; MELLOR, D. H. There Is No Question of Physicalism. *Mind*, v. 99, p. 185-206, 1990; e CHOMSKY, Noam. *New Horizons in the Study of Language and Mind.* Cambridge: Cambridge University Press, 2000. [*Novos horizontes no estudo da linguagem e da mente.* Tradução de Marco Antonio Sant'Anna São Paulo: Unesp, 2005.]
85. STAPP, Henry. Quantum Approaches to Consciousness. In: ZELAZO, Philip David; MOSCOVITCH, Morris; THOMPSON, Evan (orgs.). *The Cambridge Handbook of Consciousness.* Nova York: Cambridge University Press, 2007. p. 881-907.
86. STRAWSON, Galen. Realistic Monism: Why Physicalism Entails Panpsychism. *Journal of Consciousness Studies*, v. 13, n. 10-11, p. 3-31, 2006.
87. STRAWSON, Galen. The Consciousness Deniers. *New York Review of Books*, 13 mar. 2018.
88. Versões deste argumento remontam a Arthur Eddington e Bertrand Russell e podem ser encontradas em muitos autores pampsiquistas contemporâneos. Ver: SEAGER, William E. The 'Intrinsic Nature' Argument for Panpsychism. *Journal of Consciousness Studies*, v. 13, n. 10-11, p. 129-145, 2006.
89. Ver: WESTERHOFF, *Nāgārjuna's Madhyamaka*, capítulo 2.

90. Para argumentos de inspiração Madhyamaka em filosofia analítica de que não pode haver propriedades intrínsecas, ver: WESTERHOFF, *The Non-Existence of the Real World*, p. 195-213. Para mecânica quântica, ver: ROVELLI, Carlo. *Helgoland*: Making Sense of the Quantum Revolution. Nova York: Riverhead Books, 2021. p. 148-158.
91. FRANKISH, Keith. The Mental Life of Mountains, *New Humanist*, 22 abr. 2022. Disponível em: https://newhumanist.org.uk/articles/5951/the-mental-life-of-mountains.
92. O *locus classicus* do ilusionismo é: DENNETT, Daniel C. *Consciousness Explained*. Boston: Little, Brown, 1991. Ver também: FRANKISH, Keith. Illusionism as a Theory of Consciousness. *Journal of Consciousness Studies*, v. 23, n. 11–12, 2016, p. 11-39.
93. Ver STRAWSON, "The Consciousness Deniers".
94. MERLEAU-PONTY, *Phenomenology of Perception*, p. 52 [*Fenomenologia da percepção*].
95. MERLEAU-PONTY, p. 5.
96. Existe, porém, outro tipo de ilusionismo, que chamamos de ilusionismo budista. Este sustenta, baseado em certas linhas dentro da filosofia budista, que tanto a estrutura sujeito-objeto da consciência ordinária quanto a impressão de que a consciência tem uma natureza intrínseca são ilusões cognitivas e experienciais. O ilusionismo budista não se baseia no fisicalismo e seria parcialmente simpático à nossa crítica do Ponto Cego. Consideramos que esse tipo de ilusionismo nos levaria além do escopo deste capítulo. Ver: GARFIELD, Jay. Illusionism and Givenness. *Journal of Consciousness Studies*, v. 21, p. 73–82, 2016. Para uma resposta crítica, ver: THOMPSON, Evan. Sellarsian Buddhism: Comments on Jay Garfield, Engaging Buddhism: Why It Matters to Philosophy. *Sophia*, v. 57, 2018, p. 565-579.
97. CHALMERS, *The Conscious Mind*.
98. Ver: HUT, Piet; SHEPARD, Roger. Turning the "Hard Problem" Upside Down and Sideways. *Journal of Consciousness Studies*, v. 3, n. 4, p. 313-329, 1996; VARELA, Francisco J. Neurophenomenology: A Methodological Remedy for the Hard Problem. *Journal of Consciousness Studies*, v. 3, n. 4, p. 330-349, 1996; BITBOL, Michel. Science as If Situation Mattered. *Phenomenology and the Cognitive Sciences*, v. 1, p. 181-224, 2002.
99. HUSSERL, Edmund. *On the Phenomenology of the Consciousness of Inner Time (1893-1917)*. Tradução para o inglês de John Barnett Brough.

Dordrecht: Springer, 1991; WHITEHEAD, Alfred North. *The Concept of Nature*. Cambridge: Cambridge University Press, 1920; Ann Arbor: University of Michigan Press, 1957. [*O conceito da natureza*. Tradução de Julio B. Fischer. São Paulo: Martins Fontes, 2019.]

100. Kathleen A. Garrison et al. Real-Time fMRI Links Subjective Experience with Brain Activity during Focused Attention, *Neuroimage*, v. 81, p. 110-118, 2013.
101. HUT; SHEPARD, "Turning the 'Hard Problem' Upside Down and Sideways", p. 320-321.
102. Dunne et al., "Mindful Meta-Awareness: Sustained and Non- Propositional"; LUTZ, Antoine; THOMPSON, Evan. Neurophenomenology: Integrating Subjective Experience and Brain Dynamics in the Neuroscience of Consciousness. *Journal of Consciousness Studies*, v. 10, p. 31-52, 2003; FAZELOUPUR, Sina; THOMPSON, Evan. The Kantian Brain: Brain Dynamics from a Neurophenomenological Perspective. *Current Opinion in Neurobiology*, v. 31, p. 223-229, 2015.
103. Ver: PETITMENGIN, Claire; LACHAUX, Jean-Philippe. Microcognitive Science: Bridging Experiential and Neuronal Microdynamics. *Frontiers in Human Neuroscience*, v. 7, 2013. Disponível em: https://doi.org/10.3389/fnhum.2013.00617.
104. TIMERMAN, Christopher *et al.* A Neurophenomenological Approach to Non-Ordinary States of Consciousness: Hypnosis, Meditation, and Psychedelics. *Trends in Cognitive Sciences*, v. 27, n. 2, p. 139-159, 2023. Disponível em: https://doi.org/10.1016/j.tics.2022.11.006.
105. THOMPSON, *Waking, Dreaming, Being.*

9. Terra

1. Ver: MERCHANT, Carolyn. *The Death of Nature*: Women, Ecology, and the Scientific Revolution. Nova York: HarperOne, 1980. [*A morte da natureza*: as mulheres a ecologia e a revolução científica. Tradução de James Carvalho Powell. Águas Santas: Edições Sempre-em-pé, 2024.]
2. Vladimir Vernadsky, conforme citado em: LAPO, A. V. Problemy biogeokhimii. *Woks of the Biogeochmeichal Laboratory*, v. 16, p. 123, 1980. Disponível em: http://scihi.org/vladimir-vernadsky-biosphere/.

3. VERNADSKY, Vladimir I. *The Biosphere*. Tradução para o inglês de David B. Langmuir. Nova York: Springer Science; Business Media, 1998. p. 44. [*Biosfera*. Tradução de Edelcio Rodiney Americo. Rio de Janeiro: Dantes, 2019.]
4. VERNADSKY, p. 56.
5. Citado em: GHILAROV, Alexej M. Vernadsky's biosphere concept: an historical perspective. *Quarterly Review of Biology*, v. 70, p. 197, 1995.
6. GHILAROV, p. 196.
7. LOVELOCK, James. *Homage to Gaia:* The Life of An Independent Scientist. Nova York: Oxford University Press, 2000. p. 255.
8. Ver: LOVELOCK, James. *Gaia*: A New Look at Life on Earth. Nova York: Oxford University Press, 1979. p. 49. Para discussão sobre o papel que a cibernética desempenhou na teoria de Gaia, ver: CLARKE, Bruce. *Gaian Systems*: Lynn Margulis, Neocybernetics, And The End of The Anthropocene. Mineápolis: University of Minnesota Press, 2020.
9. LOVELOCK, James E. Gaia as Seen Through The Atmosphere. Atmospheric Environment, v. 6, p. 579-580, 1972. Ver também: LOVELOCK, *Gaia*.
10. Ver: MARGULIS, Lynn. *Symbiosis in Cell Evolution*: Microbial Communities in the Archean and Proterozoic Eras. 2. ed. Nova York: Freeman, 1992; MARGULIS, Lynn. *Symbiotic Planet*: A New Look at Evolution. Nova York: Basic Books, 1998. [*Planeta simbiótico*: um novo olhar para a evolução. Tradução de Laura Neves. Rio de Janeiro: Rocco, 2002.]
11. CHARLSON, Robert J.; LOVELOCK, James E.; ANDREAE, Meinrat O.; WARREN, Stephen G. Oceanic Phytoplankton, Atmospheric Sulphur, Cloud Albedo and Climate. *Nature*, v. 326, p. 655-661, 1987.
12. Ver: MARGULIS, Lynn; SAGAN, Dorion. *What Is Life?* Nova York: Simon and Schuster, 1995. [*O que é vida?* Tradução de Vera Ribeiro. Rio de Janeiro: J. Zahar, 2002.] Ver também: CLARKE, *Gaian Systems*.
13. Para discussão adicional, ver: THOMPSON, Evan. *Mind in Life*: Biology, Phenomenology, and the Sciences of Mind. Cambridge, MA: Harvard University Press, 2007. p. 119-122.
14. KIRCHNER, James W. The Gaia hypothesis: fact, theory, and wishful thinking. *Climatic Change*, v. 52, p. 391-408, 2002.
15. LENTON, Timothy M.; DAINES, Stuart J.; DYKE, James G.; NICHOLSON, Arwen E.; WILKINSON, David M.; WILLIAMS, Hywel T. P.

Selection for Gaia across multiple scales. *Trends in Ecology & Evolution*, v. 33, p. 633-645, 2018.

16. STEFFEN, Will et al. The Emergence and Evolution of Earth System Science. *Nature Reviews Earth & Environment*, v. 1, p. 54, 2020.
17. STEFFEN et al., p. 54.
18. ARRHENIUS, Svante. *Worlds in the Making*: The Evolution of the Universe. Tradução para o inglês de H. Born. Nova York: Harper, 1908.
19. REVELLE, Roger; SUESS, Hans E. Carbon Dioxide Exchange between Atmosphere and Ocean and the Question of an Increase of Atmospheric CO2 during the Past Decades. *Tellus*, v. 9, p. 18-27, 1957.
20. Citado em: JAMIESON, Dale. *Reason in a Dark Time*: Why the Struggle Against Climate Change Failed — and What It Means for Our Future. Nova York: Oxford University Press, 2014.
21. CRUTZEN, Paul J.; STOERMER, Eugene F. The Anthropocene. *Global Change Newsletter*, n. 41, p. 17-18, 2000.
22. VITOUSEK, Peter M. et al. Human Domination of Earth's Ecosystems. *Science*, v. 277, p. 494-499, 1997; RUNNING, Steven W. A Measurable Planetary Boundary for the Biosphere. *Science*, v. 377, p. 1458-1459, 2012. Para discussão, ver: JAMIESON, *Reason in a Dark Time*, p. 178-179.
23. VITOUSEK et al., "Human Domination of Earth's Ecosystems", p. 494.
24. CLARKE, *Gaian Systems*, p. 256.
25. MOORE, Kathleen Dean. *Great Tide Rising*: Towards Clarity and Moral Courage in a Time of Planetary Change. Berkeley, CA: Counterpoint, 2016. p. 132.
26. Ver: MALM, Andreas; HORNBORG, Alf. The Geology of Mankind? A Critique of the Anthropocene Narrative. *Anthropocene Review*, v. 1, p. 62-69, 2014.
27. WHYTE, Kyle. Indigenous Climate Change Studies: Indigenizing Futures, Decolonizing the Anthropocene. *English Language Notes*, v. 55, p. 159, 2017.
28. JAMIESON, *Reason in a Dark Time*.
29. RIEPPEL, Lukas; LEAN, Eugenia; DERINGER, William. Introduction: The Entangled Histories of *Science and Capitalism*. *Osiris*, v. 33, p. 4, 2018.
30. Rieppel et al., p. 2.
31. Rieppel et al., p. 2. Para erudição feminista, ver: HARAWAY, Donna. Situated Knowledges: The Science Question in Feminism and the Pri-

vilege of Partial Perspective. *Feminist Studies*, v. 14, p. 575-599, 1988; HARDING, Sandra G. *Whose Science? Whose Knowledge?* Thinking from Women's Lives. Ithaca, NY: Cornell University Press, 1991; KELLER, Evelyn Fox. *Reflections on Gender and Science*. 10. ed. New Haven: Yale University Press, 1995.

32. Rieppel et al., "Introduction", p. 5.
33. COOK, Harold J. *Sciences and Economies in the Scientific Revolution*: Concepts, Materials, and Commensurable Fragments. Osiris, v. 33, p. 43, 2018.
34. COOK, p. 43.
35. GHOSH, Amitav. *The Great Derangement*: Climate Change and the Unthinkable. Chicago: University of Chicago Press, 2016. [*O grande desatino*. Tradução de Renato Prelorentzou. São Paulo: Quina Editora, 2022.] Ver também: WHYTE, "Indigenous Climate Change Studies".
36. DERINGER, William. *Calculated Values*: Finance, Politics, and the Quantitative Age. Cambridge, MA: Harvard University Press, 2018.
37. DERINGER, p. 6.
38. DERINGER, p. 11.
39. DERINGER, p. 11.
40. DERINGER, p. 6.
41. NORDHAUS, William. Projections and Uncertainties about Climate Change in an Era of Minimal Climate Policies. *American Economic Journal: Economic Policy*, v. 10, p. 333-360, 2018.
42. JAMIESON, *Reason in a Dark Time*, p. 6; 142.
43. JAMIESON, p. 6; 143.
44. JAMIESON, p. 143.
45. JAMIESON, p. 143.
46. THURNER, Stefan; HANEL, Rudolf; KLIMEK, Peter. *Introduction to the Theory of Complex Systems*. Nova York: Oxford University Press, 2018.
47. Ver: KAUFFMAN, Stuart A. *Investigations*. Nova York: Oxford University Press, 2000; KAUFFMAN, Stuart A. *A World Beyond Physics*: The Emergence and Evolution of Life. Nova York: Oxford University Press, 2019.
48. KAUFFMAN, *Investigations*.
49. THURNER et al., *Introduction to the Theory of Complex Systems*, p. 15.
50. WHITEHEAD, Alfred North. *Process and Reality*. Nova York: Free Press, 1978. p. 289.
51. CAMPBELL, David K. Fresh Breather. *Nature*, v. 432, p. 455, 2004.

ÍNDICE

Este livro foi composto na tipografia Minion Pro,
em corpo 11,5/16, e impresso em
papel off-white no Sistema Cameron da
Divisão Gráfica da Distribuidora Record.